Image Styling

이미지 스타일링

이미지 스타일링 편찬위원회

이미지 스타일링

경북대학교출판부

이미지 스타일링 편찬위원

구양숙 미국 텍사스여자대학교 이학 박사
(현) 경북대학교 의류학과 교수
김희은 일본 나라여자대학교 이학 박사
(현) 경북대학교 의류학과 교수
이신희 부산대학교 대학원 공학 박사
(현) 경북대학교 의류학과 교수
권기영 경북대학교 대학원 가정학 박사
(현) 경북대학교 의류학과 교수
최정화 경북대학교 대학원 가정학 박사
(현) 경북대학교 의류학과 교수

이미지 스타일링

찍은 날 2023년 9월 15일 · **펴낸 날** 2023년 9월 22일
지은이 이미지 스타일링 편찬위원회 · **펴낸이** 홍원화 · **펴낸 곳** 경북대학교출판부
출판등록 1973년 10월 10일 ㉣97호 · **주소** 대구광역시 북구 대학로 80 · **전화** 053-950-3830
팩스 053-953-4692 · **이메일** press@knu.ac.kr · **홈페이지** www.knupress.com
ISBN 978-89-7180-620-3 93590

정가는 뒤표지에 있습니다.
파본은 바꾸어 드립니다.

들어가는 말

자기 관리가 중요해진 시대, 각종 서적과 블로그, 유튜브 등에서 외적 이미지 연출법에 대한 이미지 스타일링 콘텐츠들이 쏟아져 나오고 있다. 특히 패션 코디네이션, 헤어 및 메이크업과 관련된 내용들이 중점적으로 소개되고 있다고 해도 과언이 아니다. 물론 이미지 스타일링에서 시각적인 이미지가 가장 큰 영향력을 발휘한다는 점에서 이러한 콘텐츠들이 다량으로 양산되는 것은 어쩌면 당연한 일일지도 모른다.

이미지 스타일링은 표정, 자세, 음성, 외모, 행동과 같은 시각적 이미지의 정립과 함께 두 가지 측면이 더 고려되어야 한다. 바로 개인의 내면을 이루는 감정, 욕구, 습관, 심성과 같은 내적 이미지와 매너, 커뮤니케이션, 리더십과 같은 사회적 이미지의 정립이다. 말하자면 이미지 스타일링은 내외적 이미지와 사회적 이미지의 통합적 스타일링을 통한 자신만의 고유한 이미지를 설계하는 것을 의미한다.

일정한 형식 혹은 양식을 뜻하는 스타일의 의미처럼 개인의 이미지 스타일링은 결국 자신만의 일관된 특성을 구체화하는 것이다. 물론 자신만의 고유한 스타일을 가진다는 것은 쉬운 일이 아니다. 이를 위해 먼저 각 개인은 타인과는 다른 자신의 고유한 이미지를 이해하는 것에서 출발하여 효과적으로 표현하는 전략들을 두루 습득하는 과정이 필요하다. 현대인들은 또한 지속적으로 자신이 속한 사회와 함께 성장하면서 영향을 주고받기 때문에 자신만의 이미지 스타일링을 위해 끊임없이 노력해야 한다.

이미지 스타일링 전략은 대인 관계 능력을 높이는 데 도움을 준다. 자신을 긍정하면서 타인을 이해하는 데 도움을 줄 수 있는 이와 같은 전략들은 실생활에서 매우 유용하게 작동할 수 있으며, 개인의 행복과 삶의 질을 높이는 데도 중요한 역할을 할 수 있다.

저자 일동은 이러한 의미에서 이 책 『이미지 스타일링』을 통해 개인의 이미지를 구성하고 있는 내적 이미지와 외적 이미지 연출법 그리고 사회적 이미지를 통합적으로 모색하여 도움을 줄 수 있는 지침서를 집필하게 되었다. 책에 수록된 내용들은 호감 가는 이미지를 구축하고 삶에 긍정적인 활력을 높일 수 있는 전략으로 구성되어 있다.

총 12장에 이르는 이 책의 내용을 세부적으로 소개하자면 다음과 같다. 제1장에서는 이미지 스타일링에 대한 이해와 더불어 내적 이미지에 영향을 줄 수 있는 내용을 중심으로 살펴본다. 제2장에서는 이미지 스타일링이 마케팅으로 정립되어 개인, 기업, 도시, 국가를 대상으로 한 경쟁력 강화 전략과 효과를 살펴본다. 제3장에서는 첫 만남 때 형성되는 첫인상의 호감도를 높이는 방법에 대해 살펴본다. 제4장에서는 무형의 표정과도 같은 목소리 관리법과 훈련법을 살펴본다. 제5장에서는 타인과의 관계 속에서 갖추어야 할 품격 있는 매너에 대해 두루 살펴본다. 제6장에서는 사회적 이미지 표현 전략으로서 인간 관계를 더욱 풍요롭게 만들 수 있는 리더십과 커뮤니케이션에 대해 살펴본다. 제7장에서는 시각적 조형 요소이면서 가장 먼저 타인의 시선을 끌 수 있는 컬러에 대한 내용으로, 신체와 의복을 중심으로 스타일링하는 방법을 살펴본다. 제8장에서는 외모 관리에서 결점을 보완하고 매력을 높여 주는 뷰티 스타일링에 대해 살펴본다. 제9장에서는 체형을 진단하고 그에 맞게 스타일링하는 방법에 대해 살펴본다. 제10장에서는 옷장을 점검하고 그에 따라 스타일링하는 방법을 살펴본다. 제11장에서는 변함없이 이어져 온 클래식 패션에 대해 알아보고 슈트를 중심으로 스타일링 요소와 지침들을 살펴본다. 제12장에서는 사회에 첫걸음을 내딛는 데 필요한 면접에 대한 전반적인 내용과 함께 외적 스타일링 방법에 대해 살펴본다.

이미지 스타일링은 현대 사회를 성공적으로 살아가는 데 필요한 다양한 전략 중 하나이다. 이 책에서 소개하는 내용은 스스로에게 자기만족을 줄 뿐 아니라 타인에게 자신의 매력과 호감도를 높여 주는 전략이기는 하지만, 사실상 거창한 것이 아니다. 이미 누군가는 일상 속에서 자연스럽게 실천하고 있는 일일 수도 있다. 그만큼 어렵지 않다는 의미이다.

스타일이 멋지다는 말을 듣는 데 전문가 수준의 경험과 기술이 필요치는 않다. 자신의 일상 속에서 스스로를 점검하고 좋은 인간관계를 갖고 싶다는 의지만 있다면 이미 절반은 성공한 셈이다. 이 책을 통해 체계적인 이미지 스타일링의 전략을 차근차근 익히고 실천한다면 자신만의 고유한 이미지를 정립해 나가는 데 큰 어려움은 없을 것이다.

끝으로 이 책의 출간을 위해 노력해 주신 경북대학교출판부 편집진에게 감사를 드린다.

2023년 8월

저자 일동

Contents

Image Styling

Chapter 01

이미지 스타일링의 첫걸음

1. 이미지와 이미지 스타일링

1) 이미지

이미지(image)의 사전적 의미는 어떤 사물이나 사람에게서 받는 인상으로, '마음속에 그려지는 사물의 감각적 영상(映像)인 심상(心象)'을 뜻한다. 즉, 이미지는 실체가 아니라 사물이나 사람에게서 상상되는 외적인 모습 또는 상징적 모습을 의미한다. 어원은 그리스어의 'eikon(성상聖像, 상像)'으로 '닮다'라는 의미와, 라틴어의 'imago(imitari+ago)'로 '모방하기, 흉내 내기'라는 의미에서 시작된 것이다.

(1) 이미지의 개념

이미지는 한 대상의 내적·외적 특성에 대한 여러 가지 생각이나 특유한 감정(고유한 느낌)으로, 타인이 느끼는 자신의 모습을 뜻한다. 따라서 이미지는 상대방이 보는 관점에 따라 긍정적 또는 부정적인 모습이 될 수도 있고 또한 실제 인물보다 과장되거나 축소된 모습으로 보일 수도 있다. 타인에게 자신의 가치를 높게 평가받기 위해서는 좋은 이미지로 보이는 것이 중요하다. 일반적으로 이미지는 어느 한순간에 만들어지는 것이 아니라 오랜 기간 동안 자신도 모르는 사이에 만들어지는 것인데, 타인에게 맨 처음 인식되는 이미지는 아주 짧은 시간에 형성되어 고정되어 버릴 수도 있다.

이미지는 어떤 대상으로부터 관찰된 정보가 관찰자의 마음속에서 하나의 영상으로 떠오르는 것으로, 그 대상의 외모, 표정, 자세, 행동, 말투, 몸동작, 걸음걸이, 옷차림, 성격, 능력, 신뢰감 등 수많은 생각이 머릿속에서 관찰자 자신의 기호와 사고에 따라 구성·편집되는 일련의 과정을 거쳐 하나의 이미지가 형성된다.

(2) 이미지 형성 요소

이미지 형성(image building)은 처음 만난 사람이 주는 분위기, 용모, 태도 등의 한정된 정보를 의미 있는 전체적인 느낌으로 지각하는 것을 말한다. 이미지는 여러 가지 요소들을 통해 형성되고 고정된다. 이미지 형성에 대해 학자 프리드만(Freedman) 등(1982)은 개인에게 독립적으로 부여된 각각의 정보들을 조직화하여 하나의 의미화된 형태로 지각하는 것을 뜻한다고 설명하고 있다.

이미지 형성 요소는 내적 이미지 요소와 외적 이미지 요소로 분류할 수 있는데, 내적 이미지 요소로는 심성, 감정, 욕구, 습관, 생각 등이 있으며 외적 이미지 요소로는 외모, 표정, 자세, 행동, 말 등이 있다. 내적 이미지는 외적 이미지 형성에 영향을 주게 되며, 외적 이미지는 대인 관계 형성에 영향을 미치게 된다. 이미지 형성 요소에 대해서 김경호(2005)는 다음 그림과 같이 정리하고 있다.

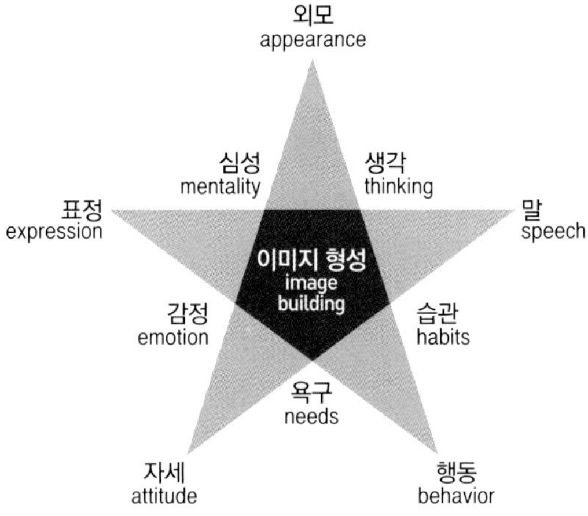

그림 이미지 형성 요소(image building factors)
자료: 김경호(2005), 「이미지 메이킹의 개념 정립과 프로그램의 효과성 분석 연구」, p. 18.

외적 이미지 요소의 구체적인 내용을 설명하면 다음과 같다.

가. 외모(appearance)

외모는 겉으로 드러나 보이는 외형적인 모습을 말한다. 외모는 내적 이미지의 여러 요소(심성, 감정, 욕구, 습관, 생각)가 종합적으로 형성되어 현재의 모습으로 표출되는 것이다. 외모는 패션이나 헤어스타일에 크게 영향을 받으며 문화에 따라 사람들이 선호하는 외모는 완전히 다를 수도 있다.

나. 표정(expression)

표정은 마음속에 품은 감정이나 정서 등의 심리가 겉으로 드러나는 모습으로, 주로 얼굴에 드러나며 무표정, 함박웃음 띤 표정, 미소 짓는 표정, 시무룩한 표정, 찡그린 표정 등을 들 수 있다. 사람은 일반적으로 상대를 볼 때 얼굴 근육의 움직임으로 그 사람의 감정을 추측한다. 손짓, 발짓 등을 포함하는 몸짓언어(보디랭귀지)와는 구별된다.

다. 자세(attitude)

자세는 어떤 동작이나 행동을 할 때 몸의 모양, 사물을 대할 때 가지는 마음가짐이 겉으로 표출되는 것을 의미한다. 개인의 심성과 습관, 표정과 행동 등의 종합적인 요인에 의해 형성되며 현재의 감정 상태나 욕구 성향에 따라 자세가 다르게 나타난다.

라. 행동(behavior)

행동은 내적 또는 외적 자극에 대한 생물체의 반응을 통틀어 이르는 말로, 개인의 습관이나 감정, 표정, 자세 등이 외부로 표출되는 행위이다. 평소에 개인이 추구하는 삶의 태도와 오랫동안 되풀이한 습관에 의해 나타난다.

마. 말(speech)

영어로 '스피치(speech)'는 말, 말하기, 말하는 능력, 말투, 화법 등을 뜻한다. 개인의 개성적인 생각이 특정한 습관을 만들고 이는 그 사람이 사용하는 말로 표현된다.

개인의 이미지는 다양한 이미지 형성 요소에 의해 만들어지며 여러 경로를 통해 타인에게 전달된다. 이미지가 전달되는 경로는 크게 시각, 청각, 언어로 나눌 수 있다. 시각적 전달 경로는 용모와 복장, 표정, 자세, 제스처 등을 포함하고, 청각적 전달 경로는 말의 억양이나 말투, 사용 언어 등을 들 수 있으며, 언어적 전달 경로는 말의 내용이나 주제를 언어로 표현하는 것을 말한다.

2) 이미지 스타일링

이미지 스타일링(image styling)이란 자신의 인상 형성에 중요한 역할을 하는 의상, 메이크업, 헤어스타일, 표정, 말투, 행동, 매너 등을 잘 조절하여 타인으로 하여금 자신에 대해 좋은 이미지를 갖도록 하는 것이다.

이미지 스타일링은 이미지 메이킹이 의미하는 '다른 사람이 어떤 대상을 보거나 생각할 때 갖게 되는 인상을 의도적으로 만들어 내는 일'과 패션 스타일링이 의미하는 '주로 옷차림과 관련된 개인의 개성과 취향을 만들어 내는 일'을 포괄하는 의미로 생각할 수 있다.

(1) 이미지 스타일링의 개념

이미지 스타일링은 타인에게 자신의 이미지를 좋은 모습으로 심어 주기 위해 자신에게 잠재된 아름다움과 능력을 계발하여 자신의 모습을 최상으로 만들고자 노력하는 것을 말한다. 이미지 스타일링은 외적인 면만을 치장하고 포장하는 위장술이 아니라 자기실현을 위해 자신의 내적인 면과 개성을 외적으로 잘 표현함으로써 타인들에게 좋은 인상을 심어 주려는 것이다.

(2) 이미지 스타일링의 필요성

이미지가 어떻게 표현되는지에 따라 자신감 있는 사람, 호감 가는 사람, 활동적이고 능력 있는 사람 등과 같은 긍정적인 이미지와, 멀리하고 싶은 사람, 게으른 사람 등과 같은 부정적인 이미지로 표현될 수 있다. 한 개인의 모습과 말, 행동은 그 사람에게 내려지는 가치 평가의 척도가 된다. 상대에게 보이는 개인의 이미지는 대인 관계에서 매우 중요하며, 좋은 이미지를 갖기 위해서는 자신이 원하는 이미지로 자신을 가꾸어 가는 이미지 스타일링이 필요하다.

(3) 이미지 분류에 따른 스타일링

이미지 스타일링에서 개인의 이미지는 내적 이미지, 외적 이미지, 사회적 이미지 등 세 가지로 분류된다. 우리나라에서 적용되고 있는 이미지 메이킹 프로그램(김경호, 2005)의 내용을 참고로 분류하여 보면 다음과 같다.

가. 내적 이미지

- 본질적 이미지로 개인의 내면에 깊게 잠재되어 있는 근본적인 의식, 정서를 의미한다.
- 좋은 생각(적극적이고 긍정적인 생각) 하기, 밝은 마음(명심, 감정, 기분, 욕구) 품기, 자기 성향(성격, 습관, 성품, 인품) 관리, 열등감 극복과 해소, 불안감 제거, 자신감 향상, 비전과 미션 설정 등으로 스타일링한다.
- 내적 이미지에 충실하면 외적 이미지를 한층 더 돋보이게 할 수 있다.
- 시간이 흐를수록 내적 이미지가 중요 요인으로 작용한다.

나. 외적 이미지

- 감각적으로 나타나는 현상적 이미지로 내적 요소들이 외부로 표현되는 상태를 의미한다.
- 패션과 헤어스타일, 메이크업 등으로 첫인상을 스타일링한다.

다. 사회적 이미지

- 관계 지향적 이미지로 개인의 내적인 면과 외적인 면이 대인 관계 시에 표현되고 형성되는 것을 의미한다.
- 호감도, 친밀감, 자기 이미지 분석, 대인 관계 유형 분석, 자기표현과 연기력 개발, 직업과 전문성, 고객 만족 전략과 친절 서비스, 비즈니스 매너와 에티켓, 이미지 커뮤니케이션, 이미지 프레젠테이션, 이미지 리더십 등

으로 스타일링한다.

2. 성격 특성의 이해

성격이란 개개인이 가지고 있는 고유한 성질 또는 품성으로, 개인의 행동 양식을 묘사하고 설명하는 데 사용 가능한 안정된 특성이라 할 수 있다. 따라서 개인의 성격은 그 사람의 가치관, 신념, 태도가 내포되어 있으며, 각 개인의 행동에 대한 설명과 예측에 활용된다.

1) 성격 유형론

성격은 인간행동을 서술하기 위해 구축된 가설적 구성 개념으로 그 자체가 다양하고 포괄적인 내용을 내포하고 있으므로 획일적으로 접근하는 것은 안된다. 성격에 대한 학자들의 이론적 주장은 다양하다. 가변성과 불가변성의 측면에서 성격은 변한다거나 변하지 않는다는 학설로 자신의 이론을 주장하는 학자들도 있고 생물·물리학적 관점과 생물·사회학적 관점으로 접근하여 성격의 존재 유무를 주장하는 학자들도 있으며 정신분석학적으로 접근하여 성격 이론을 전개하는 학자들도 있다. 성격에 대한 다양한 학설 중에서 여기서는 성격 유형론에 대해 살펴보고자 한다. 유형이란 공통의 특성을 가진 사람들의 집단을 의미한다. 성격 유형론에서는 성격을 일정한 범주로 분류하고, 동일 범주에 해당되는 경우 거의 동일한 성격이라고 판단한다. 성격 유형론을 주장한 학자로는 융(Jung, 1923), 마이어스(Myers, 1962), 셸던(Sheldon, 1954) 등이 있으며, 고대로부터 전승된 에니어그램(Enneagram)도 성격 유형론에 해당한다. 성격 유형론 측면에서 개발된 성격 측정 도구로는 MBTI, DISC, 에니어그램 등이 있다.

(1) 융의 성격 유형론

융은 인간의 심리 유형을 개인의 관심이 향하는 방향에 따라 내향성(introverts)과 외향성(extroverts)의 태도로 분류하고, 개인이 세상을 경험하고 대처하는 방식에 따라 감각, 직관, 사고, 감정 등의 네 가지 기능으로 세분한 후, 내향성, 외향성의 두 가지 태도와 감각, 직관, 사고, 감정의 네 가지 기능을 결합하여 여덟 가지 성격 유형(내향적 감각형, 외향적 감각형, 내향적 직관형, 외향적 직관형, 내향적 사고형, 외향적 사고형, 내향적 감정형, 외향적 감정형)을 제시하였다. 각 유형별 특성은 다음과 같다.

가. 내향적 감각형

세밀하고 섬세한 것이 특징인 유형으로, 사물을 대할 때 사실적이지 않고 주관적인 지각에 반응한다. 타인에게 자신의 감정을 표현하는 것을 어려워하는 편이다.

나. 외향적 감각형

실용주의 성향으로, 물질적인 것을 중요시하고 철학적이거나 종교적인 생각은 실생활에 도움이 되지 않는다고 무시하는 경향이 있다. 상황 파악이 빠르고 현실 적응에 능숙하며 현장에서 주어진 업무를 신속하게 끝내는 능력이 뛰어나다.

다. 내향적 직관형

실용적이며 구체적인 현실의 문제보다는 내면적인 문제에 관심을 두고 근원적인 사항에 관심과 통찰력을 보이는 유형으로, 본질을 꿰뚫어서 미래를 예측하기도 하지만 눈앞의 현실에는 둔감한 편이다.

라. 외향적 직관형

실생활에서 미래의 가능성에 대한 예측 능력이 뛰어난 유형으로, 중요한 의사결정을 할 때 구체적 자료나 수치보다는 자신의 직관을 중요하게 생각한다.

마. 내향적 사고형

객관적 사실과 경험을 객관적 이론에 근거하여 생각하는 것이 아니라 주관적 관념의 형식에 맞추어 생각하는 경향이 강한 유형이다. 경험에 의한 지식의 나열보다는 하나로 통찰하여 새로운 관점이나 근원적 원리를 제시하고자 한다.

바. 외향적 사고형

구체적인 사실과 경험에 의한 정보를 체계적으로 분류하고 정리·요약하여 기존의 이론에 적합하게 객관적인 결론을 도출하는 데 능통하다.

사. 내향적 감정형

내적인 기준에 의해 움직이는 유형으로, 매사에 평온하고 조화롭게 대처하며 그 속마음을 알기 어렵다. 내면은 예의가 바르며 타인의 고통에 대해 깊은 공감 능력이 감춰져 있고 격한 상황에서도 감정적으로 절제된 태도를 보여 준다.

아. 외향적 감정형

온화하고 붙임성이 있으며 여러 사람과 어울리는 것을 좋아하는 유형으로, 그 행동이 사회적 상식과 기대에 벗어나지 않고 주위에 협조적이며 상황에 따라 감정 표현도 적절하게 한다.

(2) 마이어스의 성격 유형론

융의 여덟 가지 성격 유형을 토대로 더 세분화하여 사람의 성격 특성을 파악하기 위한 시도로 마이어스는 사람의 성격을 열여섯 가지 유형으로 분류하고 검사 도구를 개발하였다. 개발된 검사 도구를 MBTI(Myers-Briggs Type Indicator)라 한다. MBTI는 개인의 선천적인 선호 경향을 파악하는 것으로 현재 세계에서 널리 사용되고 있는 심리 검사 도구 중의 하나다. 이 검사를 통해 얻을 수 있는 기대 효과로는 첫째, 개인 스스로의 심리적 특성과 행동을 이해하는 데 도움이 되며, 둘째, 타인의 심리적 특성과 행동을 이해하는 데 도움이 되며, 셋째, 사람들 서로 간의 개인차를 인정하고 대인 관계를 개선하는 데 도움이 된다.

가. MBTI 성격 유형

MBTI는 네 가지 선호 지표의 조합에 의해 개인의 성격을 열여섯 가지 유형으로 분류한 것이다. 먼저 네 가지 선호 지표에 대해 살펴보자. 첫째, 에너지의 방향이 내적이냐 외적이냐에 따라 외향성(E)과 내향성(I)으로 구분한다. 둘째, 정보를 얻는 방법이 구체적이고 순차적인지 아니면 무작위적인지에 따라 감각형(S)과 직관형(N)으로 구분한다. 셋째, 의사 결정 방식이 합리적 사실에 근거한 것인지 아니면 주관적으로 느끼는 감정에 의한 것인지에 따라 사고형(T)과 감정형(F)으로 구분한다. 넷째, 생활 양식이 계획적이고 조직적인지 아니면 목적의식과 계획성 없이 융통성 있게 생활하는지에 따라 판단형(J)과 인식형(P)으로 구분한다. 네 가지 선호 지표를 조합하여 개인의 성격을 열여섯 가지 유형으로 분류하였으며 각 유형은 선호 지표의 첫 글자를 대문자로 하여 부호화하여 나타내었다.

MBTI 열여섯 가지 성격 유형은 다음과 같다. 현실을 추구하는 사업가형인 ESTJ, 다양한 활동을 선호하는 행동 지향적인 ESTP, 신중하고 책임감과 일관성을 가진 ISTJ, 객관적이고 논리적이며 상황 적응력이 뛰어난 ISTP, 낙천적이고 사교적이며 경험에 기반한 지식 습득을 좋아하는 ESFP, 협력자로서 따뜻한 마음과 친절함으로 타인에게 봉사하는 유형인 ESFJ, 감성이 풍부하고 겸손하며 갈등을 회피하는 성인 군자형인 ISFP, 성실하고 정확하며 맡은 업무에 헌신적이고 협조적인 유형인 ISFJ, 호기심이 많고 열정적이며 새로운 가능성을 추구하는 유형인 ENFP, 사교적이며 언변에 능숙한 달변가형인 ENFJ, 이상적인 것을 추구하며 자신의 신념과 가치를 지향하는 INFP, 확고한 신념과 일에 대한 열정으로 자신의 영감을 구현해 나가는 예언자형인 INFJ, 독창성과 창의성이 있는 다재다능한 발명가형인 ENTP, 체계적이고 논리적이며 통솔력을 가진 지도자형인 ENTJ, 보편적 진리와 원리를 탐구하는 아이디어 뱅크형인 INTP, 사고 능력이 뛰어나며 이상적 비전을 추구하는 유형인 INTJ 등이다.

나. MBTI 성격 유형별 패션스타일

어떤 사람의 옷차림을 보면 그 사람의 성격을 짐작할 수 있는데, 이처럼 성격은 개개인의 옷차림에도 영향을 준다. MBTI 성격 유형에 따라 선호하는 패션 스타일의 일반적인 특징을 살펴보자. ENTJ, ENTP, INTJ, INTP는 베이직 스타일을 추구하는 성향을 보이고 ENFP, ENFJ, INFJ, INFP는 독특하고 개성적인 스타일을 선호하며 ESTJ, ESFJ, ISTJ, ISFJ는 세련되고 현대적인 스타일을 좋아하고 ESTP, ESFP, ISTP, ISFP는 심플하고 단정한 패션스타일을 선호한다.

(3) 셸던의 유형론

셸던은 신체의 형태를 중심으로 성격과 같은 내면적 특성을 판단하고 예측할 수 있다고 하였다. 그는 신체 구조적 특징에 따라 사람의 체격을 크게 내배엽형(endomorph), 중배엽형(mesomorph), 외배엽형(ectomorph)으로 분류하였다. 이러한 신체 구조와 관련된 신체적 특질들은 자신을 타인이 지각하는 방식, 자기 스스로에 대해 느끼고 경험하는 것 등에 영향을 미치며, 이는 시대나 사회적 상황, 타인의 의식에 영향을 받을 수 있다.

체격에 따른 성격 성향을 살펴보자. 내배엽형은 대체적으로 둥글고 비만인 체형으로 친화력 있는 성격을 띠며 긍정적·우호적이며 친절하고 참을성이 있는 성향을 보인다. 중배엽형은 근육과 골격이 잘 갖춰진 체형으로 성격은 모험적이고 용기 있고 활달하며 모든 일에 적극적이다. 외배엽형은 마른 체형으로 성격은 소심하고 날카롭고 내향적이며 이성적이고 절제적인 경향이 있다.

(4) 에니어그램(Enneagram)

에니어그램은 사람들의 행동에 대한 원인을 파악하는 심층적 심리학 도구로 고대에서 처음 시작하여 현재까지 사람들의 성장과 변화에 영향을 미치고 있는 성격 유형 이론이다. 에니어그램의 어원을 살펴보면 '에니어(ennea)'는 '아홉'을 의미하고 '그램'은 '그라모스(grammos)'에서 유래된 것으로 '점, 그림'을 뜻한다(김진희 외, 2019). 즉, '에니어그램'은 '아홉 개의 점으로 이루어진 그림'이라는 의미이다.

이는 원, 아홉 개의 점 그리고 이를 연결하는 선으로 구성된 기하학적 도형을 가지고 그 안에 우주의 진리와 법칙, 인간의 내면에 있는 전부를 상징적으로 표현한 것이다. 고대의 지혜와 현대의 심리학이 결합되어 있는 성격 분류 체계라 할 수 있다.

에니어그램의 분류 체계를 살펴보자. 인간이 가진 생명력과 에너지가 가진 힘의 중심에 따라 인간의 성격 유형을 크게 세 가지로 분류하고 각 중심별로 세 개의 유형으로 분류하여 총 아홉 개의 성격 유형으로 분류한 것이다. 세 개의 에너지 중심은 사람마다 힘을 가져오는 부분이 어디인지에 따라 다르다. 감정 중심인 가슴형은 감정과 정서를 중요하게 생각하며 심장을 통하여 나오는 힘으로 삶을 파악하고 사물을 인식하고 받아들이는 유형이며 2, 3, 4형이 이에 해당한다. 사고 중심인 머리형은 생각형 사람들로 사고의 힘으로 세상을 바라보고 해석하는 유형이며 5, 6, 7형이 이에 해당한다. 본능 중심인 장형은 배와 소화계를 통한 본능과 습관에 따라 행동하는 유형이며 8, 9, 1형이 이에 해당한다.

에니어그램의 궁극적 목표는 세 가지 에너지의 균형과 조화를 통해 각 중심이 가진 중요한 주제를 지혜롭게 견디고 조절하여 개개인의 변화와 성장을 이루어 자유로운 삶을 추구하는 것이다.

2) 성격 유형 검사의 이점

성격 유형론을 주장한 학자들의 학설에 대해 살펴보았다. 각 유형론들은 각각의 성격 검사 도구와 기준을 개발하였다. 성격 유형 검사가 가진 이점은 다음과 같다.

첫째, 성격 유형 검사를 통해 자신과 타인의 장단점을 이해할 수 있으므로 자신의 역량을 발휘하고 타인과 조화로운 관계를 형성하고 유지하는 데 도움이 된다.

둘째, 사람을 설득하거나 논쟁을 할 때도 상대의 성격 유형에 따라 전략을 세운다면 자신이 의도한 방향으로 주도할 수 있다. 이때 상대가 가진 우월한 기능보다 취약한 기능에 호소하는 것이 효과적일 수 있다. 예를 들자면 감정적 성향이 강한 사람에게는 논리적으로, 사고형 성향이 강한 사람에게는 감정에 호소하는 접근 방법을 취하는데, 이는 상대의 성격적 취약점을 활용한 전략이다.

셋째, 자신의 성격 유형에 대한 장단점을 파악하는 것은 자신에게 적합한 직업을 선택하는 데 도움이 된다. 자신에게 맞는 직업을 선택하는 것은 개인이 가진 성격의 가장 주요한 특성을 발휘함으로 인해 개인적 성취감과 삶의 질을 향상시키는 데 도움을 준다.

3. 우울감과 열등감

좋은 이미지를 형성하기 위해서 자신의 내면에 깔려 있는 부정적인 감정들부터 찬찬히 살펴볼 필요가 있다. 자신과 자신을 둘러싼 환경에 의해 행복감을 느끼지 못하는 여러 감정들에 대해 살펴보고 이를 관리하는 것이 긍정적인 이미지 형성에 도움이 된다.

1) 우울감의 증상과 극복

(1) 우울감의 증상

일상을 살아가면서 한 번쯤 우울감을 느껴보지 않은 사람은 없을 것이다. 우울감은 정서적 조절이 잘 되지 않는 것이다. 국가정신건강정보포털에 따르면, 우울감은 기분의 저하와 함께 사고의 형태나 흐름, 사고의 내용, 동기, 의욕, 관심, 행동, 수면, 신체 활동 등 전반적인 정신·신체 기능이 저하된 상태를 의미한다. 즉 우울감은 정서적 조절이 잘 되지 않는 것으로 인해 신체 활동에도 제약이 생길 수 있음을 말한다.

우울감이 생기면 스스로를 비난하거나 자책하게 되면서 모든 것을 부정적으로 바라보는 시선을 가지게 된다. 우울감이 있는 사람은 좋은 것을 좋다고 하지 못하게 되면서 결국 행복감을 느끼지 못하게 되는 것이다.

우울한 기분은 일상 및 사회생활 등에 많은 문제를 발생시킨다. 부정적인 감정으로 변화된 우울감은 무기력, 피로감, 불안, 분노, 주의력 저하 및 신체 기능 약화 등을 동반한다. 자신이 느끼기에 갑작스러운 식욕 변화나 체중 변화, 불면 혹은 과다 수면 등이 나타나거나 일에 집중하기 어렵거나 피로감이 많다면 스스로 점검해 볼 필요가 있다.

(2) 우울감의 원인

우울감 하면 산후 우울감, 갱년기 우울감과 같은 말로 인해 특정 시기에 나타나는 현상쯤으로 알고 있는 사람이 있을지도 모르겠다. 우울감의 원인은 다양한데, 이를 알고 나면 꼭 그렇지만은 않다는 것을 알 수 있다.

우울감의 원인에 대해서 과거에는 한두 가지 요소가 시발점이 되어 발생한다고 여겨졌다. 그러나 최근에는 유전적인 것에서부터 신체, 심리 등 다각도에서 여러 원인들이 복합적인 기전을 통해 발생한다고 보고 있다. 우울감은 개인적이거나 사회적 관계 속에서 발생하는 것이며, 여러 원인을 보다 정확하게 분석하고 극복하려는 의지가 필요하다.

(3) 우울감의 진단과 스트레스 대처법

우울감을 진단하는 프로그램은 여러 병원, 기업, 학교 등의 기관에서 구성원들의 행복, 복지 차원에서 시행하고 있다. 자가 진단을 위한 척도 질문지는 비교적 단순한 것에서부터 아주 복잡한 것에 이르기까지 다양한데, 증세가 있다면 병원에서 실시하는 검사를 통해 보다 정확하게 알 수 있다.

우울감을 겪는 사람은 스트레스 지수가 높다고 한다. 따라서 스트레스 상황을 피하는 것이 도움이 된다. 스트레스 대처법으로는 잘 씹는 것, 운동, 명상을 추천한다. 물론 우울감이 심한 경우에는 약물 치료와 상담 치료를 받는 것이 좋다.

가. 씹기

음식을 잘 씹는 것은 안면 근육 강화에도 도움이 되지만 스트레스에 대처하는 데도 효과적이다. 씹기를 잘하면 뇌로 가는 혈류량이 상승하면서 스트레스 저항력을 높여 주기 때문이다. 또한 씹기는 집중력 향상과 치매 예방 및 다이어트에도 효과적인 것으로 알려져 있다.

나. 운동

운동은 신체 기관을 활성화하는데 특히 뇌를 활성화하여 세로토닌 합성을 촉진한다. 세로토닌은 행복 호르몬으로 알려져 있는데, 우울감 해소, 뇌의 노화 방지, 스트레스 저항력 향상 등의 효과가 있다.

다. 명상

명상은 지금까지 하던 생각들을 잠시 멈추는 것에서 시작된다. 천천히 숨을 들이마시고 천천히 내뱉으면서 심신을 안정시킨다. 그리고 자신의 마음을 돌아보면서 자기성찰을 위한 시간을 가진다. 자기 자신에 대해 지나치게 엄격한 사람들의 경우에는 자기 판단을 삼가고 자기 자신에 대한 공감력을 올릴 필요가 있다. 명상을 통해 자신의 생각, 감정, 신체 등에 집중하고 긍정적 경험, 자신의 강점, 성공 등 낙관적인 생각을 떠올리도록 한다.

2) 열등감의 증후와 극복

(1) 열등감과 자존감

열등감(inferiority feeling)이란 신체적·정신적·사회적으로 자신이 타인보다 여러 방면에서 부족하다고 생각하는 감정을 말한다. 즉 자신의 능력을 비하하고 무가치한 존재로 낮추어 평가하는 것이며 자존감이 저하된 것이다.

자존감, 즉 자아존중감은 자신의 있는 그대로를 인정하고 받아들이면서 가치 있는 존재로 여기는 마음이다. 타인에 의한 인정, 칭찬, 비난에도 흔들리지 않는 자존감은 자신에 대한 성숙된 사고와 가치관에서 비롯된다. 열등감은 이러한 자존감의 저하에서 비롯되며, 사회화 과정에서 여러 요인들로부터 영향을 받는 것으로 보고 있다.

비난, 비판 등의 부정적 감정을 일으키는 일이 지속되면 자연스레 자존감이 낮아지게 되고, 이는 성인이 되어서도 실패에 대한 두려움에 사로잡히거나, 사소한 결정 하나도 제대로 내리지 못하는 일이 발생할 수도 있다. 그래서 부정적 감정들을 극복하고 자신과 타인을 있는 그대로 바라보는 건강한 자존감을 키우는 것이 중요하다. 더 이상 타인과 비교하는 것을 멈추고 자신만의 기준을 갖고 평가하는 자기 긍정적 사고를 갖도록 한다.

(2) 열등감의 원인 및 증후

정서적 불안정 상태로 평가하기도 하는 열등감은 여러 내외부적 원인, 즉 신체적·정신적인 측면과 사회적 관계 측면에서 타인과 비교하여 자신을 낮게 평가함으로써 나타난다. 『비교하지 않는 연습』(2018)의 저자 가토 다이조(Kato Daizo)는 열등감이 생기는 원인에 대해 정신분석학자 카렌 호나이(Karen Horney)의 글을 소개하면서, 소속감의 결여, 자기 인식의 결여 때문이라고 근원적인 접근을 하였다. 이 책에서 인용된 카렌 호나이의 글을 통해서도 알 수 있듯이 열등감은 결국 스스로 어떠한 상태인지를 정확히 깨닫지 못하는 것에서 비롯된다는 것이다.

열등감이 심한 사람은 여러 가지 증후를 보인다. 타인을 비난함으로써 자신을 높이 평가하는 것, 타인의 비난과 평가에 지나치게 민감한 것, 은둔하는 것 등과 같이 타인에 대해 공격적이거나 자신에 대해 지나치게 방어적 태도를 보인다. 열등감의 여러 증후를 바탕으로 자신의 마음속에 열등감이 있는지, 있다면 무엇으로 인한 열등감인지, 왜 그러한 마음이 생겼는지부터 스스로의 마음을 들여다보고, 그 원인을 파악하는 것부터 시작할 필요가 있다.

(3) 열등감의 극복

사람들은 열등감을 자신감 상실, 부정적·공격적 감정의 표출, 우울감과 연결시키며, 특정 사람들에게나 나타나는 감정 정도로 치부하기도 한다. 열등감은 병적으로 깊어진 열등 콤플렉스와는 다르다. 열등감은 사회적 존재로서 인간에게 나타나는 자연스러운 감정이며, 자기 성장의 동력원이 되기도 한다.

정신분석학자인 알프레트 아들러(Alfred Adler)는 인간의 자연스러운 감정으로서의 열등감뿐만 아니라 열등감의 보상에 대해서도 설명한 바 있다. 아들러의 열등감 이론을 다룬 브리태니커(Britannica) 백과사전에 의하면, 아들러는 개인이 스스로 기술과 능력을 개발하면 열등감을 얼마든지 보상할 수 있다고 보고 있다. 이 말은 곧, 자신에게 부족한 부분이 열등감이 될 수 있으며, 이를 채워 나가는 노력이 열등감을 극복하는 방법임을 보여 주는 것이다.

열등감은 남과의 비교에서 시작된다고 하였다. 그리고 이와 더불어 시기와 질투라는 감정을 유발한다. 원초적 감정인 시기와 질투심은 뇌의 변연계에서 일어나며, 감정 중추에서 비교라는 행동으로 나타난다. 시기와 질투는 선망의 대상을 바라보는 시선에 따라 개인의 성장에 도움이 되거나 저해되기도 한다. 긍정적인 시선의 건강한 시기와 질투는 선망하는 대상이 되고자 스스로 노력하게 되는 동력이 되어 개인의 성장에 도움이 되며, 부정적인 시선은 타인을 끌어내려 상대적인 안정감을 갖도록 하는 것이어서 개인의 성장에 도움이 되지 않는다. 인간의 자연스러운 감정으로서 열등감은 결국 자신을 있는 그대로 긍정하고 인정하는 것에서 출발하며, 자신이 가진 결점을 이겨 내기 위해 노력하는 것이 바로 극복의 열쇠가 될 수 있다. 그리고 성장하고자 하는 자세와 노력을 통해 현재의 자신보다 더 나은 미래의 모습을 그려 보는 것 또한 열등감을 이겨 내는 좋은 방법이 될 수 있다.

4. 좋은 습관 형성

습관(習慣)은 '익힐 습(習)'과 '버릇 관(慣)'으로 이루어진 단어이며, 말 그대로 '오랫동안 익혀 온 버릇'을 의미한다. 습관은 반복되어 온 행동 패턴이기 때문에 뇌가 의식하지 않는, 즉 무의식적 행동 방식이다.

1) 기억과 습관의 관계

우리 뇌는 기억, 감정에 관여하는 부분인 편도핵에서 오감을 통해 들어온 정보가 유쾌한 정보인지 불쾌한 정보인지 과거의 기억을 바탕으로 판단한다. 과거의 기억들은 현재의 정보에 대한 판단 기준이 되는데, 유쾌하다고 느낀 것에는 가까이 접근해 가는 반면, 불쾌하다고 느낀 것은 멀리하게 된다. 그래서 좋아하는 것은 계속하고, 싫어하는 것은 계속하지 않는 것이다. 뇌는 결국, 싫어하는 것은 계속하지 않게 되기 때문에 한번 불쾌하다고 느낀 행동에 대해 제대로 습관을 들이지 못하는 원인이 여기에 있다. 예를 들어, 자신에게 유익한 공부라 하더라도 뇌가 불쾌하다고 인지한다면 공부 습관이 제대로 형성되지 못하는 것도 이 때문이다.

2) 좋은 습관 만들기의 과정

좋은 습관을 만들기 위해서는 현재의 자신을 잘 파악해야 한다. 자신의 약점이나 결점을 극복하기 위해 어떠한 노력을 해야 할지 모색할 필요가 있다. 결점이라는 것은 우리의 능력을 제한하게 되는데, 가장 부족한 점이 결국 자신이라는 사람을 제한적으로 규정하게 되는 원인이 되기도 한다. 따라서 자신의 결점을 잘 파악하고 이를 보완하는 좋은 습관을 만들기 위한 노력이 필요하다.

(1) 구체적인 목적과 목표 정하기

자신의 결점을 극복할 수 있는 좋은 습관을 가져야겠다고 결심했다면 먼저 추구하는 목적을 정한 후에 구체적인 목표를 정하는 것이 좋다. 어떠한 것을 실행하는 데 있어 목적과 목표가 없으면 생각이 느슨해지기 쉽기 때문이다.

구체적인 목표 설정은 언제, 어디서, 어떻게, 얼마나 할 것인지를 정해 두면 뇌가 보다 명료하게 인지하여 습관을 형성하는 데 도움이 된다. 또한 자신이 이루고자 하는 목적과 목표를 타인이 인지할 수 있도록 공개한다면 하기 싫어도 하게 될 확률이 높아진다.

작심삼일이 되지 않는 습관으로 정착되기 위해서는 목표치를 잘 정해야 한다. 목표치는 스스로 해낼 수 있는 아주 작은 목표부터 시작하는 것이 좋기 때문에 적절한 목표치는 개인마다 다를 수 있다. 우선 작은 목표를 설정하면 지속적으로 성공하기 쉬우며, 결과적으로 자연스럽게 습관으로 형성될 가능성이 높다. 그리고 목표를 이뤄 낸 성공의 경험은 습관 만들기를 지속적으로 할 수 있도록 하는 힘이 된다.

(2) 습관 달력 만들기

습관 만들기와 관련하여 딱 1초만 매일 지속하라고 주장하는 사람도 있다. 그만큼 습관 만들기가 쉽지 않기 때문일 것이다. 그러나 이러한 1초의 성공이 여러 번 쌓이게 되면, 2초, 3초 혹은 그 이상 하는 것이 더욱더 쉬워질 것이다. 습관 만들기 노력이 일정 궤도에 오르게 되면 이 습관은 잘 무너지지 않지만, 그렇지 못할 경우에는 다시 습관 만들기 이전으로 돌아가게 된다. 좋은 습관이 정착되는 데에는 일정 기간이 필요하다. 이에 대한 여러 주장들을 살펴보면 대략 21일, 66일, 100일 등이다. 누구에게는 혹은 어떤 목표인지에 따라서 21일만으로도 충분히 습관이 형성될 수도 있고, 100일이 걸릴 수도 있을 것이다.

습관과 보상은 밀접한 관계에 있다. 정해진 목적을 이루게 되어 보상을 받게 된다면 더욱더 좋은 습관으로 정착될 가능성은 높아지게 된다. 개인의 건강, 지위, 능력, 금전 등 보상은 여러 가지가 있을 수 있다. 습관의 형성 과정에서도 자신만의 습관 달력을 마련하여 실천 내용을 기록하면서 시각적인 보상을 받을 수 있다. 시각을 자극하는 방법은 다른 자극보다 뇌에 더 크게 각인된다. 달력을 가득 메운 성공의 경험은 뇌에 축적되고, 좋은 습관 형성에 도움을 줄 수 있다.

(3) 주변 환경 점검하기

좋은 습관을 만들기 위해서는 주변 환경을 바꾸는 것도 중요하다. 환경은 우리의 행동과 사고에 강한 영향을 준다. 나쁜 습관으로 형성된 주변 환경을 점검하고 좋은 습관이 형성될 수 있는 환경으로 바꾸어 보도록 한다. 가령, 공부 습관을 형성하려면 공부를 잘할 수 있도록 정리·정돈된 환경을 만들어야 한다.

습관과 관련된 행동들은 연쇄적이다. 하나의 습관과 연결되어 있는 행동들을 살펴보고, 주변 환경을 미리 만들어 놓으면 행동들을 실천하는 데 좀 더 도움이 된다. 예를 들어, 건강이라는 목적을 위해 하루 40분 정도의 운동 습관이 필요하다면 운동 도구나 운동복 등을 미리 준비하여 시각적인 자극을 받는 것이다.

목적과 목표 설정, 습관 달력 쓰기, 주변 환경 점검과 같은 습관 형성의 과정을 실천하다가도 이런저런 사정으로 인해 중도에 포기하고 싶다고 생각하는 사람들도 있을 것이다. 좋은 습관 형성을 위해서는 현상 유지 편향과 같이 변화를 막는 익숙함에 대한 집착을 버려야 한다. 지금의 자신을 바꾸고 싶다는 의지를 다지고 자신이 바라는 이상적인 모습을 그리면서 습관이 형성될 때까지 반복, 또 반복함으로써 자신의 삶이 풍요로워질 수 있음을 잊지 않도록 한다.

Image Styling

Chapter 02

이미지 마케팅

이미지란 대상에 대해 마음속에 그려지는 심상으로, 실체가 아니라 사물이나 사람에게서 상상되는 상징적 모습을 의미하며, 마케팅이란 조직 또는 개인이 자신이 추구하는 목적을 달성하기 위해서 교환 과정을 통해 필요와 욕구를 충족시키는 인간 활동을 의미한다. 이미지 마케팅(image marketing)이란 개인, 기업, 도시, 국가 등 사람이나 제품, 조직을 긍정적이고 호의적인 상황으로 유도하기 위해 이미지와 마케팅을 상호 보완적이며 의존적인 관계로 진행하는 것을 의미한다. 이는 기업과 브랜드가 소비자의 머릿속에 각인시키고자 하는 이미지와 이를 통해 전달하려는 핵심 가치를 가장 효율적으로 알릴 수 있도록 하는 기존 마케팅 커뮤니케이션의 규칙을 보완한 것이다. 즉 마케팅 커뮤티케이션 규칙에 이미지가 형성되는 특성을 최대한 반영하여 제시하고, 이미지 관리·발전 전략을 수립하여 특정 대상에 대해 긍정적이고 호의적인 의미를 정립시키는 것이다.

직장에서의 직원 개개인의 이미지가 기업의 이미지가 되고 기업의 이미지는 바로 국가의 이미지가 되어 결국 총체적 경쟁력을 좌우하게 된다. 기업의 최소

단위 구성요소인 직원 개개인에 대한 바람직한 이미지 구축은 개인뿐 아니라 도시, 국가의 경쟁력을 높이는 디딤돌이 된다.

1. 개인 이미지 마케팅

개인 이미지란 개인 각자의 개성과 특성이 잘 나타나도록 고유한 이미지를 표현한 것이다. 자신의 이미지를 적절히 정립하려면 자신의 신체 조건, 성격, 직업, 생활 방식 등을 종합적으로 고려해야 한다. 자신에게 적합한 이미지가 정립되었다면 의복과 헤어스타일, 화법 등을 조화시켜 자신이 원하는 이미지를 구축한다. 외모란 내면을 설명하는 언어이다.

1) 개인 이미지 형성 요소

개인 이미지는 크게 직접적 이미지와 간접적 이미지로 구분해 볼 수 있다. 직접적 이미지는 외적으로 나타나는 모습의 부분이나 전체의 이미지로서, 내면의 본질적인 요소들이 종합적으로 나타나는 현상적 이미지를 말한다. 이는 주로 시각적으로 표현되는 이미지로서 자세, 표정, 말투와 같이 행동으로 표출됨으로써 이러한 외형적인 모습이 개인의 고유한 시각적 이미지를 만든다. 외적인 모습은 시각적인 측면에서 큰 영향을 미치기 때문에 아름다운 외형을 중요시하는 사람들은 고통과 스트레스를 인내하면서 성형이나 다이어트 등을 통해 외적인 모습을 가꾸고자 하는 노력을 한다. 이에 반해 간접적 이미지는 개인이 가진 성품이나 신념, 철학 등을 토대로 표출되는 자신의 이념과 가치관을 의미하며, 지적 수준, 성실성과 배려심, 이타심 등도 간접적 이미지 형성 요소다. 간접적 이미지는 외부에서 보이지 않는 인간의 내면을 나타내는 모든 것이라 할 수 있으며 이는 말과 행동, 외적인 태도와 모습에서 엿볼 수 있다. 인간의 내면을 추측할 수 있는 간접적 이미지는 품위와 인성을 만들어 좋은 인품을 보여 주게 되며 훌륭한 간접적 이미지가 직접적 이미지를 진실성 있게 보여 줄 수 있다.

직접적 이미지와 간접적 이미지를 기반으로 개인 이미지 형성 요소를 정신적 이미지, 신체적 이미지, 사회적 이미지 등 세 가지로 나누어 살펴볼 수 있다. 정신적 이미지는 개인의 성격 관리와 긍정적 사고 관리로 구분하였고, 신체적 이미지는 패션, 체형, 용모(피부, 헤어, 메이크업, 미용 성형) 관리로 분류하며 사회적 이미지는 표정 관리, 화법, 매너 관리로 구분하였다(김영희, 2017). 이와 같이 개인 이미지는 정신적·신체적·사회적 이미지의 통합에 의해 완성되는 것으로, 각 이미지의 형성 요소에 대한 구체적인 내용은 다음과 같다.

(1) 정신적 이미지

개인이 가진 성품이나 신념, 철학 등을 토대로 표출되는 자신의 이념과 가치관을 의미하며, 지적 수준, 성실성과 배려심, 이타심 등도 정신적 이미지 형성 요소다. 정신적 이미지는 외부에서 보이지 않는 인간의 내면을 나타내는 모든 것이라 할 수 있으며 이는 말과 행동, 외적인 태도와 모습에서 엿볼 수 있다. 인간의 내면을 추측할 수 있는 정신적 이미지는 품위와 인성을 만들어 좋은 인품을 보여 주게 되며 훌륭한 정신적 이미지가 사회적 이미지를 진실성 있게 보여 줄 수 있다. 따라서 바람직한 정신적 이미지 형성은 개인 이미지의 본질인 성격의 긍정적인 사고 관리를 통하여 내면의 안정을 유지하고, 자기 내면의 장점을 개발하고 향상시켜 성숙한 자아상을 확립하기 위한 행동이다.

가. 성격

개인이 사회 속에서 바람직한 대인 관계를 형성하기 위해서는 자신의 성격적 특성과 개성을 우선 파악하는 것이 중요하다. 타고난 기질을 완벽하게 변화시키기는 힘들지만, 자기 성격 특성의 장단점을 파악한다면 더 나은 사회적 성향의 성격 유형으로 개선함으로써 개인 이미지의 향상을 기대할 수 있다.

나. 긍정적 사고

긍정적 사고란 위기 상황에서도 부정적인 상황을 긍정적으로 전환시킬 수 있는 능력을 뜻하는 것으로(Goodhart, 1985), 긍정적 사고를 하는 사람은 모든 일을 밝고 희망적인 시각으로 보며 좋지 않은 일이 발생하더라도 곧 회복되는 특성이 있다. 또한 해결이 불가능한 힘든 상황에서 비판적인 사고의 사람보다 그 상황을 수용하고 유머러스하게 받아들이는 등, 상황에 적극적으로 대처한다. 따라서 정신적 이미지 향상을 위해서는 개인의 희망과 열정, 행복감과 만족감에 대한 긍정 상태를 유지하기 위한 노력과 긍정적이고 적극적인 사고를 갖기 위한 노력을 하여야 한다. 밝은 마음 품기를 통해 개인의 감정을 관리하고 긍정의 상태를 유지한다면 대인 관계 형성에 도움이 될 것이다.

(2) 신체적 이미지 형성 요소

외모란 신체 각 부위의 생김새부터 몸매, 얼굴, 화장, 헤어스타일, 의복 등 개인의 전체적인 모습으로, 이를 통해 그 사람의 성격, 호감도, 취향, 생각, 직업, 지위 등을 파악할 수 있다. 이는 개인의 신체적 이미지를 파악할 수 있는 중요한 요소라고 할 수 있다. 신체적 이미지 형성 요소로는 개인의 신체적인 측면인 패션, 용모, 체형 관리를 들 수 있는데, 이를 통해 외적인 아름다움과 호감가는 이미지를 연출하여 개인의 외적 이미지를 한층 더 향상시킬 수 있다.

가. 패션

패션은 대인 관계에서 얼굴, 체형과 더불어 상대를 지각하는 중요한 단서이며 외모 평가에 큰 영향을 미친다. 사회적인 측면에서 패션은 그것이 지닌 이미지를 통해 착용자의 역할과 개성, 태도, 분위기 등을 상대에게 전달함으로써 서로 간의 커뮤니케이션에 매우 중요한 역할을 하게 한다. 패션 관리는 다양한 패션 연출 방법을 활용하여 자신만의 이미지를 완성하여 매력적으로 표현하는 것으로, 이는 타인에게 자신의 외적 이미지에 대한 평가와 인식에 큰 영향을 미치는 신체적 이미지 형성에 중요한 역할을 한다.

나. 체형

체형은 성격 형성과 사회성에 영향을 주며 자신을 바라보는 시각과 타인에 대한 인상 형성에 영향을 준다. 만족스럽지 못한 체형은 대인 관계 시 부정적 영향을 미칠 수 있는 부분으로, 건강하고 매력적인 체형은 대인 관계에도 긍정적 영향을 미친다. 체형 관리란 체중 조절과 몸매 관리를 통해 탄력 있고 균형 잡힌 신체를 만드는 행동을 의미하는 것으로, 특히 현대인에게 체형은 매력적이고 건강한 몸매의 수준을 초월하여 신체적 개인 이미지를 형성하는 중요한 요소로 지각하고 있으며, 사회적인 인정과 성공된 이미지를 위한 관리 행동으로 인식되고 있다.

다. 용모

외모(外貌)는 얼굴과 몸매 전부를 뜻하고, 풍모(風貌)는 복장이나 몸매를 지칭하며, 용모(容貌)는 얼굴 모양을 말한다. 용모 관리는 피부 관리, 메이크업 관리, 헤어스타일 관리, 미용 성형 등의 측면에서 이루어지고 있다. 헤어스타일은 머리카락의 모양을 낸 형(型)을 말하는 것으로, 헤어스타일에 따라 얼굴형과 이미지가 다르게 지각된다. 헤어스타일을 조금만 바꾸어도 이미지 변화가 가능하며, 개인의 성격 표현과 이미지 결정에 큰 영향을 미친다. 메이크업은 자신의 미적인 아름다움 유지와 대인 관계에서 상대방에 대한 예의라는 생각으로 시도되는 것으로, 메이크업을 통해 자기다움과 자신의 이미지를 강조하기 위해 사용된다. 피부 관리는 탄력 있고 생기 넘치는 상태로 피부를 가꾸고 유지하는 것이 목적이며 적극적으로 노화에 대처하는 방법이다. 탄력 있고 맑은 피부를 가진 얼굴은 매력적이고 자신의 가치를 한결 더 돋보이게 한다. 미용 성형의 목적은 부정적 외모로 인한 스트레스와 노화에 의한 용모 변화를 의학적 방법을 통해 더 나은 이미지로 개선하여 향상된 외모를 통해 자신감을 높이고자 하는 행위로, 이를 통해 심리적·정신적 안정을 얻고자 한다.

사람의 얼굴은 형태, 크기, 특징 등 개성과 연관 있는 유전적 요소가 성장 과정에서 건강, 습관, 사회 환경, 유행 등에 의해 변화되는데, 이는 개인 이미지와 직결되어 언어 이상의 가치를 갖는 비언어적 커뮤니케이션으로서 중요한 역할을 한다. 따라서 용모 관리를 통해 긍정적인 인상을 형성하여 좋은 이미지를 가꿀 수 있다.

(3) 사회적 이미지 형성 요소

사회적 이미지란 개인의 본성과 현상이 대인 관계 시 상대와의 교류를 통해 형성되는 관계적인 이미지이다. 개개인은 사회생활에서 성공적인 대인 관계를 형성하기 위해 표정 관리와 매너 관리, 화법 관리 등의 행동을 통해 자신의 직업과 사회 환경에 맞는 공적 이미지, 즉 사회적 이미지를 만들려고 노력한다.

가. 표정

표정은 개인의 심리적 상태와 생각이 얼굴에 드러나는 것이다. 표정을 통해 그 사람의 삶의 흔적과 생활 수준을 짐작할 수 있으며 대인 관계 시 자신의 정서와 생각을 표출하는 창구가 되므로 개인 이미지 형성에 큰 영향을 미친다. 밝은 표정은 대인 관계에서 긍정적인 분위기를 조성한다. 원만한 인간관계 형성을 위해 자신의 표정에서 부정적 측면은 교정하고, 긍정적인 측면을 개발하여 상대에게 호감 가는 표정을 만들 필요가 있다. 표정은 상대방에게 자신의 첫인상을 각인시키는 데 결정적인 영향을 미치므로 좋은 표정을 만들기 위해 꾸준히 자기 관리를 해야 한다.

나. 매너

매너(manner)는 사람의 몸가짐과 행동 방식의 태도를 의미하는 것으로, 심리적인 요소와 행동적인 요소로 구성된다. 대인 관계에서 가장 중요한 것은 타인에 대한 배려심이다. 태도는 마음가짐에 의해 겉으로 나타나는 자세를 뜻하며, 자세는 몸가짐을 의미한다. 따라서 매너는 얼굴 표정과 몸 전체에서 드러나는 개인의 고유 스타일로서 마음가짐과 몸가짐을 나타내며, 이를 통해 그 사람의 교양 수준과 품위, 습관을 파악할 수 있다. 훌륭한 매너가 좋은 이미지를 형성한다.

다. 화법

화법이란 사람들이 서로 이야기를 주고받는 행위를 통해 자신이 전달하고자 하는 이야기의 내용을 표현하는 것으로, 말하는 사람이 특정한 목적을 달성하기 위하여 일정한 상황에서 자신의 생각과 느낌을 음성 언어나 표정, 몸짓 등으로 표현하는 기법으로 정의된다. 화법은 커뮤니케이션의 한 유형으로 타인에게 호감을 주는 화법은 상대의 입장을 고려하여 상대를 존중하는 자세에서 비롯된다. 같은 내용의 대화라도 말하는 사람이 사용하는 단어와 말씨에 따라 그 사람의 인품과 교양 수준을 엿볼 수 있다. 경청하는 자세도 매우 중요하다. 사람은 상대가 자신의 말에 귀 기울여 줄 때 자신이 존중받는다고 느낀다.

2) 개인 이미지 형성 과정

개인 이미지는 첫인상을 형성하는 시점에서 출발하여 개개인이 가진 정형화된 고정관념에 의해 상대방의 이미지를 결정하고 향후 이미지까지 예측하는 과정을 거치게 된다.

(1) 첫인상 형성

첫인상은 개인의 이미지 형성에 큰 영향을 미친다. 첫인상은 아주 짧은 시간 내에 형성되고, 일방적이며 고정된 이미지로 굳어지기 쉽다. 좋은 첫인상을 남기는 것은 상대방에게 오랫동안 호감을 주는 기회이므로 평소 첫인상을 잘 관리하여 좋은 이미지를 만들어 가도록 한다.

(2) 고정관념에 의한 이미지 결정

고정관념이란 사람들이 특정 개인 또는 집단 전체의 사람들에게 실제로 존재한다고 가정한 성격 특질 또는 신체적 속성에 대해 고정화된 사고방식을 의미한다. 이는 개인이 가진 이미지를 표출하는 순간마다 상대방이 그것을 인식하여 자신이 가진 고정관념에 의해 그 이미지를 결정하고 받아들이게 되는 것을 뜻한다.

(3) 예측된 이미지

예측된 이미지란 개개인이 대상에 대해 자신이 떠올리는 연상이나 상상을 통해 만들어진 이미지로서 어떤 대상에 대해 가진 고정관념과 선입견, 선택된 단서를 통해 상대의 이미지를 판단하고 단정 짓는 것을 의미한다.

3) 개인 이미지 효과 이론

개인 이미지는 개개인의 노력 여하에 따라 개발·향상될 수 있는 것으로, 개인 이미지 연출(지현주, 2002)에 의한 효과는 다음과 같다.

(1) 승인 효과(approval effect)

첫인상에서 좋은 이미지로 보인 사람은 계속해서 좋은 이미지로 각인된다. 이는 처음 지각된 좋은 인상이 자신의 기억 속에 각인되어 있으므로 인해 이를 변화시키게 되는 특별한 상황이 일어나지 않는 한 처음 가진 인상을 지속적이고 자연스럽게 승인하고 인정하기 때문이다.

(2) 경쟁 효과(competition effect)

대인 관계에서 이미지의 평가는 상대적이다. 많은 사람의 평가 대상 중에서 자신을 호감 가는 이미지로 보여 주기 위해서는 끊임없는 노력이 필요하며, 좋은 이미지로 평가를 받게 되는 경우 자신의 입지를 좋게 할 수 있다.

(3) 쿠션 효과(cushion effect)

쿠션의 사전적 의미는 자극과 충격, 악영향 등을 완화시킨다는 의미를 담고 있다. 다시 말해서 완충 역할의 의미를 함유한 것으로, 이미지 측면에서 쿠션 효과란 상대가 한 잘못이나 실수에 대해 관대한 마음으로 이해하고 배려하는 것을 말한다. 이는 좋은 경험, 나쁜 경험 등이 상대에게 감정 이입이 되고 저장되어 있다가 어떤 상황이 발생하게 되면 저장된 이미지에 의해 현재 상황을 판단하게 된다. 따라서 좋은 이미지로 저장된 사람은 현 상황에 대해 긍정적으로 판단하여 상대를 평가하고 배려하게 되는 것이다.

(4) 편승 효과(band-wagon effect)

편승 효과는 대열의 선두에 서서 행렬을 선도하는 역할을 하는 악대차인 밴드왜건의 뒤를 우르르 좇아가는 사람들의 모습에서 유래되었다. 편승 효과란 '남이 장에 간다고 하니 거름 지고 나선다.'라는 우리의 속담처럼 '다른 사람이 하니까 나도 한다.'는 식의 의사결정을 하게 되는 현상이다. 이는 그 당시의 유행 또는 시대적 흐름을 따르는 것과 공인된 사람의 말 또는 차림새 등을 따라 하는 것이다.

4) 개인 이미지 구축 전략

개인 이미지는 개개인이 가진 직업, 연령, 자신의 가치관 등을 전달하는 무언의 메시지로서, 좋은 이미지는 대인 관계에서 긍정적인 효과를 이끌어서 성공적인 삶을 구축하는 기반이 되기도 한다. 이에 성공적인 이미지 구축 방향을 설정하기 위해 이미지 관리 요소(김영란 외, 2012)에 대한 이론을 기반으로 다음과 같은 방안이 제시되었다.

(1) 표정 관리를 잘한다

얼굴은 표정을 통해 개인의 감정이나 심리 상태 등이 표현되는 곳이다. 사람들은 타인과의 대면 시 표정에 나타난 인상으로 그 사람의 성격, 감정 등을 판단한다. 인상은 표정에 의해 만들어지므로 좋은 표정을 짓는 방법을 습득하여 호감 가는 이미지를 형성해 나갈 필요가 있다. 무표정하거나 찡그린 얼굴은 상대방의 마음을 닫게 한다.

(2) 매너가 좋은 사람이 된다

매너란 상대방을 배려하는 마음을 행동으로 나타내는 태도이다. 좋은 매너는 상대에게 호의적인 인상을 주고 원만한 대인 관계 형성에 도움을 준다. 상대방에 대해 자신이 보여 줄 수 있는 품격을 잘 갖춘 매너는 상대를 감동하게 만들어 대인 관계와 사회 활동을 성공적으로 이끌 수 있다.

(3) 커뮤니케이션 능력을 기른다

대인 관계에서 커뮤니케이션 능력은 개인 이미지를 효과적으로 전달하는 데 필수 조건이다. 커뮤니케이션 요소 중에서 특히 표정과 제스처, 태도 등의 시각적 이미지는 의사 전달에 큰 영향을 미친다. 밝은 표정과 경청하는 자세로 상대를 존중하는 태도는 성공적인 커뮤니케이션 효과를 창출한다.

(4) 목소리를 단련한다

목소리를 통해 자신의 이미지를 전달할 수 있다. 직접 대면하지 않은 상황에서 전달되는 아름다운 목소리는 상대방으로 하여금 자신을 20% 정도 더 좋은 이미지로 느끼게 한다. 따라서 명확한 발음과 적절한 발성을 연습함으로써 어떤 장소에서 어떤 상대를 만나더라도 상황에 맞는 적합한 목소리를 표현하여 좋은 이미지를 형성하도록 한다.

(5) 제스처를 적극 활용한다

의사 전달에 활용하는 제스처는 말의 전달력을 높여 주므로 적절한 제스처 활용은 효과적인 커뮤니케이션 방법이다. 따라서 대화의 내용과 상황에 맞는 제스처를 몸에 익혀 적극 활용하는 것도 개인의 이미지를 구축하는 데 좋다.

(6) 패션 감각을 향상시킨다

사회 활동에서 패션은 상대방에 대한 예의의 표현이다. T.P.O.(Time, Place, Occasion)에 적합한 패션 연출 감각을 익혀 자신만의 매력적인 이미지를 브랜딩화하여 상대방에게 호의적인 인상을 줄 수 있다.

2. 기업 이미지 마케팅

기업 이미지란 특정 기업에 대해 대중들의 마음속에 그려지는 인상으로, 기업 이미지 마케팅에서는 기업 이미지의 통합, 기업 문화 등을 지칭한다.

1) 기업 이미지의 중요성

기업 이미지는 기업의 경영 활동에 큰 영향을 미치는 요인으로 그 가치와 중요성이 높아지고 있다. 웹스터(Webster, 1971)는 기업 경영 활동에 있어 기업 이미지가 다음과 같은 역할을 하므로 중요하다고 밝혔다.

(1) 소비자의 구매 의사 결정에 기여한다

소비자가 상품 또는 서비스를 구매하고자 하는 시점에서 기업 이미지는 제품의 기능과 가격보다 소비자의 구매 의사 결정에 우선적으로 영향을 주어 판매 촉진에 기여한다.

(2) 소비자의 상품 선택에서 경쟁 우위를 확보한다

동일한 상품군에서 한 가지만을 선택해야 할 상황에서 소비자가 다양한 상품에 대한 정보 습득과 상품에 대해 자세히 알고 있지 않다면 소비자는 기업 이미지를 기준으로 하여 호의적 이미지를 지닌 기업의 상품을 선택할 가능성이 크다.

(3) 기업 인재 채용에 유리하다

호의적 이미지를 가진 기업은 경영 과정에서 필요한 자금 조달이나 내부 경쟁력 강화를 위한 인재 채용의 기회가 많아지게 된다.

(4) 소비자의 긍정적 여론 조성에 유리하다

기업에 대한 소비자의 여론 조성 시 기업 이미지가 호의적일 경우 긍정적 방향으로 여론 조성이 원활해지므로 인해 어떠한 문제나 중대한 사안이 발생하였을 경우 적극적인 지지를 받을 수 있다.

2) 기업 이미지의 구성 요소

기업 이미지는 기업에 대해 소비자가 갖는 인상을 의미한다. 기업 행동에 대한 소비자의 반응은 대개 객관적이고 논리적이 아니라 감성적이고 주관적이다. 기업 이미지를 구성하는 요소는 다음과 같다.

(1) 기업 행동 이미지(corporate conduct image)

기업은 소비자에게 양질의 서비스를 제공하고, 합리적인 가격으로 품질이 우수한 제품을 생산하는 등의 기업 행동을 통해 기업의 질적인 마케팅 이미지를 형성한다.

(2) 사회적 행동 이미지(social conduct image)

기업은 공공의 이익과 환경 보호를 위한 관심과 노력, 성실한 납세 의무 준수 등을 통해 올바른 사회를 건설하는 데 이바지하는 사회적 행동 이미지를 구축한다.

(3) 공헌 이미지(contribution image)

기업은 문화·예술 분야나 교육·보건 및 사회 복지 프로그램 운영을 지원하는 등의 노력을 통해 사회에 공헌하는 자선적 활동을 하여 공헌 이미지를 구축한다.

3) 기업 이미지 제고를 위한 효과적 마케팅 전략

기업 이미지를 효과적으로 제고하기 위한 마케팅 전략의 대표적인 활동으로 기업 이미지 광고, 이벤트, 스폰서십, CI가 있다(강승구, 2015). 기업은 이런 활동들의 전략적 추진을 통해 기업 이미지 수준을 높이는데, 구체적인 활동은 다음과 같다.

(1) 기업 이미지 광고

기업 이미지 광고는 기업에 대해 호의적인 이미지를 만들고 기업의 견해를 대중에게 전달하며 자회사의 이미지를 통일된 기업 전체의 이미지로 규합해 주는 것으로, 기업 마케팅 전략의 효과적 도구가 될 수 있다. 기업 이미지 광고는 구체적으로 다음과 같은 역할을 한다. 첫째, 기업 이미지 광고는 신제품 출시 전 제품과 기업에 대한 호의적인 시장 입지 구축에 큰 역할을 한다. 둘째, 새로운 상황에 직면할 경우 기업 이미지 광고를 통해 조직과 미래 목표에 맞추어 기업 이미지를 재정립한다. 셋째, 기업 이미지 광고는 브랜드 인지도와 제품 마케팅 지원에 중요한 역할을 한다. 넷째, 기업의 활동과 관련 있는 공공 쟁점을 논제로 한 주창 광고를 통해 기업의 입장을 표명함으로써 일반 시민으로서 사회 활동에 적극적인 참여를 시도할 수 있다. 다섯째, 기업 이미지 광고는 미래를 위한 투자로, 소비자에게 좋은 이미지로 각인된 기업은 미래에 그 기업이 위기 상황에 놓였을 때 소비자로부터 적극적인 지지를 받을 수 있다.

(2) 이벤트(event)

이벤트의 사전적 의미는 '계획된 사건을 통해 목표한 결과를 도출하는 하나의 과정'으로, 특정한 사람들을 대상으로 그들에게 직접적인 이익을 제공함으로써 여러 가지 PR(public relations) 효과를 만들 수 있다.

(3) 스폰서십(sponsorship)

스폰서십은 기업이 사회의 다른 분야와 협업하여 특정 행사나 단체 운동에 재원을 제공하는 것을 의미한다. 환경 보호 캠페인, 스포츠 대회, 자선 행사 등에 일정한 비용을 지원함으로써 기업 이미지를 효과적으로 제고할 수 있다. 예를 들자면 삼성그룹의 LPGA(미국여자프로골프투어) 주최 또는 지원, SK그룹의 불우 청소년 돕기 자선 행사와 같이 기업이 스폰서사가 됨으로써 사회적 인지도를 높이고 긍정적 평판을 얻을 수 있다.

(4) CI(corporate identity)

CI는 기업의 이미지를 통합하는 작업이다. CI를 구성하는 3대 요소로 시각적 작업인 VI(visual identity), 행동적 작업인 BI(behavioral identity), 정신적 측면을 강조하는 MI(mind identity)가 있다. VI(visual identity)는 시각 디자인 요소를 사용하여 기업의 이념이나 특성을 부각하여 기업의 인지도를 높이기 위한 것이다. BI(behavioral identity)는 기업 이념, 경영 방침을 행동 양식으로 실행하는 것으로, 기업의 전통이 담긴 행동, 사회 활동, 사회적 행위를 말한다. MI(mind identity)는 기업의 정신 및 인격을 의미하는 것으로, 경영주에 의한 지침 결정과 기업의 특성에 의해 정립된다.

3. 도시 이미지 마케팅

도시 이미지는 그 지역에 대한 사람들의 주관적인 마음의 세계 또는 경험의 종합적인 결과(Boulding, 1956)로, 사람들이 그 도시에 대해 공유하고 생각하는 모습으로 사람에 의해 이미지화된다. 또한, 도시 이미지는 그 도시가 타 도시와 구별되는 독특한 장소로서의 특성을 가지며, 그 도시의 역사적 사실, 경관 등과 함께 매력을 높이는 요인이 될 수 있다. 따라서 도시 이미지를 성공적으로 구축하기 위해서는 우선 해당 도시의 정체성을 수립하는 것이 중요하다. 특히 그 지역의 자연환경, 역사적 특징, 문화적 매력, 특화된 행정 서비스 등에 대해 타 도시와 차별화하여 그 도시만의 이미지를 구축하는 것은 그 도시가 경쟁력 있는 도시로 성장하는 데 도움이 된다.

1) 도시 이미지의 구성 요소

도시 이미지에 대한 연구는 케빈 린치(Kevin Lynch, 1960)에 의해 처음 시도되었다. 도시 이미지 구성 요소에 대한 가장 일반적이며 보편적으로 사용되는 견해는 도시 이미지의 구성 요소를 경로(path), 테두리(edge), 지역(district), 결절점(node), 랜드마크(landmark) 등 다섯 가지로 구분하였다.

(1) 경로(path)

관찰자가 일상적 또는 잠정적으로 움직이는 길을 뜻하는 것으로, 장소와 장소를 연결해 주는 간선도로, 내부도로 등을 말한다. 이러한 경로들이 관찰을 촉진시키기 때문에 도시의 지배적인 요소가 되는 경향이 있다.

(2) 테두리(edge)

강이나 철도, 울창한 숲 등의 형태를 가진 것으로, 주로 자연 지형 또는 특정 시설물에 의하여 공간이 확실하게 구별되는 끝단을 의미한다.

(3) 지역(district)

다른 지역과 구분되는 공간적 범위를 의미하는 것으로, 예를 들자면 서울의 인사동, 부산의 센텀시티 등을 들 수 있다.

(4) 결절점(node)

관찰자의 기억이 되살아나는 전략적 초점이 되는 지점으로, 대부분 연결점, 교차점, 교통이 멈추는 장소 등이다. 경로의 교차점은 아주 강한 심상을 일으키는 것으로, 결절점은 관찰자의 심상에서 독특한 것이 된다.

(5) 랜드마크(landmark)

그 지역의 상징으로 대표되는 시설물을 의미한다. 이는 도시 형성을 위해 인위적으로 만든 다양한 규모의 물리적인 요소로서, 도시의 여행객 안내에 도움을 주는 유일한 단서로 이용되기도 한다. 세계적으로 유명한 도시 자체나 도시 안의 특정 장소와 공간에는 '랜드마크'라는 수식어가 붙기 마련이다.

2) 도시 이미지의 역할

현대사회의 도시 공간은 지리적인 차원을 넘어 장소라는 사회적 성격을 가진 대상으로 변화하고 있다. 도시 고유의 정체성을 반영한 도시 이미지는 경제적·사회적·문화적 기반 확보에 영향을 주며 시민들의 질적인 삶을 향상시키고 자신이 살고 있는 도시에 대한 자긍심을 지니게 한다. 이는 도시 이미지를 구축하고 도시 공간에 대한 문화적 의미를 부각시켜 도시를 마케팅화하려는 노력으로 이어지고 있다. 도시들은 역사와 문화, 자연환경을 활용하여 도시를 대표하는 이미지를 만들고자 한다.

도시 이미지가 가진 역할은 다음과 같다. 첫째, 도시마케팅을 통해 도시가 지닌 산업적인 이미지를 탈피한다. 둘째, 도시 경관을 신선하게 재정비함으로써 달라진 이미지를 구축하여 시민은 물론이고 도시 상품의 잠재 고객인 기업, 투자자, 여행객 등을 도시로 유도하게 된다. 셋째, 도시 자체의 상징적인 이미지를 통하여 도시 경제를 활발하게 만들게 되는 도시 경영의 중요한 전략이 되며, 다른 도시와의 차별성을 확보에 영향을 준다.

3) 도시 마케팅 추진 전략

도시 마케팅이란 도시의 이미지를 강화하기 위한 개념으로, 도시가 가지고 있는 제품과 서비스뿐만 아니라 가치 창출을 할 수 있는 모든 것을 대상으로 도시의 발전을 이루고자 하는 활동이다. 도시 마케팅은 장기적인 측면에서 도시와 그에 관련된 관계자들이 긍정적 관계 유지를 지속함으로써 도시 발전을 생기게 하는 활동으로(박민희, 2017), 도시가 가진 부정적 이미지는 최소화하고 도시의 매력적 이미지를 극대화하기 위한 전략이다. 이는 도시가 가진 차별화된 분야를 개발하여 체계적이고 종합적인 홍보를 하고 이를 브랜드화하여 도시의 자산 가치와 경쟁력을 높이고자 하는 활동으로 도시 마케팅 추진 유형은 다음과 같다.

(1) 랜드마크(landmark)

표지물, 두드러진 특색 등의 뜻을 가진 랜드마크는 그 지역을 구별하는 목표물로써 역사성을 가지거나 시각적으로 두드러진 건조물 등 지역을 대표하는 사물과 건축물을 말한다. 이러한 랜드마크는 도시를 대표하거나 상징성을 가지는 것으로 도시의 정체성과 도시 이미지를 구축하여 도시 활성화에 촉매 기능을 한다.

(2) 도시 브랜딩(city branding)

도시 브랜딩은 기업과 제품 마케팅에서 이용되는 브랜드를 도시에 적용한 것으로, 경쟁력을 가진 도시로 만들기 위해 역사, 문화, 자연환경, 행정 서비스, 정체성 등 그 도시만이 가진 요인들을 타 도시와 차별화된 특성이므로 도민, 시민, 기업인, 관광객과 같은 사람들이 부가적 가치를 느끼게 하는 도시의 심벌, 슬로건, 캐릭터, 축제, 명소 등을 구축해야 한다. 궁극적으로 도시 브랜딩은 도시가 추구하는 가치를 함축시킨 브랜드를 개발하여 긍정적인 도시 이미지를 형성하는 것이다.

(3) 메가 이벤트(mega event)와 MICE(Meeting, Incentive travel, Convention, Exhibition) 산업

도시의 매력을 시각적으로 보여 주고 특정 기간 동안 많은 방문객을 유치할 수 있는 수단인 메가 이벤트와 MICE 산업은 글로벌 도시 마케팅을 위한 효과적인 방법이다. 이는 국가적 차원의 대규모 행사로 높은 예산 투자와 방문객을 유치하고 해당 도시와 지역에 대한 관광 측면과 지역 개발 측면, 국가적 측면에서 커다란 경제적 효과를 가진다는 장점이 있다.

4. 국가 이미지 마케팅

국가 이미지란 이미지의 개념을 '국가'라는 대상에 적용한 것으로 '어떤 국가 혹은 그 나라 국민들에 대해서 사람들이 지니고 있는 일반적인 묘사' 또는

'어떤 국가 혹은 그 나라 국민들에 대해 사람들이 일반적으로 사실이라고 믿는 것'이다. 국가 이미지 형성을 위한 정보에는 해당 국가의 국민, 기업, 자연환경, 정부, 정치 형태, 경제 수준, 상품 등 그 국가와 관련된 여러 가지 다양한 것들이 있다. 따라서 '그 나라 국민 중 어느 특정한 개인에 대한 이미지나 전체적인 국민의 이미지, 정부 이미지, 기업 이미지, 상품 이미지 등 여러 가지 차원이 복합적으로 얽혀서 형성되는 심상'이 국가 이미지로 규정되고 있다. 이와 같이 국가 이미지는 단편적으로 형성되는 것이 아니라 심리적·사회적·역사적 과정을 통해 형성되는 복합적 산물이다.

1) 국가 이미지의 구성 요소

국가 이미지는 그 국가의 특성, 생산품, 경제 환경, 역사와 전통 등의 요인에 의해 구성된다. 이는 단일 차원이 아니라 다차원적으로 구성된다는 특성을 가지는데, 경제·문화적 발전 정도, 정치적 분위기, 교육 정도, 인구밀도, 인종 구성 등과 같이 오랫동안 축적된 정치적 요소나 국가의 규모, 경제·사회·문화적 요소 등에 의해 영향을 받는다. 또한 국가 간의 접촉으로 인한 국제적 사건 등 일회성적이고 돌발적인 사건에 의해서도 영향을 받는다(유재웅, 2013).

2) 국가 이미지의 파급 효과

국가 이미지는 정치·경제·문화적 요인들이 복합적으로 작용하여 개개인에게 형성되는 것으로, 특정 국가나 국민에 대한 고정관념과 전형적인 신념, 명성에 대한 종합적인 평가가 반영된다. 이는 해당 국가에서 생산된 제품에 대한 전반적인 평가와 구매 의도에 큰 영향을 미치기도 하는데, 국가 이미지에 의한 파급 효과는 다음과 같다(이화형, 2021).

(1) 미시적/거시적 관점에서의 효과

미시적 관점으로는 수용자나 소비자의 인지와 태도, 행동 등에 영향을 미치며, 거시적 관점에서는 개인적·국가적 조직이나 단체 차원에 영향을 미친다.

(2) 대내적/대외적 효과

해당 국가의 자국민에 대한 자긍심과 자부심을 유발 등의 대내적 효과와 해당 국가와 관련된 국제사회에서의 대외적 효과가 있다.

(3) 경제적/비경제적 효과

경제적 효과로 국가 브랜드나 국가 이미지는 관광객과 외국인 투자 유치 증가에 의한 국가 경제 발전에 직접적인 기여 역할을 하며, 비경제적 효과로 해외 시장에서의 인지도와 신뢰도 강화, 원산지 효과 획득을 통하여 상품 경쟁력 증대와 기업과 제품의 브랜드 가치 증대에 효과적인 역할을 한다.

(4) 후광 효과

소비자들이 특정 외국 상품에 대해 친밀도와 정보가 없는 경우 국가 이미지 후광 효과를 통하여 특정 상품의 속성을 평가하여 소비를 결정한다. 원산지 효과를 그 예로 들 수 있다.

3) 국가 이미지 제고를 위한 공공 외교 정책

공공 외교 정책은 다음과 같이 광범위성, 상호 작용, 차원성(황효이, 2020)이라는 특징을 가지며, 이러한 특징을 전략적으로 활용함으로써 국가 이미지를 제고한다.

(1) 광범위성

공공 외교의 추진 대상은 다른 나라의 사회 각 집단과 계층, 일반 대중으로, 그 내용은 기업 외교, 문화 외교, 스포츠외교 등을 포함해 광범위한 경로로 이루어진다. 공공 외교의 실시 방법은 해외에서 사업을 확장하여 국가 브랜드를 제고하는 기업 외교 방법, 드라마와 영화의 전파 그리고 학술 교류 프로그램 개최와 같은 문화 외교 방법, 올림픽과 월드컵 등 대형 국제대회 개최를 통한 스포츠 외교 방법을 활용한다.

(2) 상호 작용

공공 외교는 단순하게 양국이 성취한 합의와 타협에만 치중하는 것이 아니라 양 국가 간의 다양한 교류를 중시하여 이루어진다. 기업 외교, 문화 외교, 스포츠 외교 등의 공공 외교 사업을 전개해 나가기 위해서는 양 국가 일반 대중 간의 심층적인 교류가 필요하므로 한 국가가 일방적으로 추진하는 것이 아니라 양 국가가 쌍방향으로 상호 작용하여 추진한다. 따라서 쌍방향 교류 활동을 통해 서로에 대한 이해도를 높이고 공감대를 형성함으로써 긍정적인 국가 이미지를 형성한다.

(3) 차원성

공공 외교는 전체적으로 장기적인 작업이나, 추진 기간별로 그 목표가 명확한 차원성을 가지고 있다. 공공 외교의 단기적 목표는 사실 규명과 오해 불식을 통해 자국에 대한 이해를 넓히는 것이고, 중기적 목표는 메시지 전파의 통로를 원활하게 유지하여 자국의 국제적 명성을 높이는 것이며, 장기적 목표는 자국에 대한 국가 이미지를 구축하고 자국의 국제적 정체성을 강화하는 것이다. 이처럼 명확한 차원성을 가진 공공 외교의 궁극적인 목표는 바람직한 국가 이미지를 구축하는 것이다.

Image Styling

Chapter 03

첫인상 이미지

밝고 부드러운 표정은 호감 가는 첫인상을 위한 기본 요소이다. 외모가 비록 평범해도 다정하고 밝은 사람은 좋은 인상을 주어 매력적인 인물로 기억된다. 인상은 표정근이 만들어 내는 것으로, 우리는 그 사람의 얼굴만 보아도 성격이 어떠한지를 대략 짐작할 수 있다.

얼굴 표정을 만드는 표정근은 모두 11개의 근육으로 이루어져 있으며, 이것들이 움직이면서 갖가지 표정을 만들어 낸다. 밝고 낙천적인 사람은 자주 웃는데, 웃을 때 얼굴 표정 근육이 좌우대칭으로 움직인다. 세월이 지나면 잦은 근육 운동으로 인해 얼굴에 주름이 생기기도 하나 전체적으로 부드럽고 고운 인상을 준다. 반면 자주 짜증을 내면 미간과 코 옆에 짙은 주름이 생기게 되고 이는 곧 나쁜 인상을 만든다. 눈과 입은 좋은 표정과 나쁜 표정에 큰 영향을 주는 얼굴 부위이다. 반달같은 눈에 입꼬리가 올라간 방긋 웃는 얼굴은 상대에게 호감 가는 인상을 준다. 표정 관리를 위해서는 입꼬리를 올리는 연습을 하는 등 꾸준한 노력이 필요하며 긍정적이고 밝은 마음가짐을 갖는 것은 좋은 표정을 만드는 바탕이 된다.

1. 호감 가는 첫인상

첫인상은 상대가 갖게 되는 최초의 이미지이다. 좋은 첫인상은 사회적 작용이 시작되고 추후 상호 작용의 지속 여부를 결정하는 주요 요인이다. 첫인상은 아주 짧은 시간에 결정되지만 상대방에게 오랜 기간 동안 영향을 주기 때문에 매우 중요하며, 첫인상을 결정짓는 시간은 첫 대면 후 5초 정도밖에 걸리지 않는다. 이처럼 인간관계에서 처음 만났을 때 첫인상이 형성되는 것은 극히 짧은 시간에 상대에 대한 정보를 파악하여 평가와 결론을 내림으로써 이루어진다. 첫인상을 결정하는 요소와 사람들이 대인 정보를 처리하는 방식을 이해하는 것이 좋은 첫인상 형성에 도움이 된다.

우리는 어떤 사람을 처음 만나면 짧은 시간 안에 상대방의 표정과 목소리, 태도 등을 살피고 그가 어떤 사람인지를 파악한다. 얼굴은 첫인상에 중요한 영향을 주는 부위로, 얼굴에 드러난 표정과 말투 등은 다양한 의미를 담고 있다. 상대의 얼굴에서 보이는 표정과 인상은 그에 대한 이미지 형성과 그와의 관계 형성에 큰 힘을 발휘한다.

어떤 사람의 인상은 과거의 경험과 학습을 통해서 예전에 지각했던 기억을 상기시키는 형태로 저장되거나 또는 그 사람을 떠올리면 형성되는 하나의 이미지 상태로 인식되기도 한다. 어떤 사람을 제대로 판단하는 데에는 많은 대화와 소통이라는 지속적인 커뮤니케이션이 필요하지만, 일단 처음 만났을 때 형성되는 첫인상이 좋아야 그 이후에도 계속 그에게 호감을 느끼면서 인간관계가 원만하게 진행된다. 만일 상대의 첫인상이 좋지 않으면 그에게 호의를 느끼기 힘들게 되고 상호 작용할 수 있는 만남 또한 더 이상 이루어지기 어렵다.

사람들은 첫인상의 이미지에 따라 행동을 달리한다. 만약 다른 사람이 자신에 대해 가진 이미지가 긍정적이라면 그 사람은 자신감을 갖고 적극적으로 대인 관계와 사회생활에 임할 수 있지만, 반대로 부정적이라면 그는 자신감이 없어지고 소극적인 자세를 취하게 되고 이는 사회생활에도 좋지 못한 영향을 주게 된다. 이처럼 첫인상은 상대방과의 상호 작용에서 형성되는 복합적인 반응으로 이어져 타인과 자신의 삶에 큰 영향을 미치므로 첫 대면에서 상대에게 좋은 인상을 주기 위해 노력해야 한다.

호감 가는 첫인상이 단순히 아름답거나 잘생긴 외모를 뜻하는 것은 아니다. 아무리 아름답고 멋있어도 첫인상이 별로 좋지 않은 사람이 있고, 생김새가 잘생기거나 아름답진 않지만 첫인상이 좋은 사람이 있다. 밝고 긍정적인 마음가짐과 높은 자존감이 표정에 드러나며, 자연스러운 미소와 친절한 태도 그리고 호의적인 말씨는 좋은 첫인상을 형성하는 데 도움이 된다. 즉, 편안하고 자연스러운 미소, 그리고 진솔하고 친절한 태도와 부드럽고 호의적인 말씨는 상대와의 거리감을 좁히고 처음의 어색한 관계를 친근하게 만들어 주어 상대에게 좋은 첫인상을 남기게 된다.

현대인의 바쁜 사회생활에서 첫인상은 대인 관계의 지속 여부를 결정짓는 데 큰 비중을 차지한다. 취업 면접이나 남녀 관계나 교우 관계의 만남 등에 있어서 호감 가는 첫인상은 관계를 발전시키는 데 큰 역할을 하며, 우리는 각자에게 맞는 이미지 스타일링을 통해 좋은 첫인상을 형성하기 위한 노력을 해야 한다.

1) 첫인상의 결정 요소

첫인상은 선천적으로 결정되는 것이 아니라 후천적으로 만들어지는 것이므로 각자의 노력 여하에 따라 충분히 달라질 수 있다. 첫인상을 결정하는 데 중요한 요소와 이들이 미치는 효과를 살펴보자.

미국의 사회심리학자인 앨버트 메라비언(Albert Mehrabian)에 따르면, 첫인상을 결정하는 중요한 요소는 이미지로서 표정이나 태도 등 보디랭귀지가 55%

의 큰 비중을 차지하며, 다음으로 말의 내용이 아니라 음조나 억양 등 목소리가 38% 정도의 큰 영향을 미치는 것으로 나타났다. 특히 대면하지 않고 전화로 소통할 때는 목소리의 중요성이 82%로 올라가며, 전달하고자 하는 '대화 내용' 그 자체는 겨우 7% 정도만 의사소통에 영향을 끼쳤다. 이는 대화 내용이라는 언어적 메시지보다는 얼굴 표정, 음성, 제스처 등의 비언어적 메시지가 의사 전달에 훨씬 높은 영향력을 가지고 있음을 보여 준다. 이것은 이후 '메라비언의 법칙(The Law of Mehrabian)'으로 불리게 되면서, 개인이나 기업 등의 협상과 설득, 광고, 마케팅 등의 분야에서 널리 활용되고 있다. 이는 곧 첫인상을 결정짓는 요소로도 적용된다. 표정 외에 체형·옷차림·태도·제스처와 같은 시각적 요소와, 말의 높낮이·억양·속도 등의 목소리가 첫인상 이미지 형성에 큰 비중을 차지하는 요소가 된다.

2) 첫인상의 심리 효과

(1) 초두 효과(primacy effect)

처음 제시된 정보나 인상이 나중에 제시된 정보나 인상보다 기억에 더 큰 영향을 미치는 현상으로, 첫인상으로 각인된 이미지가 쉽게 바뀌지 않음을 보여 준다. 미국의 심리학자 솔로몬 애쉬(Solomon Asch)는 누군가를 소개할 때 긍정적인 면을 먼저 표현하면 그 사람의 첫인상이 더 좋아지고 반대로 부정적인 면을 먼저 말할 경우 더 나쁜 인상을 준다고 하였다. 결국, 사람은 어떤 대상에 대해 긍정적인 정보나 인상이 먼저 제시되었을 때 그에게 더 호의적으로 느낀다는 것이다.

(2) 맥락 효과(context effect)

처음 제시된 정보가 나중에 들어오는 정보를 해석하는 데 판단 기준이 되어 전체적인 맥락을 구성하는 것을 이른다. 즉, 처음에 긍정적인 정보를 준 대상이라면 이후에도 그에 대해 긍정적으로 여기려는 것을 가리킨다. 예를 들면, 사람들은 첫인상이 좋은 어떤 사람에 대해 수재라는 정보를 접하면 그 사람을 똑똑하고 현명한 사람으로 판단한다. 하지만 첫인상이 좋지 않은 어떤 사람에 대해 그가 머리가 좋다는 것을 알게 되면 그 사람을 교활한 사람이라고 생각하며 비호감을 더 강화하게 된다. 이처럼 같은 정보라도 첫인상이 어떻게 형성되었는가에 따라 완전히 정반대로 해석될 수 있다. 이것은 첫인상에 대해 처음 인지한 정보가 후에 제공된 정보에 대한 판단 기준을 제공하기 때문이다.

(3) 부정성 효과(negativity effect)

긍정적인 정보와 부정적인 정보가 동일하게 제공될 때 사람들이 부정적인 정보에 더 큰 비중을 두고 판단하는 심리 현상을 말한다. 부정성 효과는 첫인상 이미지의 변화에도 영향을 미치는데, 어떤 사람의 첫인상이 매우 좋았더라도 이후 그 사람의 부정적인 면을 알게 되면 긍정적인 인상이 나쁜 인상으로 바뀐다. 반면 첫인상이 나쁘게 형성된 어떤 사람에 대해 이후 긍정적인 정보가 주어져도 그 사람에 대한 나쁜 인상을 바꾸는 데에는 별로 도움이 되지 않는다. 즉, 첫인상이 호감 가는 것으로 각인되었더라도 이후 부정적인 정보가 제공되면 나쁜 쪽으로 쉽게 바뀌나, 한 번 나쁘게 인식된 첫인상은 이후 긍정적 정보가 주어져도 좋은 쪽으로 잘 안 바뀐다는 것이다. 이처럼 부정적인 정보는 긍정적인 정보보다 인상 형성에 훨씬 더 강하게 작용한다.

(4) 후광 효과(hallo effect)

어떤 사람에 대한 판단을 할 때, 그 사람이 지닌 부분적 속성에서 받은 긍정적 또는 부정적 인상을 논리적 연관이 없는데도 다른 측면에서의 평가에도 일반화시켜 판단하는 경향 또는 현상을 의미한다. 최초에 내린 긍정적인 혹은 부정적인 인상이 상관없는 다른 영역의 평가에도 영향을 미친다는 것이다. 마케팅 분야에서 평판이 좋은 연예인을 브랜드 모델로 선호한다든지, 사람들이 비싼 명품 브랜드가 다른 브랜드에 비해 품질이 우수할 거라고 여기는 것은 후광효과가 작용한 사례이다.

3) 표정 관리

우리 신체 가운데 가장 많은 근육을 가지고 있는 것이 바로 얼굴이며, 얼굴 근육이 움직이는 형태에 따라 표정이 바뀐다. 얼굴 표정은 그 사람의 정서적 상태를 추론할 수 있는 중요한 사회적 단서로서 사람의 감정과 밀접한 관계를 가진다. 기쁨과 행복으로 가득 찬 표정, 믿음과 신뢰로 가득 찬 표정, 그리고 적극성과 자신감이 드러난 표정 등으로 그 사람의 내면과 정서를 외부로 드러내기에 얼굴 표정을 관리하는 것은 이미지 스타일링에서 아주 중요한 부분이다.

얼굴 표정은 자신의 정서와 내면을 적극적으로 표현하는 것으로서 효과적으로 자신을 알리고 이를 통해 상대방에게 호감을 줄 수 있다. 슬픔과 기쁨, 감사함과 호감 등 자신이 느끼는 다양한 정서 상태를 적절하게 잘 표현한다면 타인과의 의사소통에 도움이 될 것이다. 자신이 가진 메시지를 전달하는 비언어적인 요소로서 표정은 상대방이 자신에 대한 이미지를 형성하는 데 영향을 줄 뿐 아니라 자신 또한 상대방의 표정을 인지하여 적절히 대응할 수 있도록 한다.

좋은 표정은 자연스럽고 믿음이 가는 표정이다. 표정 관리는 사회적 상호작용에서 중요한 역할을 하며, 자신이 스스로 노력을 지속해 만들어 가야 한다. 문화권마다 표정의 풍부함이나 표정을 인식하는 정도에 차이가 있는데, 구미 문화권 사람들은 표정이 풍부하고 이에 비해 한국이나 일본 등 아시아권의 경우에는 표정을 크게 변화시키지 않는 경향이 있다. 평소 무표정한 경우가 많은 우리나라에서는 이러한 문화를 별로 이상하게 생각하지도 않고 오히려 적당히 무표정한 것을 신뢰감 있거나 예의 바른 것으로 생각한다. 하지만 외국에서는 무표정한 것에 대해 불만족감이나 반감 등을 가진 것으로 오해하기도 한다. 표정은 자신이 가진 마음가짐이나 노력에 의해 달라지며, 이것이 개인의 이미지를 형성한다. 이처럼 상황에 따른 적절한 표정 관리는 개인의 이미지 스타일링에 중요한 요소가 된다. 개인의 이미지는 글로벌화된 시대에서 국가와 기업의 이미지에도 큰 영향을 미칠 수 있다.

첫인상을 좋게 하는 얼굴 표정의 핵심 요소는 미소이다. 미소는 눈가나 볼, 입 등의 근육들이 균형 있게 조화되며 움직이면서 만들어진다. 좋은 표정을 만들기 위해서는 먼저 손바닥을 서로 비벼서 얼굴 전체를 자연스럽게 마사지하듯 만져 준다. 그러고 난 뒤 얼굴과 목의 긴장을 풀어 주기 위해 머리를 앞뒤 좌우로 회전시키고 표정 연습을 한다.

(1) 눈 표정 관리

'눈은 마음의 창'이라는 말이 있듯이 눈은 한 사람의 마음 상태를 그대로 반영하여 표현한다. 눈의 표정이 생기 있고 밝으면 자신감이 있어 보이고 아름다워 보여서 상대방에게 호감을 준다. 생기 있는 눈매를 만들어서 표정을 좋게 하려면 우선 눈 위의 근육을 단련시키면 된다. 그리고 시선 처리가 중요하다.

좋은 시선은 먼저 자연스럽고 부드러운 시선으로 상대를 바라보는 데에서 시작된다. 시선은 정면을 향하는 것이 좋으며 몸이 향하는 방향으로 움직이는 것이 자연스럽고 상대방에 대한 우호심도 보여 줄 수 있다. 상대를 바라볼 때는 눈을 보는 것이 중요한데, 눈만 쳐다보면 상대방이 불편해할 수 있으므로 눈과 눈 사이의 미간과 코 사이를 번갈아 보는 것이 좋다. 그리고 대화할 때 상대의 눈높이를 맞추도록 하여 위로 치켜뜨거나 아래로 내려다보지 않도록 한다. 눈동자가 위쪽으로 올라간 상태로 상대방의 얼굴을 쳐다보거나 안경 너머로 상대방을 보는 것은 좋지 않은 인상을 준다. 그리고 눈동자가 밑으로 내려

온 상태에서 상대방을 쳐다보는 것은 상대방을 얕보는 것으로 오해받을 수 있다. 그리고 눈을 자주 깜빡거리거나 곁눈질을 하는 것은 산만하고 정서적으로 불안정하여 자신감이 부족한 사람으로 보이게 하므로 하지 않는 것이 좋다.

맑고 선하거나 부드럽고 안정된 눈 표정을 가꾸기 위해서는 웃는 모습이 보기 좋은 사람을 따라 자연스럽게 웃어 보는 것이 도움된다.

(2) 입 표정 관리

아름다운 입 표정은 좋은 인상을 나타내는 데에 중요한 역할을 한다. 아무리 잘생겨도 얼굴 표정이 무뚝뚝하거나 어두워 보이면 화나거나 차가운 인상을 주므로 상대방에게 호감을 줄 수 없다. 눈 주위보다 입 주위에 표정근이 집중되어 있어서 입 표정으로 기분을 파악할 수 있다. 잘 웃지 않는 무표정한 얼굴은 대체로 입 주위의 근육이 굳어 있는 편인데, 입술 근육을 단련시키면 매력적인 입술 표정을 짓는 데 도움이 된다. 입 주위의 근육을 풀어서 부드럽게 하는 방법으로는 '하, 히, 후, 헤, 호' 소리를 내면서 하는 발성 연습이 있으며, 하루 4~5회 정도 해 주면 좋다. 입꼬리가 처진 사람의 경우 발성 연습을 반복하면 시간이 지나면서 얼굴 표정이 부드러워진다.

2. 미소 짓기

우리가 일상생활에서 사람들을 만날 때 밝은 표정을 짓는 것은 긍정적인 첫인상을 형성하는 데 중요하다. 편안한 마음을 표현하는 미소는 입꼬리를 위로 올라가게 함으로써 밝은 표정을 짓는 것으로 상대방에게 호감을 주고 즐겁고 행복한 이미지를 남긴다. 반대로 입꼬리가 아래로 처져 있으면 다소 우울한 기분이 전해지는 얼굴 표정이 된다.

1) 미소 짓는 연습법

입꼬리를 살짝 올리고 짓는 미소는 부드럽고 자연스러운 좋은 인상을 준다. 웃을 때에는 입술이 비뚤어지지 않도록 반듯하게 대칭이 되게 웃는 것이 훨씬 좋으며, 이를 위해서는 평소 입꼬리가 처지지 않도록 주의하는 습관이 필요하다.

검지를 양쪽 입꼬리에 대고 입꼬리를 올리고 다섯을 센 후, 원위치로 내리는 연습을 꾸준히 하면 자연스러운 스마일 라인을 만들 수 있다. 반복 연습이 필요하다. 입을 다문 채 이를 살짝 보이면서 웃으면 활짝 웃는 스마일 라인의 미소를 지을 수 있다. 그다음으로 '위스키'나 '와이키키'와 같은 발음을 연습하며 입꼬리를 올려 줄 수 있다.

2) 미소 연출법

인간관계에서 미소는 상대에 대한 배려를 나타내는 것으로 상대방이 매력과 따뜻함을 느끼게 하고 분위기를 좋게 만든다. 평소 검지를 이용하거나 발음상 '키' 발음을 활용하는 등 스마일 라인을 만들기 위한 지속적인 노력을 통해 밝고 호감 가는 미소를 지을 수 있다.

호감 가는 미소는 얼굴 전체가 웃는 자연스런 미소이며, 대면 후에 뒤돌아서 자세가 바뀔 때도 웃는 얼굴 표정을 유지하는 것이 중요하다. 눈과 입 등 얼굴 각 부위가 함께 자연스럽게 웃을 때 밝고 꾸밈없는 표정이 된다. 이러한 미소 띤 표정은 건강을 증진하고 상대방의 감정을 이입하는 데 효과가 있으며, 또한 마인드 컨트롤을 통해 생기를 띠게 하고 대인 관계에 긍정적 역할을 한다. 미소로 상대에게 좋은 인상을 남기기 위해서는 먼저 평소 편안하고 감사함을 느끼는 마음을 갖는 것이 중요하다.

3. 바른 인사법

인사(人事)의 한자 의미를 살펴보면 '사람 인(人)', '섬길 사(事)'로 인사는 '사람을 섬긴다'는 뜻을 포함하고 있다. 따라서 인사는 사람들 사이에 지켜야 할 예의이며, 그러한 예의를 지키기 위한 행동이다. 인사를 해야 할 대상에게 인사를 하지 않는 것은 예의에 어긋나는 행동임은 말할 나위도 없다. 그러나 과공비례(過恭非禮), 즉 지나친 공손은 예의가 아니라고 했듯이 지나친 인사도 예의에 어긋나는 법이다. 인사에서 중요한 것은 인사를 하는 사람의 표정과 자세에 진정한 마음이 담겨 있느냐 하는 것이다. 성공적인 사회생활과 함께 긍정적인 이미지 형성을 위해서는 밝고 건강한 표정과 올바른 인사말을 상황에 알맞게 표현할 수 있어야 한다.

1) 인사의 중요성

인사란 예절의 시작이자 끝이다. 예절이 인간관계에서 생겨난 규범이라면, 인사는 인간관계의 성립 자체를 의미하는 것으로, 돈을 필요로 하지 않는 큰 투자이다. 인사는 상대방에 대한 인격 존중과 관심의 표현이기도 하고, 때로는 사랑하고 좋아한다는 표현이기도 하다. 인사는 인간관계를 원활하게 할 뿐만 아니라 상대방을 안심시키고 편하게 하는 동시에 상대방을 보호하고 보살피는 역할도 한다. 외출을 하거나 먼 길을 떠날 때는 반드시 어른에게 설명을 하고 떠나고, 돌아와서는 어른 앞에서 얼굴을 대하고 자신이 돌아왔음을 확인시켜 드리는 것도 상대방을 안심시키기 위해서이다.

2) 인사말

인사말은 상대방, 장소 그리고 시간에 따라 다를 수 있다. 상대방이 듣고 기분 좋은 말이거나 위로할 수 있는 말이면 인사말로 적합하다. 처음 만나는 사람에게는 '안녕하십니까', '처음 뵙겠습니다', '죄송합니다만', '저는 아무개라고 합니다' 등으로 인사를 하고, 자주 만나는 사람에게는 '좋은 아침입니다', '건강해 보입니다', '반갑습니다' 등으로 인사를 한다. 또 친숙한 사람에게는 '하이'나 '어이' 등도 좋고 기타 안부를 묻는 말로 인사를 해도 무방하다.

3) 올바른 인사법

인사를 잘못하여 욕을 먹거나, 싸움까지 가는 경우도 있다. 올바른 인사는 상대방 존중을 전제로 상황에 맞게 적절한 인사말과 더불어 형식을 갖추어야 한다. 사용하는 인사말이 상대방의 희로애락 상황에 적절하지 못하면 상호 간에 어색함을 일으킬 수 있으므로 주의하여야 한다. 부적절한 인사말의 사용 외에도 눈을 맞추지 않거나 표정 없이 하는 인사, 지나치게 등을 구부린 인사, 뛰어가면서 하는 인사 등은 잘못된 인사의 예이다. 인사는 얼굴에는 밝은 미소를 지으며 상대방의 눈을 보면서 한다. 인사를 받고 기분 나빠할 사람은 거의 없다. 내가 먼저 인사한다는 생각을 가지고 인사하며, 상대방과 눈을 마주칠 때마다 인사를 하는 것이 좋다. 자주 인사를 해야 할 경우라면 가벼운 목례도 좋다.

상대방이 슬프거나 성난 경우가 아니라면 인사는 항상 밝은 표정과 목소리로 해야 한다. 날씨, 안부, 식사, 칭찬 등을 적절하게 사용한다면 훨씬 더 좋은 인사가 될 수 있다. 인사를 할 때는 등을 곧게 펴고 어깨에 힘을 뺀 후 남자는 바지 옆줄 선에 손끝을 맞추고, 여자는 오른손이 위로 오도록 가지런히 모으고, 인사말을 하면서 머리, 목, 등이 일직선이 되도록 하여 허리를 숙인다. 숙이는 동작을 빠르게 하여, 숙여서는 잠시 멈추었다가 천천히 일어서서 눈을 맞추고 미소를 지으며 상대방을 쳐다본다.

4) 공수(拱手)

두 손을 붙여서 편 다음 앞으로 모아 포갠 자세를 공수라 한다. 남자는 왼손을 위로 하고 여자는 오른손을 위로 해서 포갠다. 이는 음양오행설에 의한 것으로 남자는 양(陽)이기 때문에 양의 방향인 왼손을 위로, 여자는 음(陰)이기 때문에 음의 방향인 오른손을 위로 하며 엄지손가락을 엇갈려 깍지를 낀다. 그러나 제사나 흉사 시의 공수는 평상시와 반대로 한다. 서양에서는 다리를 약간 벌려 손을 뒤로 잡는 열중쉬어 자세를 가장 편안한 자세로 생각하나, 우리나라는 다리를 약간 벌려 공수하고 몸을 약간 숙인 자세를 가장 예의 바른 자세로 여긴다.

5) 인사의 종류

인사에서는 표정이나 자세, 인사말의 어투 등이 매우 중요한 요소로 작용한다. 자신의 마음을 상대방에게 잘 전하려고 노력하는지가 또한 중요하기 때문에, 상황에 맞는 올바른 인사법을 익혀 자신의 마음을 잘 전달할 수 있어야 한다. 우리나라에서는 인사를 위해 보통 절(배례)이나 경례를 하지만, 악수를 하거나, 포옹을 하거나, 입을 맞추는 것도 인사이며, 심지어 손을 들어 흔드는 것이나 눈으로 하는 눈인사도 인사의 일종이다. 나라 혹은 민족마다 고유의 인사법이 있고, 그것도 상대에 따라 달라지기에 일률적으로 인사에 대해 말하기는 어렵다. 현대사회에서 국제적으로 가장 보편적인 인사법으로는 절, 악수, 포옹 등이 있다.

(1) 절

가. 서서 하는 절

머리를 숙여 하는 절은 상체를 어느 정도 구부리느냐에 따라 정중함의 정도가 다르게 표현되기 때문에 상대와의 관계나 인사할 때의 상황에 따라 머리를 숙이는 각도가 달라진다. 일반적으로 서서 하는 절은 상체를 구부리는 각도에 따라 큰절, 평절, 목례로 나누어지며, 그 외에 경례가 있다.

큰절은 정중례로 더욱 공경하고 경건한 마음을 유지한 채, 상체를 45도 정도 숙이고 2~3초 동안 유지한 다음 천천히 상체를 세우는 인사법이다. 부모, 스승, 상사 등 중요한 분들에게 인사할 때 혹은 상대에게 사죄할 때 예의를 최대한 갖추고 하는 인사법이다. 평절은 보통례라고도 하며 일상에서 가장 많이 하는 인사법으로, 상체를 30도 정도 숙이고 2~3초 정도 유지한 다음 천천히 상체를 세우는 인사법이다. 또래끼리는 물론 윗사람이나 상사에게 인사하거나 손님을 접대할 때 하는 공손한 인사법이다. 목례는 반경례(半敬禮)로 큰절이나 평절을 할 수 없는 환경에서 상호 간에 부담 없이 할 수 있는 인사법이다. 장례식장 등 흉사가 있는 장소를 제외하고는 상대방의 눈과 얼굴을 보면서 눈웃음과 함께 고개를 살짝 숙여서 인사한다. 목례는 가벼운 인사이기 때문에 만날 때마다 인사하여 친근감을 표현해도 무방하다. 경례는 군인이나 경찰 등 제복을 입은 사람들이 경의를 표하기 위해 오른손을 펴서 이마 부근에 비스듬히 대는 거수경례를 하는 것이 보통이고, 그 외에 국기에 경의를 표하는 방법으로 오른손을 왼쪽 가슴에 대는 경례도 있다.

나. 앉아서 하는 절

앉아서 하는 절은 큰절, 평절, 반절로 구분한다. 큰절은 주로 직계 존속이나 8촌 이내의 방계 존속, 그리고 혼례, 폐백, 회갑, 제사, 장례 등의 의식 행사에서 행하는 절이다. 남자의 큰절을 계수배(稽首拜), 여자의 큰절을 숙배(肅拜)라고도 한다. 평절은 나이가 위인 어른이나 정중하게 맞절을 해야 하는 상대에게 하며, 윗사람에게 문안이나 세배를 할 때 행하기도 한다. 반절은 웃어른이 아랫사람의 절에 대해 답배할 때 하는 절로, 앉은 상태에서 자세를 가다듬고 상체를 구부리며 손이 바닥에 닿은 채 잠시 멈춘 다음 바로 앉는 절이다.

절에 대한 예절은 지방마다 집안마다 차이가 있을 수 있어 가끔은 논쟁거리가 되기도 한다. 우리나라의 경우 전통 예절과 관련하여 가장 전통적이고 표준화된 방식으로 안내하고 지도하는 곳이 성균관이다. 다음에 언급되는 절과 관련된 내용은 성균관 홈페이지에서 제공하는 자료를 참고하여 집필한 것이며, 홈페이지(http://www.skk.or.kr/skin)에서 다양한 예절의 내용을 확인할 수 있다.

가) 남자의 큰절—계수배(稽首拜)

남자의 바른 절이라고도 한다. 계수배(稽首拜)는 '머무를 계(稽)', '머리 수(首)'의 한자에서 알 수 있듯이 절을 할 때 바닥을 짚고 있는 손에 이마를 잠시 머무른 후에 일어선다는 의미이다.

- 절을 하고자 하는 대상을 향하여 공수한 상태로 마주한다.
- 공수한 손을 풀지 않고 양손을 바닥(방석이 있는 경우는 방석)에 짚는다.
- 왼쪽 무릎을 먼저 꿇고, 이어서 오른쪽 무릎을 왼쪽 무릎과 나란하게 해서 꿇는다.
- 왼발을 바닥으로 향하게 한 후 오른발을 왼발 위에 포갠 상태에서 엉덩이를 깊숙이 내려앉는다. 이때 양발의 뒤꿈치는 벌린 상태를 유지한다.
- 바닥에 양쪽 팔꿈치를 내려놓고 머리를 숙여 이마를 공수한 손등에 댄다.
- 공수한 손에 이마를 댄 상태에서 잠시 머무른다.
- 절을 하고 일어날 때는 절을 할 때의 역순으로 진행한다. 먼저 머리를 들면서 양쪽 팔꿈치를 바닥에서 뗀다.

- 오른쪽 무릎을 먼저 세우고 공수한 손을 오른쪽 무릎 위에 올린 후 힘을 주며 일어선다. 자연스럽게 왼쪽 발을 오른쪽 발과 나란하게 한다.

나) 남자의 평절—돈수배(頓首拜)

돈수배(頓首拜)는 '조아릴 돈(頓)', '머리 수(首)'의 한자에서 알 수 있듯이 절을 할 때 바닥을 짚고 있는 공수한 손에 새가 모이를 쪼듯이 이마를 대고는 바로 일어선다는 의미이다. 절의 전체적인 진행 절차는 남자의 큰절의 경우와 동일하다. 단지 큰절의 경우 이마를 공수한 손에 댄 후 잠시 머무른 것과는 다르게 평절의 경우는 머무르지 않고 바로 일어난다.

다) 여자의 큰절—숙배(肅拜)

여자의 바른 절이라고도 한다. 숙배(肅拜)는 '엄숙할 숙(肅)'의 한자에서 알 수 있듯이 절을 할 때 가장 예를 갖추는 절을 의미한다.

- 절을 하고자 하는 대상을 향하여 공수한 상태로 마주한다.
- 공수한 손을 어깨 높이로 올린 후 머리를 숙여 이마를 공수한 손등에 댄다.
- 왼쪽 무릎을 먼저 꿇고, 이어서 오른쪽 무릎을 왼쪽 무릎과 나란하게 해서 꿇는다.
- 남자의 큰절과는 달리 오른발을 바닥으로 향하게 한 후 왼발을 오른발 위에 포갠 상태에서 엉덩이를 깊숙이 내려앉는다. 이때 양발의 뒤꿈치는 벌린 상태를 유지한다.
- 남자의 큰절의 경우 공수한 손을 바닥에 짚고 머리를 숙여 이마를 공수한 손등에 댄 것과는 달리, 절을 하기 위해 선 자세에서부터 이마를 공수한 손에 대고 있었으므로 그 상태로 약 45도 숙여 정중하게 절을 한다. 이때 남자의 큰절인 계수배의 경우와 마찬가지로 잠시 머무른 후 허리를 세운다.

- 절을 하고 일어날 때는 절을 할 때의 역순으로 진행한다. 오른쪽 무릎을 먼저 세우고 공수한 손을 오른쪽 무릎 위에 올린 후 힘을 주며 일어선다. 자연스럽게 왼쪽 발을 세우며 오른쪽 발과 나란하게 한다.
- 어깨 높이에 있던 공수한 손을 원래 위치로 내리고 절을 하고자 하는 대상을 향하여 바로 선다.

라) 여자의 평절—평배(平拜)

여자의 평절인 평배(平拜)는 큰절인 숙배(肅拜)보다는 약식인 보통절이다.

- 절을 하고자 하는 대상을 향하여 공수한 상태로 마주한다.
- 큰절의 경우 공수한 손을 어깨 높이로 올린 것과는 달리, 공수한 손을 풀어 자연스럽게 내린다.
- 왼쪽 무릎을 먼저 꿇고, 이어서 오른쪽 무릎을 왼쪽 무릎과 나란하게 해서 꿇는다.
- 여자의 큰절과 마찬가지로 오른발을 바닥으로 향하게 한 후 왼발을 오른발 위에 포갠 상태에서 엉덩이를 깊숙이 내려앉는다. 이때 양발의 뒤꿈치는 벌린 상태를 유지한다.
- 손가락을 가지런히 붙여 모아서 양손의 손끝이 절하고자 하는 상대를 향하게 하여 양쪽 무릎 앞에 가지런히 바닥에 댄다.
- 남자의 평절이 이마를 공수한 손에 대고 바로 일어서는 것과는 달리 약 45도 숙여 정중하게 절을 하고 잠시 머문 후 윗몸을 일으킨다.
- 절을 하고 일어날 때는 절을 할 때의 역순으로 진행한다. 오른쪽 무릎을 먼저 세우고 힘을 주며 일어선다. 자연스럽게 왼쪽 발을 세우며 오른쪽 발과 나란하게 한다.
- 일어나서는 손을 다시 공수하고 원래 자세를 취한다.

• 허리를 숙여 반배하고 절을 마무리한다.

다. 절은 몇 번 해야 하는가

기본은 남자는 한 번, 여자는 두 번이다. 이는 음양오행설에 남자는 양이고 여자는 음이며, 숫자 1은 양의 수이고 숫자 2는 음의 수이기 때문이다. 전통 혼례식에서 신랑은 한 번씩 두차례 절을 하지만, 신부는 두 번씩 두 차례 절을 한다. 그리고 산 사람은 양택에 있지만 돌아가신 분은 음택에 있다 해서 남자는 두 번, 여자는 네 번 절을 한다.

한 번 절하는 것을 단배라 하며, 이는 부모나 어른에게 예를 갖추어 하는 절이다. 두 번 절하는 것을 재배라 하고, 이는 조문이나 차례, 제사를 지낼 때 하는 절이다. 네 번 절하는 것을 사배라 하며, 이는 옛날에 왕을 알현할 때나 전통 혼례 시 신부가 하는 절이다.

라. 절은 어디에서 해야 하는가

절은 절을 받는 사람 앞에서 하는 것이 당연하다. 단상이 있는 경우를 제외하고 방안이나 마루나 앉아 있는 곳에서 2~3미터 앞에 나가 절을 하면 된다. 그러나 옛날부터 임금이나 부모는 감히 같은 위치에서 함께할 수 없는 지존(至尊)의 대상이다. 따라서 단상이 있을 때는 단상 아래에서, 방안에 계실 때는 방문 밖에서, 그리고 대청에 계실 때는 마당에서 절을 하는데, 이를 문전배례(門前拜禮)라 한다. 문전배례는 직계 존속과 직계 존속의 형제들에게 하는 배례가 일반적이다. 단지 남자가 장인·장모에게는 문전배례를 하지 않지만 아내와 함께 절을 하는 경우에는 문전배례를 한다. 또한 외삼촌의 경우도 부모가 함께한 자리라면 문전배례를 해도 무방할 것이다.

(2) 눈인사

눈인사는 절을 할 수 없는 환경에서 눈으로 상대에게 존경과 친근함을 표현하는 인사법이다. 눈인사를 할 때에는 얼굴에는 밝은 미소를 보이면서 상대방 눈을 보며 인사하는 것이 일반적이며, 경우에 따라 목례에 준할 정도의 고개를 숙이는 것도 좋은 인사법이 된다.

(3) 악수

악수는 사람들 간에 친근한 정을 표현하기 위한 스킨십의 시작이다. 악수하는 행위는 상대 신체를 접촉하는 행위이므로 상대가 편안하게 느낄 수 있도록 얼굴에는 밝은 미소와 함께 상대의 눈을 보면서 손을 가볍게 잡고 나의 마음을 전해야 한다. 유럽식 악수는 손을 느슨하게 잡는 악수이며, 미국식 악수는 손을 꽉 쥐는 악수이다. 미국인들의 악수는 '상대의 눈을 보면서 힘있게 하는 것'으로, 눈을 마주치지 않으면 떳떳하지 못하기 때문에 시선을 돌리는 것으로 오해하므로 유의해야 한다. 또한 악수를 하면서 상대방이 불편할 정도로 손을 흔들거나 세게 쥐는 것도 실례이다. 윗사람과 악수를 할 때에는 허리를 약간 굽혀 경의를 표하는 것이 가장 바람직하다.

(4) 포옹

포옹은 악수보다 친밀감 넘치는 표현이므로 상대가 포옹하려 할 때 당황하지 말고 반가운 마음으로 자연스럽게 받아들여야 한다. 포옹할 때 상대방을 힘차게 끌어당겨 몸을 꼭 붙이는 것은 실례이다. 연장자가 먼저 하는 것이 일반적이고 아랫사람이 먼저 하는 것은 실례이다. 상대방이 알 수 없게 기습적으로 포옹한다면 성추행에 해당할 수 있으므로 포옹 인사를 할 경우에는 신중해야 한다.

(5) 손에 하는 입맞춤

주로 이성 간에 하는 인사법으로 남성이 여성에게 하는 것이 일반적이다. 인사를 할 때에는 상대가 불쾌하지 않게 손등에 가볍게 입술을 대어 친근감을 표현한다. 유럽이나 라틴계 국가의 사교계에서는 자연스러운 에티켓이지만 우리나라의 경우 이성 간에 손에 하는 입맞춤은 익숙하지 않은 만큼, 본인의 의도와는 무관하게 성추행의 오해를 불러올 수 있으므로 신중해야 한다.

4. 걷기와 제스처

『끌리는 사람은 뭐가 다를까』(2021)의 저자 나이토 요시히토는 바른 걸음걸이가 좋은 첫인상을 남긴다고 하였다. 우리는 끊임없이 감정이나 생각을 표정이나 몸짓을 통해 드러내려 하는데, 올바른 걸음걸이와 적절한 제스처는 상대방과의 공감을 통해 이해를 구하는 데 큰 역할을 한다.

1) 올바른 걸음걸이

올바른 걸음걸이는 리듬감, 역동감, 자신감에서 비롯하며, 활기차고 시원스러운 걸음걸이는 그 사람의 이미지를 한층 높인다. 걸음걸이가 모델처럼 화려하지 않더라도 똑바로 선 자세에서 하나의 선을 두 발 사이에 두었다고 가정하면서 목, 허리, 발목이 그 선 위를 지나듯이 걷는 모습을 꾸준히 연습한다면 멋지고 아름다운 걸음걸이를 연출할 수 있다. 걸을 때 시선은 자연스럽게 앞을 향하도록 하며 어깨와 등을 곧게 펴고, 턱과 배를 당기며 몸의 중심은 바닥을 딛는 발에 두되 허리를 중심으로 걷는다. 걸음은 발뒤꿈치, 발 바깥쪽, 엄지발가락 순서로 닿으며 걷는데, 이때 손은 가볍게 주먹을 쥔 채 팔을 자연스럽게 흔들고 무릎을 스치듯 걷는다.

2) 상황에 따른 제스처

리더의 제스처는 어떠한 위기의 순간에도 이겨 낼 수 있는 신념과 카리스마를 전달할 수 있어야 하며, 세일즈맨의 제스처는 고객에게 제안하는 제품이나 서비스가 본인의 실적을 위한 것이 아니라 고객을 위한 것이라는 점을 진실되게 전달할 수 있어야 한다. 교수와 같은 교육자의 제스처는 학생들이 수업 내용에 공감하도록 전달할 수 있어야 하며, 정치인의 제스처는 국민들에게 자신의 진심과 신념을 보여 줄 수 있어야 한다.

한편, 부모가 무의식적으로 사용하는 제스처는 자녀들에게 큰 영향을 미친다. 부모가 손을 많이 사용하여 설명할수록 자녀도 말을 할 때 손을 더 많이 활용하며, 표정이 없는 부모들을 보고 자란 자녀 역시 표정이 다양하지 못하다.

3) 신뢰를 얻는 제스처

소통에 있어 가장 중요한 것이 상호 믿음이며, 그 믿음을 심어 줄 수 있는 행동이 제스처이다. 믿음을 주는 제스처는 예상 밖의 결과를 낳기도 한다. 팀을 이루어서 하는 운동 경기에서도 경기력 향상과 좋은 결과를 기대하기 위해서는 팀 동료 간에 신뢰 형성이 필수적이다. 파이팅 넘치는 제스처는 팀 동료 간에 신뢰를 형성할 뿐만 아니라 지친 체력을 극복할 수 있는 힘이 되어, 때때로 믿을 수 없는 결과를 낳기도 한다.

(1) 상대와의 거리에 따라 편안함의 정도가 다르다

우리는 상대와의 관계나 신뢰도에 따라 상대가 다가오도록 허락하는 거리가 모두 다르다. 에드워드 홀(2013)은 상대와의 관계에 따라 허락하는 물리적 거리를 4가지로 나누고 있다.

- 친밀한 거리(15~46cm): 가족, 연인 등과 같이 관계가 깊고 신뢰도가 높은 사람에게 허락하는 거리로, 가까운 거리가 위협이 되지 않는 관계의 사람에게 허락하는 거리
- 사적인 거리(46cm~1.2m): 동료나 친구와 같이 다소 친분이 있는 사람들과 두는 거리
- 사회적 거리(1.2~3.6m): 가스 검침원, 캐셔와 같이 친분이 없는 관계이지만 목적이 있는 행위의 달성을 위해 마주해야 하는 경우 안정감을 느끼기 위해 필요한 거리
- 공적 거리(3.6m 이상): 사람들 앞에 서서 일 대 다수로 강연이나 발표를 할 때 필요한 거리

(2) 웃는 모습에는 호감도가 있다

우리 속담에 '웃으면 복이 온다', '웃는 얼굴에 침 못 뱉는다' 등이 있다. 속담에서처럼 웃음은 복을 가져다줌은 물론, 부정적인 관계인 사람이라 할지라도 웃는 얼굴에는 침을 뱉지 못할 정도로 인간관계에서 비호감을 벗어날 수 있도록 하는 힘을 가지고 있다. 웃는 모습은 상대에게 호감도를 증대시켜 신뢰를 형성하게 한다.

(3) 상대의 마음을 열려면 상대방을 향해 몸을 기울여라

상대와 마주보고 대화를 할 때 상대에 대한 관심의 표현은 웃는 얼굴로 상대의 얼굴과 눈을 마주하는 것이다. 몸을 상대 쪽으로 약간 기울여서 상대의 얼굴과 눈을 마주하게 되면 상대는 자기 이야기에 공감하며 경청하고 있다고 생

각할 것이며, 경계하고 있던 마음을 스스로 풀게 될 것이다.

(4) 가슴에 손을 올리면 진심이 더욱 잘 전달된다

상대와 대화를 할 때 호소력을 증가시키려고 하거나 공감대가 형성이 되지 않아 답답할 때 오른손을 왼쪽 가슴에 올리면서 상대를 설득하려 한다. 이런 행동은 자신의 가슴으로부터 진정성을 담아 거짓 없는 마음을 전달하려는 제스처이다.

(5) 몸과 발의 방향이 호감도를 좌우한다

상대에게 자신에 대한 호감도를 높이기 위해서는 몸과 마음이 하나가 되게 표현할 때 그 효과가 가장 크다. 특히 상대를 향한 몸과 발의 방향을 적절히 취하는 것도 중요하다. 상대와 이야기를 하면서 몸과 발을 상대가 아닌 다른 방향으로 향하게 하면 상대는 자기에 대한 관심과 진심을 의심하게 되어 불편함을 느끼게 된다.

4) 전문적인 인상을 남기는 제스처

입으로 하는 말보다는 몸으로 하는 말이 신뢰도가 높다. 강연을 잘하는 연사나 첫인상을 좋게 남기는 사람들의 비언어적인 특징은 사람들에게 개방성과 수용성을 드러내는 동시에 전문성을 나타내는 제스처를 잘 사용한다는 것이다. 이러한 제스처는 상대방을 이해시키고 설득할 수 있는 전문성 강화뿐만 아니라 카리스마와 리더십 강화에 도움이 된다. 상황별 제스처를 정리하면 다음과 같다.

(1) 단호한 의지의 표현을 위한 제스처

이 제스처는 특히 스포츠 게임에서 종종 접할 수 있다. 각종 스포츠 게임에서 심판의 판정을 인정하지 못한 선수들이 흥분한 상태로 심판에게 항의하기 위해 달려가는 경우가 있다. 이때 심판은 판정에 대하여 정확하다고 확신하는 경우 양손을 교차해 엑스(X) 자로 표현하거나 팔을 뻗은 상태로 손바닥을 내밀어 단호하게 선수의 접근을 막는다.

(2) 상대방의 시선 집중 유도를 위한 제스처

화자는 목표를 가리키거나 시선 집중을 유도할 때 그 방향을 집게손가락 혹은 팔로 가리키며, 분위기에 적절한 톤으로 이야기하면 청자의 시선을 집중시킬 수 있다. 세계 각국은 문화를 달리하므로 시선 집중 유도를 위해 손이나 특정 손가락을 사용하는 것이 결례가 될 수도 있으니 주의가 요구된다.

(3) 상대방 이야기에 대하여 잘 이해하고 있음을 전달하기 위한 제스처

상대방 이야기를 들을 때 시선은 상대방 눈을 향하며, 상대방 이야기에 고개를 끄덕이거나 맞장구를 치면서 이해하거나 공감하고 있음을 알린다.

(4) 상대방을 인정하는 제스처

상대방의 이야기나 설명 등에 대하여 잘 이해하였거나 어떤 결과에 승복하는 경우 엄지척을 하거나 고개를 끄덕여 상대방을 인정하고 존중한다. 그러나 이러한 제스처가 지나치면 상대방에게 비아냥거린다는 오해를 불러일으킬 수 있으니 주의해야 한다.

Image Styling

Chapter 04

목소리 이미지

전화기 너머 어떤 사람의 목소리만 들어도 그 사람의 심리 상태나 건강 상태를 짐작할 수 있게 된다. 목소리는 개인의 성향을 가장 잘 나타낼 수 있는 도구인 동시에 의사소통을 위한 가장 편리한 수단이다. 같은 내용의 말이라도 거칠고 탁한 목소리보다는 맑고 고운 목소리가 상대방에게 좋은 인상을 심어 주며 호의적인 생각을 가지게 한다.

목소리는 무형의 표정과 같은 것으로, 언어적인 정보를 전달하는 도구로만 쓰이는 것이 아니라, 풍부한 준언어적 요소를 전달한다. 준언어적 의사소통에 관여하는 요소들 중 목소리 정보는 사람의 미묘한 감정을 전달하기도 하며, 어떤 경우에는 단어에 있는 의미보다 더 큰 신뢰를 주기도 한다. 따라서 목소리는 첫인상뿐만 아니라 이미지 형성에도 많은 영향을 주어, 말하는 사람의 성별, 출신 지역, 교육 수준 등 다양한 특성들을 짐작할 수 있게 한다.

이상적인 목소리는 맑고 부드러우며, 거침이 없고, 다양한 속도와 적절한 톤과 음량을 갖고 있는 것이다. 전문가에 의하면 좋은 음성을 가진 사람의 70~80%는 타고난 것이고 나머지 20~30%는 많은 연습과 훈련에 의한 것이라고 한다. 사람마다 자신만이 가진 독특한 목소리가 있지만 목소리를 만드는 요인은 동일하기 때문에 연습과 훈련을 통해 목소리를 변화시킬 수 있다.

1. 목소리의 힘

목소리는 시각적인 외모나 성격 못지않게 그 사람의 이미지를 형성하는 데 중요한 요인으로 작용한다. 같은 내용이라도 목소리에 따라 상대에게 호감을 주어 좋은 이미지를 형성할 수도 있고, 비호감 혹은 반감을 주어 나쁜 이미지를 형성할 수도 있다. 버락 오바마(Barack Obama) 전 미국 대통령이 연설할 때 그의 파워풀하고 생동감 있는 모습은 참으로 인상적이다. 그의 목소리, 제스처, 얼굴 표정, 아이콘택트 중 어떤 부분 때문에 사람들은 그를 연설 잘하는 대통령이라고 판단하고 기억할까? 아마도 그의 목소리가 큰 비중을 차지할 것이다. 목소리는 개인 이미지 형성에 중요한 역할을 하고 있어 '목소리가 당신의 운명을 바꾼다', '목소리가 바뀌면 인생이 바뀐다' 등의 문장으로 표현되기도 한다.

1) 운명을 좌우하는 목소리의 힘

(1) 성공하고 싶다면 목소리부터 점검하자

좋은 스피치의 조건 가운데 가장 중요한 것은 '논리'라고 흔히 생각하지만 현실은 그렇지 않은 경우가 많다. 스피치가 비록 논리성을 갖추었다고 해도 그 사람의 발음이 부정확하거나, 발성이 크지 않아 목소리가 잘 들리지 않고, 표정까지 어두워 호감을 얻지 못하면 사람들은 그 사람의 말에 집중하기 힘들다. 따라서 스피치를 잘하기 위해서는 논리적인 구조를 갖춘 이야기에 적절한 목소리와 보디랭귀지를 잘 가미해야 한다. 엄마의 잔소리는 왜 호감을 얻지 못할

까? 엄마가 자식에게 왜 공부를 해야 하는지, 왜 방을 깨끗하게 청소해야 하는지 등을 조목조목 논리적으로 이야기하더라도 비호감적 요소인 코너로 몰아세우는 매서운 눈빛에 화가 가득한 하이톤의 목소리를 하고 있어 자식은 엄마의 말을 잘 들으려고 하지 않는 것이다. 결국은 엄마가 자식에 대한 불만의 감정을 싣고 자식을 위해 하는 충고 혹은 안내가 자식에게는 듣기 싫은 잔소리로 끝나게 된다.

(2) 목소리는 취업 면접의 당락을 좌우한다

취업 면접을 앞둔 사람은 우선 그 기업에서 필요로 하는 스펙과 자격을 갖춘 자이다. 면접관 측에서 면접은 지원자가 평소 갈고 닦은 스펙과 자격을 확인함은 물론 그 기업의 인재상에 적합한지를 판단하는 것이다. 기업의 목적은 여러 가지 있겠지만 이윤 창출을 기본으로 한다. 지원자는 프로 정신으로 책임을 다할 수 있는 모습을 보여 주어야 하는데 그 시작은 자신감 있는 목소리일 것이다. 지원자가 기어들어 가는 목소리, 너무 과장된 목소리, 긴장하여 떨리는 목소리로 말하는 경우, 면접관은 지원자에 대한 부정적 생각을 갖게 된다. 취업 면접에 성공하려면 기업 인재상에 적합한 실력은 물론 따뜻함과 열정으로 무장한 자신의 목소리를 찾아 면접에 당당히 임해야 한다.

(3) 프레젠테이션의 시작은 바로 자신감 있는 목소리이다

머릿속에 있는 말을 청중의 반응에 흔들리지 않고 청중에게 목소리로 전달하는 것이 프레젠테이션의 시작이다. 프레젠테이션을 잘하려면 많은 것들이 필요하다. 청중은 발표자의 말을 듣고, 행동을 본다. 즉, 모든 청중의 눈과 귀가 발표자 한 사람에게 집중되는 것이다. 발표자는 자신이 발표하고자 하는 내용을 정확히 파악하고 있어야 함은 물론이고 그 내용을 정확히, 알기 쉽게 그리고 흥미롭게 전달할 수 있어야 한다. 그러기 위해서는 청중이 편안하게 듣고, 느끼고, 쉽게 이해할 수 있는 분위기를 조성해야 하는데, 그 시작이 바로 자신감 있게 정확한 언어를 구사하는 목소리이다.

(4) 목소리는 그 사람의 이미지 판단에 미치는 영향이 크다

사람의 이미지를 형성하는 요소에는 여러 가지가 있다. 그 사람의 외모, 얼굴에 나타나는 다양한 미소, 그리고 목소리 등이다. 쾌활한 목소리는 자신감 있는 이미지를 형성하고, 작고 기어들어 가는 목소리는 자신감 없는 이미지를 형성한다. 우리는 상대방의 목소리를 통해 그 사람의 성격이나 그가 처한 상황을 유추할 수 있다. 그래서 '목소리는 듣는 것이 아니라 보는 것'이라 말하며 목소리 자체가 그 사람의 또 다른 이미지가 되는 것이다. 헤어와 패션 등 외모가 그 사람의 이미지 결정에 많은 영향을 미치지만, 외면을 아무리 꾸며도 내면의 목소리가 뒷받침해 주지 않으면 상대방의 기억 속에 좋은 이미지로 남을 수 없게 된다.

(5) 목소리를 들으면 그 사람의 인격을 알 수 있다

항상 투덜투덜 부정적인 목소리로 말하는 사람들, 또는 입만 열면 거친 목소리로 음담패설을 말하는 사람들에게는 풍부한 인격을 느끼기 어렵다. 이 세상에서 흉내낼 수 없는 소리가 자연의 소리다. 자연의 소리를 듣고 있으면 고단한 심신도 고요히 잠들듯 편안해진다. 그만큼 소리가 중요하다. 상대에게 이해를 끌어내는 화술의 핵심이 바로 목소리이다. 목소리에도 품위가 있어 목소리는 그 사람의 또 다른 얼굴이요, 인품을 엿볼 수 있는 잣대로 그 사람의 인격을 나타내는 지표가 된다.

(6) 목소리로 신체적 건강을 체크할 수 있다

흔히 목소리는 건강의 척도라고 말하기도 한다. 신체의 피로도 및 심리적 스트레스와 밀접한 관계가 있다는 말이다. 감기로 인해 두통을 심하게 앓고 있는 환자가 의사에게 "선생님, 제가 머리가 아파요!"라고 씩씩하고 당당하게 말할 수 있는 사람이 어디 있을까? 기어 들어가는 목소리로 "머리가 아파서 죽을 것 같아요"라고 간신히 말할 것이다. 이처럼 목소리는 그 사람의 신체 건강을 알 수 있는 청진기 역할을 한다. 건강한 목소리는 건강한 몸에서 나온다. 이처럼 목소리는 몸이라는 악기를 통해서 나오는 것이므로 건강한 몸을 갖고 있지 않으면 좋은 목소리를 낼 수 없다.

(7) 목소리는 자기 PR의 강력한 도구이다

흔히 잘생기거나 예쁜 사람을 보면 그가 좋은 목소리를 가졌을 것이라고 상상하기 쉽다. 그러나 좋은 외모에 기대했던 것에 못 미치는 목소리를 듣게 되면 그에 대한 좋은 이미지가 손상된다. 그만큼 자기 PR에도 좋은 목소리가 중요하다. 외모는 그다지 화려하지 않아도 목소리가 좋으면 사람들은 '이 사람한테는 내가 모르는 무언가가 있을 거야'라는 기대감을 갖게 된다. 자기 PR에 있어 목소리는 자신을 가장 잘 표현할 수 있는 강력한 도구이다.

2) 승리를 좌우하는 목소리의 힘

(1) 청명하고 강인한 목소리로 승부를 건 오바마 미국 전 대통령

2008년 11월 미국 제44대 대통령 선거에서 오바마는 미국 대선 역사상 최초의 흑인 대통령이 되어 전 세계를 놀라게 했다. 사람들은 그의 대선 승리에 대해 여러 요인을 들고 있지만 목소리가 중심이 된 연설도 한 요인으로 들고 있다. 그는 청중을 압도하는 목소리로 뛰어난 연설 능력을 발휘했다. 그의 연설을 직접 들어 본 사람들은 오바마가 청중들을 연설에 빠져들게 만드는 마력의 목소리를 가졌다고 입을 모은다. 오바마의 목소리는 흑인 특유의 허스키한 목소리로 청중에게 강인함을 느끼게 해 준다. 오바마의 목소리 성분 분석 결과에 의하면, 그의 목소리는 고음역대의 배음이 뚜렷하게 나타나는 현상을 보인다고 한다. 따라서 목소리가 청명하게 들리고 감성적이면서도 매력적인 호소력을 나타낸다. 그러나 오바마의 목소리는 허스키함과 울림 그리고 자음 발음의 부정확함 때문에 정보 전달력은 2008년 대선 당시 또 다른 후보였던 매케인의 그것보다 다소 떨어진다고 볼 수 있다. 이런 단점으로 인해 통상적으로 음이 낮아져 웅얼거리는 소리로 들릴 수 있으나 오바마는 음을 높이면서 강한 발성으로 말함으로써 오히려 강인하면서도 청명한 장점을 극대화해 호소력을 높인 것으로 보인다.

(2) 사람들에게 선호도를 높여 주는 목소리

다른 분야에서도 대중이나 사람들을 상대로 하는 일에서 목소리는 사람들에게 선호도를 높여 주는 중요한 요소가 된다. 연기자의 경우, 그에게 가장 중요한 3가지 요소라고 한다면 첫 번째는 연기력, 두 번째는 외모, 세 번째는 발성, 즉 목소리이다. 연기력은 연기자가 당연히 갖추어야 하는 것이고, 외모는 잘생기고 못생기고를 떠나서 연기자의 이미지와 작품의 조화에 지대한 영향을 끼치기 때문에 중요하다. 마지막으로 목소리는 연기자의 연기를 직접적으로 전달하는 중요한 매체인 동시에 평소 연기자의 감정과 성격을 드러낸다는 점에서 대중에게 형성되는 이미지에 음식의 양념과도 같은 것이다.

2. 목소리 관리

각종 미팅, 프레젠테이션, 취업 면접 등에서 가장 많이 신경 쓰는 부분은 아마도 '인상'일 것이다. 이와 관련하여 서점에는 '첫인상을 좋게 하는 법', '만난 지 몇 초 만에 승부는 끝난다' 등 '인상'의 중요성을 강조하는 책들이 많다. 목소리는 상대적으로 그 중요성이 떨어지지만 '인상' 못지않게 중요하다.

목소리 관리를 위해서는 우선 자신의 목소리가 강한 목소리인지 부드러운 목소리인지, 맑은 목소리인지 탁한 목소리인지, 높은 목소리인지 낮은 목소리인지 등에 대하여 분명하게 알고 있어야 한다. 목소리는 타고난 것이기 때문에 바꾸기 힘들지만 훈련을 통해 목소리를 적절히 개선하고 관리하는 것은 가능하다. 자신만이 가지는 독특한 목소리가 있지만 목소리를 만드는 요인은 동일하기 때문에 목소리는 연습과 훈련에 의해 갈고 닦을 수 있다. 이상적인 목소리는 맑고 부드러우며, 거침이 없고, 다양한 속도와 적절한 톤과 음량을 갖춘 목소리이다.

목소리 관리 방법은 크게 두 가지가 있다. 생체 리듬을 잘 조절하여 자신의 목소리를 유지 관리하는 소극적인 관리 방법과 좋은 목소리를 위해 연습과 훈련을 병행하여 자신의 목소리를 개선하면서 유지 관리를 병행하는 적극적인 관리 방법이 그것이다. 자신의 타고난 목소리를 분명하게 안다면 그 목소리를 관리할 뿐 아니라 적극적으로 가꾸는 노력이 필요하다. 유능한 악기 연주자는 자신의 악기가 최상의 소리를 낼 수 있도록 습도를 조절해 주고, 충격을 피하며, 현을 조율하는 등 자신의 악기를 관리하는 일을 게을리하지 않는다. 세상 최고의 악기는 자신의 목소리이므로 더욱 소중하게 다루고 관리해야 한다.

1) 목소리의 변화 유형과 요인

(1) 좋은 목소리와 나쁜 목소리

목소리를 내는 사람이 좋은 느낌과 마음으로 소리를 내어 자신이 듣기에 불편하지 않고 만족한다면 그것이 바로 좋은 목소리이다. 또한 남들이 듣기에도 거북하지 않고 호감을 느끼는 울림이 있는 목소리면 더욱더 좋은 목소리이다. 소리치고, 큰소리로 응원을 하거나 노래방에서 과하게 노래하고 나면 목이 쉬게 되는 경우가 있다. 쉰 목소리가 자꾸 나는 것은 나쁜 습관에 의해 생겨난 질환으로 이미 성대가 손상되어 병이 생겼다는 의미이며, 손상된 성대 상태로 인해 남들이 듣기에 거북한 목소리로 나타난다.

(2) 정열이 가득 담긴 목소리

정열이 가득 담긴 목소리는 자신의 삶에 긍정적이며 자신감과 에너지가 넘치는 사람에게서 울려 나오는 목소리를 말한다. 보통 이러한 강한 에너지의 목소리를 매 순간 지속하기는 어렵다. 더군다나 나이가 들어 감에 따라 에너지가 줄어들면 지속 시간이 낮아진다. 정열이 가득 담긴 목소리를 오랫동안 유지하기 위해서는 삶의 여유를 가지고 에너지 조절을 잘해야 한다.

(3) 점점 늙어 가는 목소리

목소리의 노화란 목소리의 음역대가 변하는 것과 성대 근육의 탄성이 떨어져 목소리가 탁성화되는 것으로 나타난다. 목소리의 노화를 방지하기 위해서는 과도한 음주나 흡연을 삼가고 에어로빅, 조깅, 수영, 걷기, 등산 등 유산소 운동을 꾸준히 하여 폐활량을 늘림으로써 목소리를 내기에 충분한 호흡량을 확보하는 것이 가장 좋다. 충분한 호흡량이 확보되었다면 숨가쁘게 말을 이어 가지 말고 적당한 간격으로 목소리를 내어 목소리를 젊게 유지할 수 있다.

2) 소극적인 목소리 관리

좋은 목소리를 내기 위해서는 우선 생체 리듬을 잘 조절하여 피곤하지 않게 해야 한다. 거친 음성을 만드는 첫째 요인은 신체적인 피로이다. 특히 면접, 프레젠테이션 등 중요한 발표가 있는 전날에는 충분한 휴식을 취하며, 성대에 부담을 주는 담배나 노래방 출입은 피해야 한다. 목소리가 잘 나오지 않을 때는 깊은 숨을 쉬거나 잠시 침묵하는 것이 좋으며, 따뜻한 차를 마시면 도움이 된다. 맥주와 우유는 목에 점액을 형성하므로 이때에는 가급적 피하는 것이 좋다. 소극적인 목소리 관리를 위한 생활 습관은 다음과 같다.

- 목이 건조하지 않도록 하루 생수 한 병(1.8L) 조금씩 자주 마시기
- 목의 피로를 풀고 수분을 공급하는 차를 자주 마시기
- 건조함을 유발하는 맵고 짠 음식 피하기
- 허리를 너무 조이지 말고 하체를 편하게 하기
- 당당하고 자신감 있는 소리를 내기 위해 바른 자세로 말하기
- 알코올은 성대에 자극을 줄 수 있으므로 습관적인 음주 피하기
- 목의 걸림 현상을 막기 위해 헛기침을 하지 않기
- 건강한 목소리를 위해 근육 운동을 적절히 하기
- 따뜻한 수건으로 목을 감싸거나 목이 쉬는 침묵 시간을 가지기
- 노래를 할 때 자신의 음역(고음, 저음)을 넘어 무리하게 하지 않기
- 취침 3시간 전부터 금식하기

3) 적극적인 목소리 관리

적극적인 목소리 관리는 연습과 훈련을 통해 좋은 목소리로 개선하여 관리하는 것이다. 영화 〈사랑과 영혼〉의 여주인공을 연기한 배우 데미 무어는 데뷔 초에 좋지 못한 목소리가 장애 요인이었으나, 꾸준한 노력으로 목소리의 결점을 극복하고 최고의 배우가 되었다. 다음과 같은 연습과 훈련을 통하여 좋은 목소리를 만들 수 있다.

(1) 바른 자세를 유지한다

가슴을 올리고 배는 안으로 넣는다. 서 있는 경우 한쪽 발에 체중이 실리지 않도록 양쪽 발에 균등하게 체중을 배분한다. 앉아 있는 자세의 경우에는 양쪽 발을 조금 벌리는 것이 좋으며, 다리를 꼬는 것은 혈액 순환을 막으므로 하지 않는 것이 좋다.

(2) 음색을 적절하게 사용하도록 연습한다

대화의 내용과 상황에 따라 적절한 음색을 사용하는 연습이 필요하다. 같은 말이라도 사용하는 음색에 따라 다르게 느껴지기 때문이다. 예를 들어 "이리와."라는 말을 하는 경우, 선생님이 학생을 야단치려고 부를 때와 칭찬하기 위해 부를 때의 음색이 다를 것이다.

(3) 생동감 있게 말하도록 연습한다

활기차고 힘있는 목소리를 내는 습관을 들이도록 연습한다. 힘없이 축 처진 목소리는 그 사람이 늙어 보이게 하고 그에 대한 신뢰감을 떨어뜨린다. 생동감 있는 목소리는 자신과 상대를 즐겁게 하며 자신에 대해 젊고 밝은 이미지를 만들어 준다.

(4) 중저음으로 말하는 연습을 한다

상대방에게 확신을 주고 설득력 있는 목소리를 원한다면 목소리를 적절히 낮게 내는 연습이 필요하다. 중저음의 어조와 차분한 음색은 상대에게 신뢰감을 주는 데 효과적이다. 예를 들어 뉴스를 진행하는 앵커는 대부분 중저음의 어조로 뉴스를 전달한다.

4) 좋은 목소리를 만드는 요건

목소리가 쉬거나 갈라지는 문제가 지속될 경우 반드시 전문의와의 상담을 통해 성대 상태를 정기적으로 체크해야 한다. 위산 역류는 쉰 소리와 헛기침의 원인이 되므로 위·식도의 역류성 식도염도 적절한 치료가 필요하다. 좋은 목소리란 공명에 의해 깊고 풍부한 소리가 나오는 것이다. 공명(共鳴)이란 소리가 나오면서 주변의 울림을 통해 밖으로 표출되고 전해지는 것을 말한다. 목소리는 호흡을 통해 폐에서 공기가 밖으로 나오면서 구강(입), 비강(코), 두강(머리)을 울려서 나오는 '울림소리'를 말한다. 이 같은 과정을 인식하면서 좋은 울림 소리를 내도록 호흡 연습과 훈련을 반복하는 것이 좋다. 복식 호흡을 통한 폐활량 증대는 울림을 잘 이뤄지게 하는 요건이 된다. 또 평소 울림에 필요한 적절한 수분이 공급되도록 물을 자주 마시되, 수분을 앗아 가는 음료는 음용에 유의한다. 과도하게 노래를 부르거나 가래를 뱉는 일은 목의 건강을 위협하므로 피하는 것이 좋다.

3. 발성법

1) 음성 언어의 구성 요인

음성 언어는 목소리의 크기에 따라 전달 효과가 달라진다. 듣는 사람은 말하는 사람의 목소리를 통해 메시지를 전달받는다. 따라서 말하는 사람의 목소리 크기나 높낮이, 음색 등에 따라 메시지가 적절하게 전달될 수도 있고 안 될 수도 있다. 이처럼 음성 언어에서는 메시지를 정확하게 전달하는 데에 단어의 내용보다도 음성, 즉 목소리의 높낮이와 크기 등이 더 중요하게 영향을 미친다.

목소리는 크게 음성의 높이(pitch), 크기(volume), 말의 속도(speech rate), 정지(pause), 길이(duration), 강조(emphasis) 등 6가지 조절 요소들로 구성되어 있다.

(1) 음성의 높이

소리는 연못에 돌을 던졌을 때 생기는 물결파와 흡사한 음파(sound wave)가 귓속에 있는 고막을 진동시키면서 일어난다. 음파란 물체가 움직일 때 공기 분자의 압력이 변하면서 생기는 파장을 말한다. 소리의 파장은 공기를 타고 진동하는데, 이때 음성의 고저, 즉 음고인 주파수의 높낮이에 따라 음성의 높이가 좌우된다. 인간이 들을 수 있는 소리의 범위인 가청력은 20Hz(헤르츠)에서 2만Hz까지의 주파수 범위에 있는 순음이다. 일반적으로 여성은 남성에 비해 고주파의 목소리를 가지고 있고 남성은 여성에 비해 저주파의 목소리를 가지고 있는 것으로 알려져 있다. 사람들이 가장 듣기 좋아하는 목소리는 중저음의 울림이 많은 남성의 소리이거나 약간의 고음을 가지고 있으면서도 맑은 여성의 목소리라고 할 수 있다. 음성의 높이가 지나치게 높거나 낮지 않게 높낮이를 조절하는 발성 연습을 할 필요가 있다.

(2) 음성의 크기

소리의 크기는 음파의 진폭에 따라 좌우되며, 단위는 dB(데시벨)을 사용한다. 이는 소리가 얼마나 멀리까지 울려 퍼지는지를 결정한다. 사람들이 일상적으로 대화를 나눌 때의 진폭은 약 60dB인데, 104dB 이상의 소음에 지속적으로 노출될 경우 소음성 난청이 발생하게 된다. 목소리의 크기는 음성 언어의 전달 효과에 지대한 영향을 미치는데, 동일한 내용이라고 하더라도 큰소리로 이야기하면 전달력이 크겠지만 너무 큰 소리로 계속해서 말하는 경우에는 오히려 전달력이 감소하게 된다.

(3) 말의 속도

메시지가 빠른 속도로 전달되면 상대는 메시지 이해에 어려움을 느끼게 된다. 또한 말하는 속도가 지나치게 느리게 되면 듣는 자의 주의 집중력이 떨어져 메시지에 흥미를 잃게 된다. 남자의 평균 말의 속도는 분당 174.3단어, 여자는 172.6단어이다. 변호사의 법정 변론, 아나운서의 뉴스 보도, 특히 스포츠 아나운서의 보도나 중계 순으로 평균 말의 속도는 빨라지는데, 이는 해당 메시지 전달력과 청자의 주의 집중력이 고려된 말의 속도이다.

(4) 말의 정지

정지란 메시지의 주제가 바뀌는 문장 경계선에서 말을 잠시 쉬는 것을 말한다. 말의 정지 시간이 지나치게 길면 청자들이 지루해하고, 짧으면 화자의 호흡이 빨라지고 다급해져 청자에게 화자가 여유가 없다는 느낌을 준다. 따라서 적절한 정지는 말하는 사람의 인식 과정에 필요한 시간을 제공해 줄 뿐만 아니라 청중의 이해 과정을 돕는 중요한 순간이다.

(5) 말의 길이

말의 길이는 주어진 내용을 얼마나 함축적으로 요약할 수 있는지를 보여 준다. 말의 길이가 짧을수록 단어 한마디 한마디가 함축적이면서 생동적이어야 메시지 전달에 효과적이다.

(6) 강조

강조란 크게 특정 단어를 강조하는 것과 전체 표현을 강조하는 것으로 구분된다. 문장 내 어떠한 단어를 강조하느냐에 따라 전체적인 문장의 의미가 달라진다. 특정 단어를 강조하기 위한 방법으로는 강세를 주고 싶은 단어 자체를 강하게 발음하거나 반복하는 방법, 혹은 한 단어를 길게 늘여서 말하는 방법

등이 있다. 그러나 말의 강조를 지나치게 자주 사용할 경우에는 강조의 의미가 반감하거나 부정적인 영향을 가져올 수 있으므로 강조 방법 또한 주의 깊게 사용해야 한다. 청자에게 감동을 주기 위해서는 메시지 내용에 따라 감정을 담아 목소리의 강약을 적절하게 조절하는 것이 중요하다.

2) 발성 훈련

지나치게 작은 목소리나 구강 내에서 잘 배출되지 않는 목소리 등은 흉식 호흡을 통한 발성에 기인한 것으로, 복식 호흡 훈련을 통해 목소리의 고저와 크기를 충분히 조절할 수 있다.

(1) 호흡의 기전(機轉, mechanism)

후두개를 중심으로 기관과 식도를 구분지어 주는 매우 중요한 호흡 통로인 후두는 호흡을 위한 기관이면서 목소리의 고저와 크기를 조절하는 발성 기관이다. 후두 안쪽을 감싸고 있는 점막은 2쌍의 주름을 형성하는데, 위쪽 주름은 목소리 발성에 관여하지 않는 가성 주름이고, 아래쪽 주름이 발성에 직접적으로 관여하는 진성대, 즉 성대이다. 호흡 시에는 공기가 통과할 수 있도록 성대가 열리나, 목소리를 낼 때는 성대가 닫힌 상태를 유지한다. 성대를 구성하고 있는 양쪽의 성대 주름이 떨리게 되면 진동에 의해 소리가 발생한다.

목소리는 공기가 폐로부터 성문(聲門, glottis)을 통과할 때 후두 전반에 압력 강화가 일어나면서 발생한다. 성대가 떨리면서 일어나는 진동은 후두를 통과하는 공기의 압력과 흐름에 의해 조정되며 목소리를 이루는 핵심 요인이다. 성문에서 만들어 내는 소리는 후두강, 인두, 구강, 비강 등의 성도(聲道)를 지나는 동안 공명음으로 바뀌며, 혀, 입술, 입의 운동에 의해 구강음을 형성한다. 사람마다 성문이나 후두의 길이, 코의 길이 등이 모두 다르기 때문에 목소리도 사람마다 다르다. 호흡에 의해 이루어지는 공기는 압력의 차이에 의해 폐의 안팎으로 이동한다. 즉, 폐포 안의 공기 압력이 대기압보다 낮을 때는 공기가 폐 속으로 들어가고(흡기), 폐포 속이 높을 때는 공기가 밖으로 나온다(호기). 호기의 세기가 목소리의 크기를 결정하므로 복식 호흡을 통해 깊이 숨을 내쉬는 경우 큰 목소리를 낼 수 있다.

(2) 복식 호흡

복식 호흡은 흉강과 복강 사이에 있는 횡격막의 신축 운동에 의하여 배를 폈다 오므렸다 해서 하는 호흡으로, 호흡할 때마다 배가 외형상 부풀다가 가라앉는 것처럼 느끼게 된다. 이러한 모습은 폐를 감싸는 가슴보다는 횡격막의 수축과 팽창에 있어서 배를 주로 사용함으로써 배의 움직임이 보다 눈에 띄게 된다. 복식 호흡을 하면 흉강의 면적이 증가하기 때문에 폐의 환기량이 증가하고, 힘을 덜 들이고도 충분한 양의 공기를 흡입할 수 있게 된다. 이러한 이유로 성악가나 마라토너에게 있어서 복식 호흡이 필수적일 뿐 아니라 좋은 목소리를 내는 데에도 기본이 된다.

(3) 복식 호흡 운동

발성 연습을 하기 위해서는 우선적으로 복식 호흡을 안정적이고 자연스럽게 할 수 있어야 한다. 그러기 위해서는 복식 호흡을 하기 위한 기법에 대한 충분한 훈련과 연습이 선행되어야 하는데 연습 방법으로 '4-7-8 호흡법', '풍선 호흡법' 등이 있다.

'4-7-8 호흡법'은 4초간 코로 숨을 들이마시고, 7초간 숨을 참고, 이후 8초간 입으로 숨을 내쉬는 호흡법이다. 이 호흡을 하는 동안 혀의 끝은 앞 치아의 바로 뒷쪽 입천장에 붙이고 시행한다.

'풍선 호흡법'은 마치 배 안에 커다란 풍선이 들어 있으며 코에서 배까지 연결되어 있다는 상상으로 호흡하는 방법이다. 이를 위해서는 우선 충분한 호기로 허파 속 잔류 공기량이 없을 정도로 완전히 비운다. 그리고 코에서부터 연결된 호스로 바람을 불어넣는다는 생각으로 횡경막을 완전히 수축시키면서 천천히 배가 가득 찬다는 느낌이 올 때까지 숨을 들이마신다. 이러한 호흡을 2~3회 반복하면서 복식 호흡 훈련을 한다.

(4) 발성연습

- 복식 호흡 연습을 한다.
- 숨을 충분히 들이마신 상태에서 배꼽 아래에 힘을 주고 "하-헤-히-호-후"를 큰 소리로 발음한다. 이때 횡경막 주위에 손을 대고 발성 연습을 해도 좋다.
- 척추를 반듯이 세워 흉곽을 최대한 넓혀 허파로 들어가는 공기를 최대한도로 유지한다.
- 발성 기관을 개방한 상태로 유지함으로써 최고 수준의 공명음을 만들어 낼 수 있다.
- 고개를 뒤로 젖히고 천장을 바라보는 자세에서 입을 크게 벌리게 되면 목의 아치가 보이는데, 이 부분이 연구개가 위치한 곳이다. 연구개 부위가 시원하게 열려서 아치가 넓어질수록 소리의 울림이 좋아지고 음성이 명료해진다.
- 연구개를 개방하기 위해서는 구강의 면적을 최대로 확장시켜 혀뿌리가 목의 아치를 막지 않도록 한다. 구강의 면적을 확장시키기 위한 가장 좋은 훈련법은 하품을 크게 하는 것이다.
- 혀뿌리가 높아 목소리가 높거나 쉿소리가 날 경우에는 의식적으로 하품할 때의 최고조 상태를 상상하면서 혀뿌리를 내리고 연구개를 위쪽 방향으로 올리는 발성 연습을 한다.

(5) 발음 교정

목소리의 3요소는 호흡, 발성, 발음이다. 발음 교정을 위한 효과적인 방법이 혀 비틀기 연습이다. 혀 비틀기 연습은 혀 비틀기 문장을 반복해서 발음하는 것으로, 이를 꾸준히 연습하게 되면 발음 능력이 향상된다. 발음 교정 연습 문구와 관련해서는 각종 서적이나 인터넷 포털 사이트 네이버 등에 많이 소개되어 있다.

4. 대화법

말은 절대로 일방통행이 될 수 없다. 자신이 어떻게 말하느냐에 따라서, 상대방의 반응도 달라진다. 어떤 대화가 됐든, 대화의 물꼬를 어떻게 트느냐에 따라서, 대화의 결과도 완전히 달라진다. '말 한마디로 천냥 빚을 갚는다'는 속담이 있다. 실제로 말 한마디로 큰 빚을 못 갚는다고 하더라도 틀린 것은 아니고, 그만큼 말을 하는 방법이 중요하다는 뜻이다. 생각 없이 내뱉은 말이 좋지 않은 결과를 가져올 수 있음을 경고하는 속담으로 '웃느라 한 말에 초상난다'가 있다. 흔히 '웃자고 한 말에 죽자고 덤벼든다'고 하는 말도 있지만, 농담이라도 상대가 받아들여야 농담이라고, 만약 그 농담이 상대의 아픈 부분을 건드렸다면 이미 농담이 아니라 상처를, 그리고 수모를 입힌 흉기가 된다.

말 혹은 대화의 힘을 언급할 때 '서희 담판'을 자주 떠올린다. 나라를 정비한 거란은 고려가 거란 땅을 침범한 것을 벌하고, 거란 대신 송과 친하게 지낸다는 이유를 내세워 993년 소손녕을 총사령관으로 삼아 대군을 앞세워 고려를 침입해 왔다. 국경을 지키던 고려군을 손쉽게 이긴 소손녕은 고려에 사신을 보내 항복을 권유했다. 이때 서희는 무력이 아닌 말로 큰 싸움 없이 거란군을 물리치고, 게다가 고려의 영토도 넓힐 수 있었으니, 말과 대화의 힘은 계량하기 힘들 만큼 크고 중요하다.

1) 사람을 끌어당기는 말

(1) 적절한 질문으로 상대방을 파악하라

질문은 대화에 합리성과 논리성을 불어넣는다. 상대방이 자기가 말하는 내용의 모순을 스스로 깨닫고 모양 좋게 입장을 바꿀 수 있도록 유도하는 것을 가능하게 하는 것이 적절한 질문이다. 서로 자기주장만 하면 각자 상대가 자기의 입장에 관심을 가지지 않는다고 여기는 야속한 마음이 생기고, 야속한 마음은 미움을 낳고 대화는 망치게 된다. 반대로 상대가 자신에 대해 왜 그런 입장을 취하게 되었는지 관심을 가진다고 느끼게 되면 당연히 호의적인 감정이 생기고 그러면 대화 분위기도 바뀌게 된다. 상대에게 적절한 질문으로 상대의 수준이 어느 정도인지 파악하고 눈높이에 맞게 대화를 하면 상대방과 소통하는 것이 훨씬 수월해질 수 있다.

(2) 신뢰감을 주는 목소리로 말하라

신뢰감을 주는 목소리는 차분하고 편안하고 따뜻한 울림이 있는 목소리로, 많은 사람들에게 호감을 준다. 또한 보통보다 낮은 목소리에 사투리가 섞이지 않은 뚜렷한 표준 말씨와 풍부한 화음의 목소리는 상대에게 지성감과 신뢰감을 주어 화자에 대해 위엄과 권위를 느끼게 만든다. 이런 신뢰감 있는 목소리를 가지고 있다면 각종 비즈니스나 외교적인 협상, 정치적인 전략 등의 대화에도 많은 이점이 있다. 부시 미국 전 대통령은 선거 전 이미지 관리를 위해 통계를 토대로 복장, 자세, 표정, 말할 때의 단어 선택은 물론 목소리의 높낮이나 음색, 말의 속도까지 신뢰도를 높이도록 조절하고 훈련했다고 한다.

(3) 설득하려면 반복하라

설득의 핵심은 논리적인 근거와 이유이겠지만, 이것뿐만이 아니라 계속적인 반복을 통해 만들어진 익숙함으로도 상대방을 자신의 편으로 만들 수 있다. 논리에 맞는 말이라고 해서 바로 상대가 설득되는 것은 아니다. 논리에 맞는 말이라고 해도 여러 번의 반복을 통해 설득이 이루어진다. '열 번 찍어 안 넘어가는 나무 없다'라는 속담이 있다. 통나무를 자를 때 한곳에 도끼날을 집중하는 것처럼 중요한 말을 계속 반복해야 통나무 같은 상대의 생각을 자기에게 넘어오게 하는 것이 가능해진다.

(4) 결론부터 말하라

글을 쓸 때는 기승전결에 맞추어 이야기 구성의 결론을 맨 뒤에 배치하는 것이 일반적이지만 대화에서는 이와 다르다. 물론 상황에 따라 다를 수 있겠지만 '결론'을 먼저 말하고 그다음에 '본론', 그리고 마지막으로 마무리하는 구조가 내용의 전달이 훨씬 잘되어 설득에 도움이 될 수 있다. 결론부터 먼저 이야기하면, 상대방은 결론부터 듣고서 만약 자신의 생각과 다른 것이 있다면 '이게 무슨 소리지?' 하면서 그 이야기를 집중해서 듣게 되어 대화가 진중하게 된다. 결론부터 말하는 방법은 의외로 어렵지 않다. 예컨대 상대가 핵심 질문을 했다면 핵심 질문에 대해 답변하면 된다. 그러면 바로 결론부터 말하는 셈이다. 게다가 듣는 사람의 수준을 고려해서 말한다면 더 효율적인 대화가 될 수 있다.

(5) 정확하고 쉽게 이야기하라

대화에 있어 가장 중요한 것은 사실 관계를 정확히 그리고 쉽게 전달하는 것이다. 톨스토이는 "사람의 지혜가 깊으면 깊을수록 생각을 나타내는 말은 단순해진다."라고 했다. 어렵게 이야기하고 길게 이야기하는 사람들이 있다. 왜 그럴까? 그것은 아마도 자신이 잘 모르기 때문이다. 완벽하게 이해했다면 그렇게 말할 필요성을 느끼지 못한다. 자신이 이해하지 못할 때는 거기에 비례해서 말도 길어진다. 자신의 메시지보다 자신을 멋지게 포장하려는 욕구를 가진 사람들이 이런 실수를 한다. 간단하지만 명확하게 하는 것이 대화의 중요한 원칙 중 하나이다. 또한 누구나 쉽게 알아들을 수 있도록 전문용어나 외래어, 줄임말의 사용을 자제하면 더 좋다. 대화에서 발생하는 오해를 줄이고 명확한 전달을 할 수 있어서다. 상대방이 이해할 수 있는 최대한의 쉬운 용어로 풀어서 이야기하는 것이 좋은 대화법이다.

(6) 적절한 리액션을 하라

우리들이 나누는 일상적인 대화 상황에서도 '리액션'이 중요하다. 자신의 말에 대해 상대방의 리액션이 있는 경우는 상대방이 자신의 말을 잘 듣고 있다는 것을 느낄 수 있으며, 반대로 상대방의 리액션이 전혀 없다면 상대방은 자신의 말을 잘 듣고 있지 않다고 느끼게 된다. 화자가 슬퍼한다면 청자가 같이 슬퍼하고, 화자가 흥분하면 청자가 같이 흥분하여 공감대를 형성하는 것도 리액션의 효과를 극대화하게 된다. 또한 상대방이 하는 말을 똑같이 반복해 주거나 간단한 질문을 하는 것 또한 좋은 리액션이 될 수 있을 것이다.

2) 관계를 좋게 만드는 화술

(1) 공동의 적을 만들면 적대감이 해소되고 한편이 된다

치고받고 싸우던 형제도 이웃집 형제와 다투게 되면 자기들이 언제 그랬냐는 듯이 똘똘 뭉친다. 이웃집 형제가 '공동의 적'이 되어 형제에게는 적대감이 해소된 것이다.

(2) 비밀을 나누면 친밀감이 싹튼다

혈액형이나 별자리, 자주 가는 장소 등을 이야기하여 공통점을 발견하면 마치 운명인 것처럼 느껴져 친밀감이 생기고 대화는 자연스럽고도 빠르게 형성된다. 비밀 공유에 우연성을 개입시킨 고도의 심리 전술로, 우연은 사람들의 마음을 운명적으로 만든다. 비밀의 공유는 이해관계를 전혀 수반하지 않는 사사로운 관계일수록 연대 의식을 강하게 만든다.

(3) 적절한 직설 화법은 가식을 벗게 한다

처음 만났을 때, 듣기 거북한 겉치레보다는 때로는 급소와 같은 독설로 상대방의 결점을 지적하면 강한 인상을 남길 수 있다. 직설적인 말 한마디가 상대방에게는 오히려 신선한 충격이 되는데, 그 정도로 거침없이 결점을 지적해 주는 것은 겉과 속이 다르지 않다는 증거라고 믿게 될 수 있다. 물론 여기서 독설은 인신공격과는 다르다는 점을 명심해야 한다. 2018년 6월 12일 싱가포르에서 김정은 북한 국무위원장과 도널드 트럼프 미국 대통령 간에 사상 첫 북미정상회담이 개최되었다. 회담에서 트럼프 대통령은 통역관의 말을 끊고 자신의 발언을 이어 나가는 등 직설 화법을 구사해 공감대를 형성하고 대화를 주도하였다.

(4) 명분을 바로 세우고 대의명분으로 이해를 구하라

『논어』「자로」 편에 "명분이 바르지 않으면 말이 이치에 따르지 못하고, 말이 이치에 따르지 않으면 일이 이루어지지 않는다.[名不正則言不順 言不順則事不成]"라는 구절이 있다. 대화나 일을 이루기 위해서는 명분을 바로 세우는 것이 우선해야 한다. 기업의 일차적 목표는 이윤 추구이다. 이윤 추구가 부의 축적에 그치고 사회 환원이나 사회 공헌으로 연결되지 못하면 경영진이나 사원의 사기를 높일 수 없고, 종국에는 이윤 추구라는 기본 목표가 침해당한다. 사회 환원이나 사회 공헌, 즉 '사회를 위해'라는 대의명분을 이념으로 이해를 구해야 경영진이나 사원들은 사회에 기여한다는 자긍심을 갖고 기업 활동을 자랑스러워한다.

(5) 감성으로 소통하라

우리가 대화에 있어서 '이성'은 대화하고자 하는 내용, 즉 '콘텐츠'라면 '감성'은 그 '콘텐츠'를 표현하는 방법에 가깝다. '감성'은 '콘텐츠'에다 풍부한 향기를 불어넣어 주고, 무채색에 컬러를 넣어 주고, 조용한 공간에 음악을 트는 것과 같다. 텅 빈 공간에 좋은 음악을 틀면 텅 비었던 그 공간이 꽉 찬 느낌을 불러일으키듯이 대화를 할 때도 감성이 들어간 대화는 훨씬 더 풍족한 느낌을 가지게 한다.

(6) 상대방 입장에서 대화를 시작하라

대화는 상대를 두고 이야기를 나누는 것이다. 사람들은 각자 서로의 생각이 있기에 상대를 존중하면서 대화하지 않으면 본인 생각을 전달하기는커녕, 얼굴을 붉히는 일이 발생할 수도 있다. 다른 사람과의 대화를 포함한 모든 행동에서 내로남불이 아닌 역지사지(易地思之)하는 마음, 즉 상대방 입장에서 대화를 해 나가면 대화를 객관성 있게 진행할 수 있어 대화의 효과를 극대화함은 물론 서로 간의 바람직한 인간관계 형성에도 도움이 된다.

(7) 가족의 안부를 물어라

사람은 자신에게 둘도 없는 사람을 화제로 올리면 상대방에 대한 경계심을 거둘 뿐만 아니라 친근감을 갖게 된다. 멀리 떨어져 있는 부모나 어린 시절 귀여워해 주시던 할머니처럼, 향수에 가득한 인물을 언급하면 상대방이 마음을 굳게 닫고 있었던 이라도 감동할 수 있다.

Chapter 05

품격 있는 매너

1. 상황별 매너

1) 악수 매너

악수는 상호 신뢰를 확인하는 행위로, 현대사회에서 믿음과 평등이라는 의미를 담고 있는 대표적인 인사법이다. 악수는 상대방이 오른손을 다치는 등의 이유로 오른손을 사용할 수 없는 경우를 제외하고는 오른손을 내밀어 잡고, 상체를 가볍게 숙인 채로 서로 눈을 맞추면서 잡은 손을 가볍게 흔든다. 손을 잡을 때 꽉 잡거나 힘없이 잡지 않으며 손끝만 잡는 것도 피한다. 장갑을 끼고 있을 때는 장갑을 벗고, 손에 무엇인가를 들고 있을 때는 물건을 내려놓고 악수를 한다. 일반적으로 악수할 때는 연장자가 연소자에게, 여성이 남성에게, 그리고 직급이 높은 사람이 낮은 사람에게 먼저 손을 내민다. 또한 상대방의 손을 잡는 행위이므로 장갑을 끼거나 깨끗하지 않은 손으로 악수하지 않는다.

2) 손님 안내 매너

손님을 안내할 때는 앞에서 걷고 수행할 때는 뒤에서 걷는다. 안내 시 손님 바로 앞에 서지 않고, 한두 걸음 앞선 대각선 방향에서 손님 쪽으로 비스듬하게 몸을 돌린 자세로 걸어가며 안내한다. 가끔 손님을 뒤돌아보며, 손님의 걸음 속도에 맞추어 걷는다. 계단을 올라갈 때는 뒤에서, 내려갈 때는 앞에서 걸어 손님보다 높은 위치가 되지 않도록 하는 것이 일반적이다. 손님을 안내하며 계단을 오를 때에는 손님의 왼쪽 서너 계단 앞에서 오르고, 상사와 함께 계단을 오르는 경우에는 상사를 먼저 오르도록 한 다음 뒤따르는 것이 예의이며, 안내하여 내려올 때는 반대이다. 손님 또는 상사가 여성일 경우에는 안내 유무와 무관하게 먼저 올라가고, 나중에 내려오는 것이 예의이다. 걸을 때는 소리가 나지 않게 걷는다.

3) 엘리베이터 및 에스컬레이터 매너

다른 사람과 동행하여 엘리베이터 및 에스컬레이터를 이용하는 경우, 안내하는 사람이 있다면 안내자의 지시에 따라 직급이 높은 사람, 연장자, 여성 등이 먼저 탑승하도록 한다. 안내자가 없는 경우에는 먼저 엘리베이터를 안전하게 정지한 후 직급이 높은 사람, 연장자, 여성 등이 먼저 탑승하도록 안내한다. 목적지에 도착한 후 내릴 때는 탑승 역순으로 하는 것이 일반적이다. 엘리베이터 내의 상석은 엘리베이터 조작 단추의 대각선 안쪽이다. 한편 에스컬레이터의 경우는 내려올 때는 안내자가 앞에 서고, 올라갈 때는 손님을 앞에 세우고 이동한다.

4) 출입문 매너

회전 출입문을 통과할 때는 손님, 상사 또는 고객을 먼저 통과시키고 난 후 통과한다. 당기는 문을 통과할 때는 안내자가 손잡이를 앞으로 당겨 이들을 먼저 들어가게 한 후 뒤따라 들어가며 소리 나지 않게 문을 닫는다. 미는 문의 경우 안내자가 문을 열고 먼저 들어간 다음 손잡이를 잡고 고객이 들어오도록 안내한다.

5) 승용차 매너

운전사 유무에 따라 상석과 말석의 위치가 다르다. 운전사가 있는 차에서는 운전사와 대각선 방향의 뒷좌석이 1등, 운전석의 바로 뒷좌석이 2등, 옆자리가 3등이며, 뒷좌석 가운데가 말석이 된다. 상급자 또는 동행자가 직접 운전할 때는 운전자의 오른쪽 좌석이 1등으로, 나란히 앉아 지속적인 응대를 해 주는 것이 바람직한 매너이다. 이때는 대각선의 뒷좌석이 2등, 운전자 뒤쪽이 3등이 된다. 버스의 경우는 운전기사의 뒤쪽 창문 자리가 상석이다.

6) 승용차 주차 매너

주차 공간이 부족하여 이중주차를 할 때, 경사면이 아닌 안전한 주차 지역이라면 시동을 끈 후 주차 브레이크 해제는 물론 기어를 P(파킹)에서 N(중립)으로 변경해 두어야 하며, 비상 연락처 메모를 남기는 것도 좋은 주차 매너이다. 경사면에 주차할 때는 반드시 시동을 끈 후에 주차 브레이크를 걸고 바퀴에 고임목을 설치해야 한다. 또한, 차량 미끄럼으로 인한 사고를 방지하기 위하여 벽면이 있다면 핸들을 벽면 쪽으로 꺾어 둔다. 주차선이 있는 주차 지역에 주차

할 경우에는 주차선을 지켜 다른 차에 방해가 되지 않도록 하며, 전기차 충전 구역 및 장애인 주차 구역에 주차하지 않는다.

7) 물건이나 방향을 가리키는 매너

물건이나 방향을 가리킬 때는 팔과 손가락을 사용하는 경우가 많다. 가리키는 동작은 너무 빠르거나 느리지 않고 절도 있게 한다. 거리가 먼 곳을 가리킬 때는 팔꿈치 각도를 크게 하며, 시선은 고객의 눈 → 가리키는 곳 → 다시 고객의 눈으로 잇는 3점법을 지키도록 해야 한다.

손가락으로 방향을 지시할 경우 자칫 상대방을 무시하거나 낮추어 본다는 이미지를 전달할 수 있기 때문에 주의가 필요하다. 손가락을 가지런히 모아 손바닥을 위로 하여 지시하며, 손등이 보이거나 손목이 굽지 않도록 한다. 우측을 가리킬 때는 오른손, 좌측을 가리킬 때는 왼손을 사용하며, 뒤쪽을 지시할 때는 반드시 몸의 방향도 뒤로 하여 가리켜야 한다. 사람을 가리킬 때는 두 손을 사용하고, 사물은 한 손을 사용해도 좋지만 가급적 두 손을 사용하며, 한 손가락이나 고갯짓으로 가리키는 것, 또는 상대방을 보지 않고 지시하는 것은 삼간다.

8) 물건을 주고받을 때의 매너

자신에게 소중한 물건은 타인에게도 소중하다. 물건을 건넬 때는 반드시 양손을 사용하며, 작은 물건의 경우는 한 손을 다른 손 밑에 받쳐 건넨다. 물건을 상대방에게 건넬 때는 물건명을 말하고 정확히 전달하도록 한다. 물건을 건네주는 위치는 상대방의 가슴부터 허리 사이가 되도록 하며, 가위, 칼, 송곳, 명함 등은 상대방의 편의를 고려하여 전달한다.

2. 직장 매너

직장은 직장의 이익은 물론 본인과 동료 구성원의 공동 이익을 추구하기 위해 모인 곳이다. 구성원 모두가 바라는 최대의 결과를 추구하기 위해서는 서로 간에 합리적인 역할 분담과 책임감 있는 업무 추진이 요구되는데, 그 근간이 바로 직장 매너이다. 좋은 관계 형성을 위한 직장 매너는 근무태도, 직장 내 호칭 예절, 상·하급자에 대한 적절한 예절, 전화 예절, 업무 보고 예절 등을 기반으로 하고 있다.

1) 출퇴근 매너

출근은 성실성을 가늠하는 일차적인 기준으로 무단결근 또는 지각은 금물이다. 사정이 생겨 출근이 어려울 경우 상사에게 출근 시간 전에 연락하여 사과와 함께 이유를 설명하고 허가를 받는다. 또한 업무에 지장이 없도록 동료들에게 협조를 구한다. 출근하여 직장 동료를 만나면, 밝고 큰 소리로 먼저 인사하는 것이 동료들에게 좋은 이미지를 준다.

퇴근 시에는 기본적으로 정보 보안을 생활화하는 것이 중요하다. 비즈니스 정보가 새어 나가지 않도록 물리적인 보안 장치뿐 아니라 개인의 보안에도 신경을 써야 한다. 다음 날의 원활한 업무 시작과 혹시 모를 상황을 대비하여 책상 위의 서류와 문서를 정리하고 사무용품, 서류 등은 제자리에 둔다. 가급적 그날의 일은 그날 마치도록 하며, 지시받은 업무를 끝내지 못해서 미처리된 일, 다시 해야 할 일은 상사에게 보고한 뒤 다시 지시를 받는다. 다음 날 예정된 업무는 퇴근 시에 미리 메모하여 그다음 날 바로 착수할 수 있도록 한다. 퇴근은 동료들과 함께 하는 것이 좋으며, 혼자 먼저 퇴근해야 하는 경우에는 양해를 얻고 나가도록 하며, “내일 뵙겠습니다.”, “먼저 나가 보겠습니다.” 등의 인사를 잊지 않는다.

2) 근무 중 매너

주어진 일만 하는 것이 아니라 모든 일을 찾아서 하고 자신이 한 일과 행동에 책임을 짐으로써 조직에 꼭 필요한 인재가 될 수 있도록 노력한다. 근무 시에는 흐트러진 몸차림, 불편한 옷차림으로 일하는 것을 피하며, 의자에 기댄 채 몸을 흔들거나 다리를 꼬고 앉지 않는다. 조직의 분위기는 내가 만든다는 생각으로 쾌활하게 일하며, 사무실에서 화장을 고치거나 담배를 피우지 않는다. 또한 근무 중 사적인 전화를 오래 하지 않으며, 업무와 관계없는 인터넷 사이트에 접속하여 시간을 낭비하지 않는다.

3) 직장에서의 호칭

올바른 호칭은 직장 예절의 기본 요소이다. 자신과 상대방의 나이, 직급 등 상황에 걸맞은 호칭을 정확하게 구사하여 보다 호감 가는 모습을 보여 줄 수 있도록 한다. "김 과장님"의 경우처럼 상사의 성과 직위 다음에 '님'의 존칭을 붙이며, 문서상에서는 존칭을 생략한다. 상사에게 자신을 지칭할 경우에는 "저" 또는 성에 직위를 붙인다.

하급자와 동급자에게는 "성과 직위(예: 이 대리)" 또는 "○○ 씨"라는 칭호가 적당하며, 하급자나 동급자에게 사용하는 자신의 호칭은 "나"를 사용한다. 상급자에게 타 상급자를 호칭하는 경우, 예를 들어 차장이 사장 앞에서 부장의 지시를 보고할 때 "○○ 부장이 지시한 일을 보고드리겠습니다."라고 한다.

4) 업무 보고

업무를 보고함에 있어, 부하는 상사를 존중하고 상사는 부하를 신뢰하며 보여 주는 기본 매너에 의해 효율적인 업무 추진이 가능하게 된다. 직접 대면접촉을 하는 구두 보고와 서류 또는 이메일로 하는 서면 보고는 모두 보고를 받는 사람의 측면에서 생각하고 준비를 철저히 해야 한다. 또한 보고 시 내용의 핵심을 명확하게 숙지하여 주요 사항을 논리 있게 설명할 수 있어야 하며, 예상 질문을 준비해 두는 것도 필요하다.

보고를 받는 상사는 보고 내용이 잘못되었거나 부족한 경우 부하 직원을 함부로 대하기보다 매너 있는 피드백을 해야 한다. 먼저 작성한 의도를 묻고 잘못된 부분을 지적하며, 수정할 부분과 수정해야 하는 이유를 설명하고 정확한 방향을 제시해야 한다. 마지막으로 수정 후 다시 보고할 일정을 알려 주어야 한다. 또한 구체적인 상황을 들어 칭찬을 하고 많은 사람들 앞에서 격려와 배려를 아끼지 않음으로써, 시너지 효과를 통해 업무 효율성을 높일 수 있다는 것을 명심해야 한다.

모든 업무는 지시받은 내용을 완료한 즉시 보고한다. 보고가 끝나면 상사의 지시사항이나 의견을 기록해서 보관하는 것이 좋다. 업무지시를 받고 나면 상사의 요구사항이 무엇인지를 정확히 파악하고 일의 중요도를 확인해서 진행 순서를 정하여 진행하며 만약 일의 진행 과정이 복잡하여 시간이 걸릴 때는 중간 보고를 하여 진행 상황을 알린다. 업무 보고는 반드시 지시한 사람에게 직접 하며, 보고는 결론을 먼저 말하고 과정은 나중에 설명한다. 보고 순서는 결론, 이유, 경과 그리고 소견 순으로 사실에 입각한 객관적인 보고를 한다. 보고의 내용이 복잡할 때는 문서로 작성해서 함께 보고하여 오류를 줄인다. 한편 지시한 일이 아니더라도 직장 안에서 일어난 일에 대하여는 알릴 필요가 있는 사람에게 알리는 것이 센스 있는 직원의 태도이다.

5) 방문 매너

통상적으로 방문은 본인 혹은 본인이 소속된 조직의 필요에 의해 이루어지는 경우가 많으므로 사전에 방문 목적, 방문 예정자의 구성과 이력, 복수의 가능한 일시와 예상 소요 시간을 상대방에게 전달하여 상대측의 허락을 얻어야 한다. 방문 시간을 정할 때는 상대방의 업무에 방해가 되지 않는 시간으로 하며, 퇴근 시간 가까이에 방문하는 것은 실례이다.

방문할 때는 방문 효과를 높이기 위하여 자료를 철저히 준비하고, 명함을 준비하며, 신뢰구축에 최선을 다한다. 또한 방문 시에 초대받지 못한 사람이나 사전에 방문 허락을 받지 않은 사람과 동행하는 것은 실례이며, 최대한 상대를 배려하는 가운데 상담이 이루어져야 한다.

6) 전화 매너

비즈니스에서 전화를 받는 사람의 태도만으로도 그 회사의 이미지와 분위기를 알 수 있기 때문에 전화를 받는 태도도 중요하다. 일반전화의 경우 목소리를 통해서 서로 이야기하므로 내용을 정확하게 전달하기가 매우 어렵다. 그러므로 이야기를 잘못 전해 듣는 일이 없도록, 화상통화를 하는 등 직접 만나서 하는 것과 같은 상황을 만드는 것이 좋다. 전화는 진심을 담아서 응대해야 하며, 밝고 명랑한 목소리로 말하며, 정중하고 정확하며 신속하게 통화하는 것을 잊어서는 안 된다.

3. 테이블 매너

1) 식사 준비 매너

식사 시의 예절은 모든 매너의 기본이라 할 수 있다. 식사를 같이하는 것은 대인관계 형성에 있어 속도와 친숙함에 절대적인 영향을 미친다. 그만큼 그 자리는 즐거워야 하며 상대 또한 편안해야 한다. 특히 비즈니스 상황에서 식사 예절의 중요성은 아무리 강조해도 지나치지 않다. 식사 예절의 시작인 약속 잡기부터 냅킨 사용법까지 역지사지(易地思之)하는 마음이 식사 예절의 으뜸이다.

약속 장소와 시간 결정은 상대에게 부담을 주지 않는 것을 원칙으로 하는데 그러기 위해서는 몇 가지 선택지를 상대에게 주고 상대가 선택·결정하도록 하는 것이 중요하다. 약속 일정이 결정되면 식당 예약을 하는 것도 중요한 매너이다. 식당 크기, 음식 종류 및 양 등 식사에는 많은 변수가 있으므로 식사를 하고자 할 때는 반드시 예약을 한다. 예약을 한 후 불가피하게 예약 일정이 변경되는 경우 가능한 한 빨리 변경 상황을 알려 조정 또는 취소해야 하며, 예약 시간보다 늦게 도착하는 경우 미리 연락하여 상황을 알리는 것도 중요한 매너이다.

식당과 상대방을 고려하여 적절한 복장을 갖추어 입는 것도 예의이다. 식당에 들어서면 자리에 착석하기 전에 코트나 큰 가방은 클로크 룸(Cloak room)에 맡겨 식탁 주위가 산만하지 않도록 한다. 식당에서 통상의 상석은 입구에서 멀고 벽을 등지고 있으며 전망이 좋은 곳인데 상대에게 배려한다. 고급레스토랑의 경우 직원이 테이블로 안내한 뒤 의자 하나를 빼 주는데, 그 자리가 통상 상석이므로 주빈이나 여성이 앉도록 배려한다. 자리에 앉을 때는 의자의 왼쪽으로 들어가서 앉고, 나올 때는 같은 방향으로 나온다. 음식의 주문은 예약하면서 이루어지기도 하지만 즉석에서 하는 경우도 있다. 즉석에서 주문하는 경우

원하는 메뉴가 있는지 메뉴판을 제대로 읽고 결정한다. 초대받은 경우, 호스트를 위해 너무 저렴한 음식이나 비싼 음식을 주문하는 것보다는 중간 가격 정도의 음식을 주문하는 것이 좋다.

2) 식사 중 기본 테이블 매너

식사 중 테이블에서의 기본 매너는 주위 사람들에게 불쾌감을 주지 않으면서 서로 기분 좋게 음식을 맛있게 먹는 것이다. 입안에 음식물이 있을 때는 가능한 한 말하지 않으며, 음식물을 소리 내어 씹거나 보이지 않게 먹으며, 뜨거운 음식이라고 해서 식히기 위해 입으로 불지 않는다. 테이블 동료들과 음식 먹는 속도를 맞추며, 특별히 시간 제약이 없는 경우 음식은 천천히 먹으며, 그 자리를 충분히 즐긴다. 다른 사람 테이블을 침범해야 하는 경우 양해를 구하고 필요한 것을 건네 달라 부탁하며, 포크나 나이프 등 식사 도구를 들고 제스처를 취하지 않는다.

의자에 앉을 때는 너무 기대어 앉거나 어깨를 구부리고 앉지 않으며, 테이블에 팔꿈치를 올려놓거나 다리를 꼬거나 떨지 않는다. 또한 테이블 주변에서 몸단장을 하지 않으며, 식당을 걸어 다니거나, 다 같이 앉은 테이블에서 이쑤시개를 사용하지 않는다.

3) 한식 식사 매너

한식은 주식과 부식으로 구분되며, 밥과 국이 주식인 음식으로 먹는 사람을 기준으로 왼쪽에 밥을, 오른쪽에 국을 위치하도록 하여 식사한다. 식사를 시작할 때는 윗사람이 수저를 들고 식사를 시작한 후에 아랫사람이 따라 식사를 시작한다. 식사 중에는 음식 먹는 소리를 내지 않도록 하며, 입속에 들어간 음식물이 튀어나올 정도의 지나친 대화는 하지 않도록 한다. 밥은 한쪽에서 먹어 들어가며, 국그릇이나 밥그릇을 손에 들고 먹지 않는다. 식사 도중에 자리를 뜨지 않도록 하고, 식사 속도를 윗사람에게 맞추는 것도 예의이다. 또한 식사 중에 수저를 국그릇이나 반찬 그릇 위에 걸쳐 놓지 않으며, 반찬을 뒤적거리거나 반찬에 묻은 고명(음식의 모양과 맛을 더하기 위해 음식 위에 뿌리거나 얹는 것)을 털어 내고 먹지 않는다.

4) 중식 식사 매너

중국 식사 예절도 좌석 배치에서 시작된다. 상석은 문에서 가장 먼 벽 쪽이며, 우리나라 식사 예절과 마찬가지로 어른이 먼저 수저를 들고 나면 아랫사람들이 수저를 들고 식사를 한다. 식탁은 우리나라가 고정식인 반면 중국은 회전식이 일반적이다. 우리나라가 음식 종류별로 접시에 음식을 담는 반면 중국은 회전식 식탁 위에 음식을 두고 식탁을 회전시키면서 개인 접시에 덜어서 먹는다.

술은 자신의 술잔에 자신이 따르는 것이 일반적이며, 술을 권할 사람이 있으면 일어나 그 사람에게 가서 상대의 허락을 받고 그 사람의 술잔에 술을 따른다. 어른이 술을 권할 경우 직접 가서 권하는 대신에 자리에서 술잔으로 탁자를 치며 술을 권한다. 이때 술을 권유받은 사람은 자기 술잔에 스스로 술을 채워서 마신다. 식사를 마치고 일어날 때는 상석에서 먼저 일어나는 것 또한 중국 식사의 예절이다.

5) 일식 식사 매너

일본 음식은 음식을 주로 작은 나무 그릇에 담아내고 젓가락만 사용해 식사하기 때문에 되도록 그릇을 들어 입 가까이에서 먹는다. 회를 먹을 때는 젓가락으로 개인 접시에 던 다음, 기호에 따라 고추냉이(와사비)를 얹은 후 간장에 찍어 먹거나 고추냉이를 곁들인 간장 소스에 찍어 먹는다. 생선을 먹을 때는 머리 쪽의 등살에서부터 꼬리 쪽으로 먹는다. 달걀찜은 젓가락으로 젓지 않고 앞에서부터 떼어 먹으며, 뜨거울 때는 그릇 밑의 종지를 받쳐 들고 먹는다. 절임 야채(고노모노)는 식사 후에 더운물을 마실 때 입안을 개운하게 하기 위한 것이므로, 그때까지 손을 대지 않는다. 식사하는 동안에는 무릎을 꿇고 앉거나 정자세로 앉으며, 음식 먹는 소리를 내지 않으려고 노력해야 한다. 식사를 마치고 차를 마실 때는 찻잔을 두 손으로 들어 왼손은 찻잔 밑에 받치고 오른손으로 찻잔을 쥐고 마신 다음 뚜껑을 도로 덮는다.

6) 양식 식사 매너

레스토랑을 방문할 때는 먼저 예약을 한다. 레스토랑에 도착해서는 직원들의 안내를 받아 지정된 자리에 앉는다. 세팅된 테이블은 서빙하는 음식의 종류, 코스의 순서 등을 감안해서 세팅한 것이니, 함부로 테이블 세팅을 바꾸거나 흩트리지 않는다.

냅킨은 첫 음식이 나오기 바로 전에 펴서 반으로 접은 뒤 접힌 쪽이 안쪽으로 놓이도록 무릎 위에 올려두는 것이 예의이며, 모이는 사람 중 가장 나이가 많은 사람이나 초대자가 냅킨을 편 후 뒤따라 펴는 것이 예의이다. 테이블 위에 냅킨을 올려두는 것은 식사가 끝났음을 의미하므로 자리를 비울 때에는 의자 위에 올려두어야 한다. 세팅되어 있는 커틀러리(여러 종류의 나이프와 포크)는 바깥쪽에서 안쪽 순으로 사용해 나간다. 나이프, 포크, 빵, 물컵 등이 붙어 있는 경우에 좌석에 앉은 사람을 기준으로 빵은 왼쪽에, 물은 오른쪽에 세팅되어 있다. 빵은 나이프로 잘라서 먹거나 통째로 입으로 베어 먹지 않고, 손으로 떼어서 먹는다.

코스 요리에서 식전주와 전채 요리는 식욕 촉진을 목적으로 하는 음식이므로 너무 많이 먹지 않도록 한다. 수프는 국물이 테이블에 떨어지지 않도록 먹으며, 소리를 내거나 후후 불며 먹지 않는다. 수프에 빵을 찍어 먹는 것은 공식적인 자리에서는 삼가는 것이 좋다. 또한 맛을 보지 않고 후추를 치는 것은 셰프에 대한 예의가 아니기 때문에 주의한다. 주 요리에서 고기를 자를 때에는 세로 방향으로 잘라 먹으며 포크를 왼손에 들고 먹는 것이 기본이나 오른손으로 포크를 옮겨서 먹어도 무방하다. 생선 요리가 통째로 나온 경우에는 포크로 머리 부분을 고정하고 나이프로 머리, 꼬리, 지느러미의 순으로 잘라낸 후 접시 한구석에 모아 놓는다. 왼쪽에서 오른쪽으로 나이프를 눕혀 살을 발라낸 후 먹으며, 윗부분을 다 먹으면 생선을 뒤집지 않고, 뼈를 발라내어 한구석에 놓고 아랫부분을 먹는다.

7) 와인 매너

(1) 와인의 분류

와인을 색에 따라 분류하면 적포도를 껍질째 착즙하여 만든 레드 와인, 청포도나 적포도의 껍질을 제거하고 착즙하여 만든 화이트 와인, 적포도의 색깔이 어느 정도 착색되면 껍질을 분리하여 만든 로제 와인이 있다. 제조 방법에 따라 발효 시 발생하는 탄산을 완전히 제거한 스틸 와인, 발효 시 발생한 탄산가스를 그대로 병 속인 남겨 만든 스파클링 와인, 제조과정에서 브랜디를 첨가하여 알코올 도수를 높인 포트 와인이 있다. 또 와인 당도에 따라 당분이 거의 없는 드라이 와인과 적당한 당분이 남아 있는 스위트 와인이 있다.

(2) 와인의 적정 온도

와인이 가지고 있는 독특한 맛을 즐기기 위해서는 온도가 중요하다. 레드 와인은 15~20도, 화이트 와인과 로제 와인은 6~12도가 음주하기에 적당한 온도이다. 스파클링 와인의 경우 5~8도로 조금 더 차게 하여 마시는 것이 좋다.

(3) 와인과 어울리는 음식

와인을 주문할 때는 와인의 다양한 특성과 그날의 음식에 따라 여러 가지 사항을 고려하여 결정하는 것이 좋다. 와인에 대해 잘 모른다면 본인의 취향 등을 고려하여 소믈리에(각종 주류에 관한 서비스를 전문적으로 하는 사람)에게 조언을 구하는 것이 좋다. 와인을 여러 병 마실 경우에는 산뜻한 맛에서 진한 맛의 순서로 주문하고, 보통 생선 요리에 어울리는 화이트 와인에서 고기에 어울리는 레드 와인 순으로 선택한다. 일반적으로 음식의 소스가 붉은색일 경우는 레드 와인, 살이 하얀 고기는 드라이한 화이트 와인, 달콤한 음식에는 달콤한 와인, 달지 않는 음식에는 드라이한 와인 그리고 음식에 와인이 들어갔다면 같은 종류의 와인이 잘 어울린다. 한편, 식초를 사용한 드레싱을 곁들인 샐러드, 산성이 강한 과일(오렌지, 레몬 등), 달걀이 들어간 음식, 고등어 등과 같이 기름기가 많은 생선은 와인과 어울리지 않는 음식이다.

(4) 와인을 따르는 방법

포도의 품종, 수확연도 등이 표시된 와인의 라벨은 와인의 얼굴이므로 와인을 따를 때는 받는 사람에게 라벨이 보이도록 해야 하며, 따르는 와인의 양은 6할 정도가 적당하다. 정찬이나 격식이 있는 자리에서 동석자에게 서로 와인을 따라 주는 것은 예의에 어긋나므로 레스토랑 직원에게 신호하여 와인을 따라 주도록 하는 것이 좋으나 상황에 따라 임기응변으로 행동하도록 한다. 와인잔은 접시 오른쪽에 놓는 것이 테이블 매너이다. 와인을 받을 때는 글라스를 들지 않으며, 윗사람이 와인을 따라 줄 글라스 받침 부분에 손을 대고 있으면 된다.

(5) 와인 테이스팅 방법

품질을 체크하거나, 코르크 부스러기가 떠 있는가 등을 확인하는 것이 와인 테이스팅이다. 변질된 와인을 제공하는 경우는 없으나, 의식 중의 하나로 생각하고 한 모금 맛을 보면 된다. 와인 잔의 다리(스템)을 잡고 와인 테이스팅을 하되, 잔을 빙글빙글 돌리지 말고, 와인의 향을 음미한 다음 한 모금 마셔서 와인의 이상 유무를 확인한 뒤 주문한다.

(6) 와인 마실 때의 매너

와인 잔은 오른손으로 들고 마시며, 마신 후에는 오른쪽에 내려놓는다. 와인을 사양할 때는 글라스 위에 가볍게 손을 얹어 거부 의사를 표현한다. 와인은 온도에 민감한 술이므로 마실 때는 와인 잔의 다리를 잡는다. 차가운 와인의 경우 와인 잔의 볼을 잡아서 약간의 체온을 전달하여 마시는 것도 좋다. 와인을 잔에 따른 후 가볍게 원을 그리며 흔들어 주면 와인이 산소와 결합되면서 맛이 풍부해진다. 와인을 음미할 때는 잔을 코에 가까이 대고 향을 맡거나 한 모금 입에 머금고, 입안의 와인을 혀로 감싸듯 굴려서 맛을 음미한다.

(7) 기타 와인 관련 용어

코키지(Corkage)는 코르크 차지(Cork Charge)를 줄인 말로, 손님이 개별적으로 와인을 가지고 와서 마실 수 있도록 서비스를 요청할 경우 레스토랑에서 코르크(마개) 제거와 함께 와인잔을 제공하여 와인을 마실 수 있도록 해 주는 서비스를 말하는데, 약간의 서비스료가 요구되기도 한다. 에어레이션(Aeration)은 와인이 부드러워질 수 있도록 산소에 노출시키는 과정을 말한다. 디캔팅(Decanting)은 와인 속에 포함된 불순물을 가라앉혀 깨끗한 와인을 분리하는 것을 말하며, 이 디캔팅하는 과정 중에도 에어레이션이 일어날 수 있다.

8) 음주 매너

술을 따를 때는 지위가 높거나 나이가 많은 윗사람부터 순서대로 따르고, 친구나 동료, 아랫사람이 아닌 이상 모든 사람에게는 두 손으로 따르는 것이 예절에 어긋나지 않는다. 어른과 동석한 술자리라면, "한잔 올려도 되겠습니까?" 등 음주 가능 여부를 먼저 확인한 다음 어른부터 술을 권해 올린다. 어른께 술을 권할 때는 무릎을 꿇은 상태로 왼손을 오른팔을 받치거나 술병을 받쳐 들고 술을 권해 올린다. 반대로 어른이 술을 권하기 전까지는 스스로 술잔에 술을 부어 마셔서는 안 되며, 어른이 권하면 무릎을 꿇고 두 손으로 잔을 들고 술을 받는다.

술을 하지 못하는데 어른께서 술을 권하면 "술을 잘하지 못합니다." 등의 말로 정중히 사양하거나, 우선 술잔을 받아 놓고 그 후에 건배 제의 등 재차 술을 권할 때 잘하지 못함을 알려 양해를 얻는다. 분위기를 위해 부득불 술잔을 들어야 하는 상황이라면 술잔을 입에 대는 시늉만 하고 내려놓는다. 술도 음식의 한 종류이다. 음식도 많이 먹으면 과식으로 몸을 해치는 경우가 있는데, 술도 예외일 수는 없다. 건강을 위해 가볍게 마시는 것이 좋으며, 건배한 잔이라고 해서 단숨에 마시는 것은 신체에 무리를 주는 위험한 음주법이므로 한 잔의 술을 여러 번 나누어 마셔도 무방하다.

4. 경조사 매너

경조사(慶弔事)란 좁은 의미로는 살아가면서 가정이나 사회생활 중에 일어날 수 있는 경사스러운 일과 궂은일을 의미하지만, 넓은 의미로는 기쁜 일은 축하하고 슬픈 일은 위로하는 행위와 자리까지 포함한다. 경조사로는 관혼상제(冠

婚喪祭)를 포함하여 회갑, 생일, 승진, 개업, 이사 등이 있는데 결혼식과 장례식이 대표적이다.

우리나라의 경조 문화는 상부상조 정신에 그 근간을 두고 있다. 경조사가 있을 때 자주 인용되는 '기쁨을 나누면 그 기쁨은 두 배가 되고 슬픔을 나누면 그 슬픔은 절반이 된다.'라는 말처럼 결국 서로 도우면 기쁨이 늘어나게 된다. 경조사에는 행사를 주관하는 자와 행사에 참여하는 자가 있는데 이들 모두를 만족하는 경조사가 이상적이다. 정부에서는 경조사의 의식의 번거로운 절차를 간소하게 고쳐, 낭비를 막고 건전한 생활 자세를 기르는 데 목적을 두고 1973년 「건전 가정 의례 준칙」을 대통령령으로 제정, 운영하고 있다.

우리나라는 특히 길흉사가 있을 경우 상부상조하는 것을 오랜 전통으로 이어 오고 있다. 직간접적으로 상대의 경조사가 있음을 확인하였을 경우 축하나 조문의 뜻을 전하고 상부상조하는 마음으로 축의금 또는 부의금을 전달한다. 축의금 또는 부의금은 상호 간에 부담이 안 되는 범위 내에서 청탁금지법(김영란법)을 고려하여 결정하고 적절한 문구를 적은 봉투에 넣어 전달한다. 대표적인 경조사는 결혼과 상가(喪家)인데 결혼식에 사용하는 문구는 하의(賀儀), 축성혼(祝聖婚), 축화혼(祝華婚), 축결혼(祝結婚), 축성전(祝聖典) 등이며, 조문 시 사용하는 문구는 조의(弔儀), 부의(賻儀), 근조(謹弔), 전의(奠儀) 등이다.

1) 결혼식

옛말에 "부부(夫婦)는 이성지합(二姓之合: 성이 다른 두 사람의 결합이라는 뜻으로, 혼인을 비유적으로 이르는 말)이요 만복지원(萬福之源: 모든 복의 근원)이다."라고 했다. 부부는 혼인 즉 결혼을 통하여 이루어지니 결혼식 행사는 결혼식 당사자는 물론 하객들이 모두 만족할 수 있는 축하의 자리가 되어야 한다.

(1) 결혼식 하객 복장

결혼식 날에 주인공은 신부와 신랑이며, 하객들은 그 주인공을 축하하기 위한 조연자로서 그 역할을 다해야 한다. 하객의 복장으로는 주인공보다 눈에 띄는 화려한 옷은 삼가는 것이 좋으며, 축하하는 자리인 만큼 깨끗한 정장이 적합하다. 아무리 가까운 사이일지라도 운동복이나 실내화 차림으로 참석하는 것은 예의가 아니다.

(2) 축의금

결혼식에 참가하는 사람이라면 축의금을 전달하는 것이 보편적이다. 결혼식장에 참석하는 것은 물론이고 결혼식 축의금 때문에 고민하는 경우도 있다. 적정한 축의금은 정해져 있지 않지만 축의금을 받는 자와 주는 자가 서로 부담을 느끼지 않는 정도로 본인의 형편이나 친분에 맞게 축의하는 것이 좋다. 축의금은 편지 봉투에 넣어 전달하는 것이 관례이며, 봉투의 전면에는 축의 문구 혹은 결혼 축하 메시지를 써서 결혼을 축하하고 뒷면 오른쪽 하단에는 신랑 혹은 신부 측이 알 수 있는 축의자의 소속과 이름을 쓴다.

2) 조문과 병문안

조문은 조상(弔喪)과 문상(問喪)을 합한 말로, 고인에게 예를 올리고 상주나 상제를 위문하는 행위를 말하며 병문안(病問安)은 앓고 있는 사람을 찾아가서 병세를 알아보고 위로하는 일을 말한다. 상가(喪家)는 고인을 추모하고 유족을 위로하는 엄숙한 자리이다. 상가에 들어서기 전에 핸드폰은 끄거나 진동으로 한다. 상가에서 지인을 만나더라도 큰 소리로 부르거나 말하지 않으며, 유족에게 고인의 사인이나 경위에 대해 물어보는 것은 실례가 될 수 있기 때문에 가능한 한 묻지 않는다.

(1) 조문에 적합한 말과 글

조문할 때는 평소보다 더욱 예의를 갖추어 상대방에게 결례되지 않도록 언어를 사용해야 한다. 특히 조문은 현대 사회에서 가장 중요한 인간관계 관리라는 말이 있을 정도로 슬픔을 함께 나누는 일만큼 관계를 깊어지게 하는 상황도 드물다. 이에 따라 관련 예절도 잘 익혀 실수하는 일을 줄이거나 없도록 해야 할 것이다. 조문 시 유족을 오랜만에 봤다고 해서 "오랜만입니다.", "수고가 많습니다.", "고생이 많으시네요." 등의 인사말을 하는 것은 적절하지 못하다. 가볍게 "슬픔이 크시겠습니다.", "삼가 고인의 명복을 빕니다." 등의 말로 슬픔에 젖어 있는 유족을 위로하는 것이 적합한 표현일 것이다.

상례 문화도 시대와 함께 변화했다. 상례 가운데 한 절차로 사람의 죽음을 알리는 글을 부고라고 한다. 옛날에는 인편 혹은 편지로서 죽음을 알렸는데 지금은 대부분 휴대전화 혹은 SNS 문자 메시지를 통하여 안내하는 것이 일반적이다. 이 안내를 받고 직접 조문하거나 SNS를 통하여 위로의 글을 남긴다. SNS 조문에 사용되는 메일 또는 문자에도 예절이 있어야 하며 "삼가 조문을 표시하며 고인의 유덕이 후세에 이어져 빛나기를 빕니다.", "뜻밖의 비보에 슬픈 마음 금할 길 없습니다. 머리 숙여 고인의 명복을 빕니다.", "평소 고인의 은덕을 되새기며 삼가 고인의 명복을 빕니다.", "큰 슬픔을 위로하오며 삼가 고인의 명복을 빕니다.", "부친/모친의 별세를 애도하며 삼가 고인의 명복을 빕니다.", "삼가 고인의 명복을 빕니다." 등의 조문 문구와 함께 위로한다.

(2) 조문 절차

조문 순서와 절차는 집안마다 또는 상례를 주도하는 종교마다 약간의 차이가 있으며 일률적 규칙이 없다. 사람마다 생각이 다를 수 있으니 내 생각과 다르다고 해서 논쟁할 필요는 없다. 조문은 상례를 집례하는 사람 혹은 상주의 안내에 따라 조문하는 것이 합리적인 절차이다. 통상 상가에 도착하면 먼저 조객록에 서명한 후 유족의 안내를 받는다. 외투를 벗고 빈소에 들어가 먼저 상주에게 가볍게 목례를 한 다음 영정 앞에서 분향(焚香: 향을 피움)이나 헌화(獻花: 꽃을 바침)한다. 단체로 왔을 경우 대표로 한 명만 분향 헌화해도 무방하다. 분향은 고인의 영정사진 앞에 무릎을 꿇고 앉아 향을 한 개 내지 세 개 정도 들고 촛불 등을 이용하여 향에 불을 붙이고 연기가 나게 끈 후 향로에 하나씩 꽂는다. 주의할 점은 너무 과하게 흔들거나 입으로 불어 끄지 않는다. 헌화 시에는 평소의 꽃 전달과 같이 꽃송이가 헌화자를 향하게 하도록 한다. 분향, 헌화가 끝나면 영정 앞에 공수(拱手: 두 손을 서로 어긋나게 겹쳐 마주 잡음)를 하고 절을 한다. 공수는 평상시와는 반대로, 남자는 오른손을 위로, 여자는 왼손을 위로 오게 하며 절은 두 번 한다.

조문 시 남자가 절하는 방법은 먼저 공수한 손을 눈높이로 올린다. 왼발을 조금 뒤로 빼면서 공수한 손으로 바닥을 짚고 무릎을 꿇는다. 몸을 앞으로 깊이 숙여 두 번 절을 한다. 여자가 절하는 방법에는 큰절도 있지만 보통은 평절을 한다. 공수한 손을 허리선에 둔 후 공수한 손을 풀어 바로 선 자세에서 무릎을 꿇고 앉는다. 양손으로 바닥을 짚으며 두 번 절을 한다. 조상이 끝나면 상주를 향해 선다. 상주와 맞절을 하거나 가볍게 목례를 하고 낮은 목소리로 짧게 “상심이 크시겠습니다.” 또는 “고인의 명복을 빕니다.” 등 위로의 말을 전한다. 조문을 끝내고 나올 때는 두세 걸음 뒤로 물러난 후, 몸을 돌려 나온다.

조문 시 유족에게 “안녕하세요.”와 같은 인사는 하지 않고, 유가족을 붙잡고 길게 얘기하지 않으며 큰 소리로 말하는 것을 삼간다. 조문이 끝나고 밖에서 따로 이야기를 나누는 것이 좋으며 고인의 사망 경위 등을 상세하게 묻는 것은 실례가 되는 행동이므로 자제한다. 또한 유족과의 친분으로 과하게 오열하거나 지나친 감정 표현 등은 부담을 주는 행위이므로 삼가야 한다.

(3) 조문에 적합한 옷차림

조문 복장 또한 갖추어 입기를 권한다. 남성과 여성 모두 검은색 차림의 옷이 적합하나 급하게 소식을 전해 듣고 오는 경우는 미쳐 갖춰 입지 못할 수도 있다. 이런 경우 여성이라면 과한 액세서리를 빼고 립스틱도 연한 색으로 바꾸거나 지우는 것이 좋다. 너무 화려한 스카프를 두르거나 노출이 심한 옷을 입거나 선글라스를 낀 채로 조문하는 것은 피한다.

(4) 부의금

결혼식 축의금과 마찬가지로 부의금도 조문하는 사람이라면 전달하는 것이 보편적이다. 적정한 부의금은 정해져 있지 않지만 축의금과 마찬가지로 서로 부담을 느끼지 않는 선에서 본인의 형편이나 친분에 맞게 부의하는 것이 좋다. 부의금은 편지 봉투에 넣어 부의함에 넣는다. 부의금 봉투의 전면에는 부의 문구(예: 부의(賻儀), 존의(尊儀), 근조(謹弔) 등) 혹은 간단한 애도 메시지를 써서 애도하고 뒷면 오른쪽 하단에는 조문 혹은 부의하는 자를 알 수 있는 부의자의 소속과 이름을 쓴다.

(5) 병문안에 적합한 말과 글

병문안은 조문만큼 큰 조사(弔事)는 아니지만 환자를 위로하고 빠른 쾌유를 바라는 마음으로 행하는 행동이다. 이러한 특성상 병문안할 때는 평소 습관대로 "안녕하세요." 혹은 "안녕하셨어요."라는 말을 하는 것은 상황에 맞지 않다. "좀 어떠신가요." 정도가 적당하다. 병문안을 마치고 나올 때도 "안녕히 계세요."라는 말보다는 "빨리 쾌차하시길 바랍니다.", "완쾌하시길 빕니다."라는 표현이 적합하다.

병환 중이라는 사실은 직접 전화 통화, 휴대전화 혹은 SNS 문자를 통하여 알게 된다. 이 안내를 받고 직접 병문안을 가거나 SNS를 통하여 위로의 글을 남긴다. SNS를 통한 위로에 사용되는 메일 또는 문자에도 예절이 있는데 "하루빨리 쾌차하여 더욱 건강해지시기를 기원합니다.", "편찮으시다는 소식 듣고 놀랐습니다. 하루빨리 건강을 되찾으시기 바랍니다.", "병환(이) 속히 나으시어 건강한 모습으로 우리에게 돌아오시기를 기원합니다." 등의 문장이 적합하다.

5. 글로벌 매너

다양한 문화가 존재하는 글로벌 시대에 보이지 않는 감정적 대립이나 이질감 해소를 위해 서로 다른 문화 구성원들이 갖추어야 할 중요한 능력 중 하나가 글로벌 매너이다. 매너는 글로벌 사회가 아니더라도 인간이 영위하는 사회생활에서 필수적이다.

타 문화권에서는 일상화된 행동양식인 매너가 우리에게는 생소할 수 있고 이들과의 문화적 의사소통에서 이 매너 또한 문화적 갈등을 야기할 수 있으므로 다양한 국가와의 관계 형성과 유지를 위해 글로벌 매너의 중요성을 인지해야 한다. 주요 나라별 매너 체크 포인트를 요약하면 다음과 같다.

1) 미국

미국은 개인주의 성향이 강하기 때문에 첫 번째 미팅 자리에서 가족 관계나 나이 등을 묻는 것은 무례한 인상을 줄 수 있으니 질문을 삼간다. 어느 정도 친밀도가 형성된 후라면 사적인 질문이 효과적인 비즈니스의 도구가 될 수 있다. 미팅 시 대화를 나눌 때는 적당한 거리를 두고 눈을 마주 보며 명확하게 의사를 전달하는 것이 중요하며, 미팅이 끝난 후에는 간단한 카드나 이메일을 통해 안부와 감사 인사를 전하면 호감도를 높이는 데 효과적이다. 집에 초대받는 경우에는 작더라도 센스 있게 포장한 꽃다발이나 과일 바구니를 선물하는 것이 일반적인데, 백합은 미국에서 '죽음'을 의미하는 꽃인 만큼 피하는 것이 좋다.

2) 일본

일본은 예의범절에 엄격하며 타인에게 피해를 주는 것을 극도로 꺼리는 문화를 갖고 있다. 이 때문에 상대에 대한 기본적인 배려를 철저히 숙지하고, 약속 시간을 엄수하며, 서류 등의 기한을 정확히 지키는 것이 무엇보다 중요하다. 미팅 시 인사를 나눌 때는 상체를 30도 정도 숙이면서 인사를 하는 것이 일반적이고, 명함 교환을 비즈니스의 중요한 과정으로 여기는 편이므로 명함은 항상 구비해 두는 것이 좋다. 일본에서 선물은 '정성'으로 통하기 때문에 적절히 활용하는 것이 좋은데, 선물의 가격보다 포장에 더 중점을 둔다. '포장은 마음을 전하는 남다른 것'이라고 의미를 부여하기 때문이다. 고위 인사끼리 선물을 주고받을 때도 비싼 물건 대신 소박한 기념품을 나누되 포장만큼은 정성을 다해 최고의 아름다움을 추구하는 편이다.

3) 중국

본격적인 미팅과 협상 전 서로 우호적이고 친밀한 관계를 맺는 것을 우선시하는 만큼 간단한 선물을 준비하고, 식사 예절을 파악해 두는 것이 현명하다. 중국은 짝수를 선호하기 때문에 선물은 가능하면 쌍으로 준비하고, 포장지는 행운을 의미하는 붉은색을 활용한다. 선물 아이템으로 탁상시계는 피하는 것이 좋다. 시계를 의미하는 '종(鐘)'과 종말을 뜻하는 '종(終)'의 발음이 같아 중국에서 시계는 부정적인 선물이라는 인식이 있다. 한편, 식사할 때는 자리 배치에 신경 써야 한다. 주로 원형 테이블에 앉는데, 출입문과 가장 가까운 쪽이 말석이고 안쪽 중앙이 상석이다. 상석 왼쪽부터 지위에 따라 차례대로 앉는 것이 일반적이다.

4) 인도

대다수 인도인은 다양한 주제로 대화하는 것을 즐기며, 비즈니스 미팅 시에도 스몰 토크를 중요시한다. 따라서 대화 주제를 미리 생각해 두는 것이 좋다. 인도인이 좋아하는 주제는 정치, 크리켓, 영화부터 경제성장 이슈까지 다양하다. 관련 주제에 대해 미리 준비하고 비즈니스에 임하면 원활한 관계 형성에 유리하다. 반면 카스트 제도와 종교 분쟁에 관한 이야기는 어떤 상황에서도 먼저 꺼내지 않는 것이 낫다. 인도에서 카스트 제도는 여전히 승진과 결혼, 취업 등에 어느 정도 영향을 미치는 신분제도로, 사회적으로 복잡하고 민감한 문제이기 때문이다.

5) 사우디아라비아

이슬람 문화권인 사우디아라비아의 비즈니스 매너 키워드는 인내심과 이슬람 문화에 대한 이해다. 약속 시간에 1시간 이상 늦거나 미팅 시작 후에도 긴 사담을 나누는 것이 일반적이라 여유로운 마음으로 임하는 것이 좋다. 종교적 공휴일과 예배 시간에는 비즈니스가 이뤄지지 않으므로 스케줄을 미리 파악해 미팅 시간을 정하는 것이 현명하다. 종교와 여성에 대한 질문은 큰 결례이니 특히 유의해야 한다. 대화할 때 여성을 쳐다봐서는 안 되며, 선물은 이슬람교에서 금기시하는 돼지가죽 제품이나 주류, 향수를 피해서 준비한다.

Chapter 06

리더십과 커뮤니케이션

1. 리더십의 개념과 구성 요소

1) 리더십의 개념

리더십이란 리더가 주어진 상황하에서 소속된 조직의 목적을 달성하기 위하여 구성원에게 목표지향적인 방향 제시와 자발적인 협력을 하도록 영향력을 행사하는 과정이라 할 수 있다(한형서, 2021). 리더십의 근본은 조직의 목표 달성과 더불어 구성원의 욕구와 조직의 응집력을 만들 수 있는 역량을 갖추는 것으로, 그 궁극적인 목적은 조직 구성원의 협력을 얻어 기업의 목적을 실현하는 데 있다. 따라서 유능한 경영자일수록 뛰어난 리더십을 갖추고 발휘한다.

2) 리더십의 구성 요소

리더십은 리더(Leader), 추종자(Follower), 상황(Occasion)으로 구성되며 각 구성 요소가 가진 특성은 다음과 같다.

(1) 리더

집단이나 조직 내부의 구성원들에게 영향을 주는 핵심 요소로 집단 또는 조직에 의해 공식적인 역할을 부여받는다. 이들은 조직의 목표와 과업을 수행하기 위해 분명한 목표의식과 비전을 중시하며 명석한 판단력과 결단력, 분석력 그리고 조직 구성원이 믿고 따를 수 있는 신뢰성과 추진력 등 월등한 자질과 능력을 갖춰야 한다.

(2) 추종자

집단의 구성원으로서 리더에 의해 영향을 받는, 리더보다 하위의 위치에 해당하는 대상을 의미한다. 리더십은 리더의 존재로만 이뤄지지 않으며 반드시 그를 추종하는 사람이 존재해야 한다. 리더가 아무리 좋은 아이디어와 강력한 의지, 통찰력, 판단력, 추진력 등을 겸비하고 있더라도 추종자가 없으면 쓸모가 없으므로 성공적인 리더의 필수요건으로 훌륭한 추종자가 필요하다.

(3) 상황

리더십은 조직을 이끌어 가는 과정에 발생하는 다양한 상황에 많은 영향을 받는다. 만약 상황이 혼란스럽고 불확실한 경우라면 카리스마적 리더십이 필요하겠지만 안정과 다양성을 필요로 하는 경우라면 민주적인 리더십이 요구된다. 그러므로 리더십은 리더, 추종자 그리고 주변 상황에서 발생하는 관계성에 영향을 받는다.

3) 리더십의 유형

시대에 따라 요구되는 리더십 유형이 달라지나 가장 고전적이고 일반적인 유형은 다음과 같다.

(1) 카리스마적 리더십

카리스마(charisma)의 어원은 그리스어의 'Kharisma'이다. 성서의 '성령의 은사', '신의 은총' 등에서 유래된 것으로, 이는 일반인들이 갖지 않은 천부적인 능력, 사람의 마음을 이끄는 독특한 힘이란 의미로 정의된다. 그러므로 카리스마적 리더십이란 평범한 사람들이 가지지 못한 천부적인 능력, 힘, 개인의 신비한 능력으로 타인을 이끌 수 있는 독특한 힘을 의미한다. 카리스마적 리더는 본인의 개성과 기술에 의지하여 팔로워(추종자)를 행동하게끔 하는 것으로 이들의 주요 특징으로는 자신감, 비전, 판단력, 창의성 등이 있다.

첫째, 성공한 리더의 대부분은 자신이 추진하는 일에 자신감을 가진다. 리더가 프로젝트 진행 시 긍정적 태도와 자신감을 가지고 일의 진행 상황을 확인할 경우 리더의 자신감이 팀원들에게 전달되어 긍정적 결과로 이어질 수 있다. 둘째, 카리스마가 탁월한 리더들은 목표 달성을 위한 방안과 노력 방법을 알아야 한다. 따라서 미래를 위한 개선 방법을 찾고 팀 구성원들에게 미래의 목표에 대한 비전을 제시하며 그것을 달성하기 위해 행동하도록 지도한다. 셋째, 리더는 자기가 제시한 목표를 성취하기 위해 최종적인 판단력을 가져야 한다. 여러 가지 환경적 변화와 도전에 직면하더라도 추진력을 갖고 리더로서 현명한 판단을 내려야 한다. 넷째, 카리스마적 리더는 틀에 얽매이지 않고 위험을 두려워하지 않으며 문제 발생 시 창의적인 해결방안을 강구하는 경향이 있다. 강력한 리더는 문제가 발생했을 때 허둥대지 않고 문제 해결을 위한 다각도의 방법을 찾는다.

(2) 거래적 리더십

거래적 리더십은 리더와 조직 구성원 간의 비용과 효과의 교환적 거래관계를 바탕으로 이뤄진 리더십이다. 리더가 구성원에게 기대하는 명확한 목표 제시와 제시된 목표를 달성하였을 경우 얻게 될 보상 내용을 명시하며, 조직 구성원은 보상의 가치를 인식함으로 인해 목표를 달성하기 위한 노력을 한다. 거래적 리더십의 구성 요소로 조건적 보상(Contingent reward)과 예외적 관리(Management by exception)를 들 수 있다. 조건적 보상은 조직 구성원이 리더가 제시한 목표 기준에 걸맞은 성과를 이루었을 때 동기부여를 위한 인센티브 또는 보상을 제공하는 것으로, 조직의 효율적인 관리방법으로 실질적 효과를 기대할 수 있다. 예외적 관리는 어떤 예외적인 사건이 발생하였을 때 리더가 개입하여 업무에 관련된 문제점이 무엇인지 구체적으로 제시하고 리더가 요구하는 기준을 명확히 전달하여 업무를 수행할 수 있게 하는 것이다. 조건적 보상은 긍정적 피드백이며 예외적 관리는 부정적 피드백에 해당한다.

(3) 변혁적 리더십

변혁적 리더십은 조직 구성원들의 가치관, 행동규범, 윤리관, 정서, 장기적 목표 등을 변화하게 함으로써 개인과 조직의 변화를 수행하기 위한 혁신적 과정이다. 이는 조직 구성원들의 목표와 성과에 도달하기 위한 동기부여를 목적으로 한다. 변혁적 리더십은 카리스마, 개별적 배려, 영감적 동기부여, 지적 자극으로 구성된다.

카리스마는 변혁적 리더십의 가장 중심적인 구성 요소로 리더가 제시한 목표를 구성원들이 실행하도록 만드는 특별한 능력을 말한다. 따라서 카리스마를 가진 리더는 구성원들이 직무에 전념하고 조직에 충성심을 가지도록 만든다. 개별적 배려는 구성원 개개인이 가지고 있는 욕구와 능력의 차이를 존중하는 것으로, 그들이 추구하는 욕구 수준을 향상시키고 그들로 하여금 높은 성과를 성취할 수 있도록 잠재력을 개발해 주는 행동이다. 영감적 동기부여는 구성원에게 조직의 비전과 사명에 대한 가치 부여를 촉진하는 것으로 구성원과 함께 공동 목표를 달성하기 위해 동기를 부여하는 것이다. 지적 자극은 구성원의 행동을 직접적으로 변화시키기보다는 믿음과 가치, 문제 인식과 해결, 상상력과 창의성 등에 있어 구성원 스스로 변화할 수 있도록 자극하는 리더의 행동을 말한다.

(4) 서번트 리더십

21세기에 가장 주목받는 리더십 중의 하나로 헌신적인 태도가 리더의 조건이다. 조직에서 앞장서서 행동하고 본보기가 되는 것이 훌륭한 리더의 자질로 평가된다. 리더는 자신이 봉사자라는 의식으로 출발하기 때문에 섬김받고 싶은 욕구보다 먼저 배려와 섬김의 태도를 갖는 것이 필요하다. 따라서 리더는 조직체를 이끌어 갈 때 조직 구성원들이 정신적·육체적인 편안함을 느낄 수 있는 환경 조성에 도움을 주며, 구성원 개개인의 잠재력을 최대한 발휘할 수 있도록 지원해 줌으로써 공동목적 달성과 공동체 형성을 위한 역량을 발휘하도록 관리하고 지도한다. 서번트 리더십은 경청, 공감, 치유, 인지, 설득, 비전 제시, 통찰력, 봉사의식, 구성원의 성장, 공동체 형성 등의 특징을 가지고 있다.

경청은 상대와의 관계를 친밀하게 구축하는 데 기본이 되는 사항으로 리더는 경청을 통해 중요한 지식을 얻을 수 있으며 구성원의 욕구를 명확히 파악할 수 있다. 공감은 조직 사회에서 차원 높은 이해심이라고 할 수 있는 것으로, 구성원의 감정을 이해하고 그들이 필요로 하는 것이 무엇인지 인지하여 적절한 대응과 해결책을 제시한다. 치유는 구성원들의 정신적인 상처를 치유하고 그들을 긍정적으로 변화시키는 것으로 리더는 구성원들이 불편함 없이 업무수행을 할 수 있도록 최상의 심리 상태를 유지하는 데 관심을 가지고 배려해야 한다. 인지는 다른 사람들보다 주변 환경에 대해 더 많은 지식을 갖추는 것으로 어떠한 상황에서나 영향을 주는 요인들과 전체적 상황을 잘 파악하는 것이다. 설득은 리더의 권위나 지시가 아닌 대화와 상대에 대한 존중을 통해 다가가는 것으로 리더는 의사결정 과정에서 구성원들의 의견을 경청하고 문제 발생 시 설득력을 발휘하는 것이 중요하다. 그리고 리더는 현 상황에 대한 정확한 분석과 비전을 제시하고 그 비전을 명확한 목표와 연결하여 제시할 수 있어야 한다. 통찰력이란 리더가 조직이 당면한 여러 가지 현안과 문제를 정확히 진단하고 판단하는 능력이다. 리더의 직관과 통찰력은 미래의 비전 제시에 필요한 요소이므로 중요하다. 봉사의식은 서번트 리더의 매우 기본적인 자세로 구성원들을 위해 자원을 관리하고 봉사해야 한다. 따라서 리더는 조직의 성과 창출과 구성원들이 업무를 통하여 보람을 찾는 것을 함께 고려하여야 하며, 구성원들에게 적절한 성장의 기회를 제공하고 적극적인 지원을 해 줌으로써 구성원들 스스로 역량 개발을 할 수 있는 환경을 조성해 주는 것이 필요하다. 마지막으로 공동체란 구성원들이 자신이 하고 있는 업무와 그 업무가 가진 의미를 알고 다 같이 공유하는 역동적인 시스템을 말한다. 따라서 리더는 구성원들 간의 적극적인 의사소통과 협력을 촉진하는 공동체를 구축하기 위해 노력하는 것이 중요하다.

4) 성공적인 리더십

주어진 환경 내에서 인적·물적 자원을 효율적으로 운영하고 관리하여 조직의 목표를 달성하는 것이 성공적인 리더의 역할이다. 조직의 목표 달성을 성공적으로 이끌기 위한 리더의 자질과 원칙은 다음과 같다.

(1) 리더의 자질

리더십의 본질은 조직의 미래에 대한 비전을 제시하고 이를 구성원들에게 강하게 확산시킴으로써 구성원들의 역량을 한 방향으로 모아 큰 성과를 창출하는 데 있다. 따라서 리더는 다음과 같은 자질이 요구된다. 첫째, 뚜렷한 비전 제시이다. 리더는 명확하고 구체적인 비전을 제시함으로써 구성원들의 협력을 유도하고 개개인의 조력이 공동의 성공을 이끌어 낼 수 있음을 뚜렷하게 보여준다. 둘째, 탁월한 열정이다. 훌륭한 리더들은 자신의 내면에서 솟아나는 열정과 진취성, 긍정적 태도로 조직을 이끌어 간다. 리더의 열정은 조직 전체를 열정적으로 변화시키고 변화를 통한 성과의 극대화를 가능하게 해 준다. 셋째, 동기부여를 일으키는 능력을 지니는 것이다. 훌륭한 리더는 좋은 인재를 발굴하여 그들의 자질과 재능, 역량을 파악하고 권한을 위임함으로써 구성원들 개개인이 주인의식을 가지고 일을 할 수 있도록 한다. 구성원의 성실함과 주체적인 태도, 열정, 성과에 대해 충분히 인정받고 보상받는다는 신뢰를 줌으로써 업무 성취에 대한 동기부여가 될 수 있게 한다. 넷째, 열린 마음으로 변화와 혁신에 주도적으로 참여하여 경쟁력을 갖춘다. 복잡하고 역동적인 시대에 새로운 아이디어와 시도를 열린 마음으로 받아들여 혁신을 이루어 낸다. 다섯째, 높은 인격과 공감 능력이다. 좋은 성품과 올바른 인격을 갖추지 않고서는 구성원들의 신뢰와 존경을 받지 못하며 리더의 영향력을 행사하기가 어려우므로 겸손과 배려의 덕목을 갖추어야 한다. 리더의 섬세한 감성과 공감 능력을 통해 구성원 각각의 다양한 개성과 가치관을 이해하고 수용함으로써 자연스러운 성과 창출을 가능하게 한다.

(2) 유능한 리더의 원칙

유능한 리더가 되기 위한 원칙은 다음과 같다. 첫째, 성숙한 판단력을 가지고 의사결정을 한다. 둘째, 명확한 목표와 비전을 제시한다. 셋째, 말과 행동을 일치시킨다. 넷째, 팔로워십, 즉 일방적인 지시와 명령이 아닌 구성원들의 의견을 경청하고 반영할 수 있는 열린 커뮤니케이션을 지향한다. 다섯째, 구성원을 신뢰하고 동기를 부여한다. 마지막으로 스스로 리더십을 평가하고 되돌아본다.

2. 설득과 소통의 커뮤니케이션

커뮤니케이션의 어원은 '공유(share)' 또는 '공통의(common)'라는 의미의 라틴어 '커뮤니스(communis)'에서 유래되었다(정기수, 구인성, 2021). 커뮤니케이션은 송신자와 수신자 사이에서 상징을 통해 정보와 의미가 교환되는 과정이라고 정의할 수 있는데 이는 두 명 이상의 관계자들이 언어적 또는 비언어적 소통 수단을 통해 서로의 의사와 감정을 전달하고 반응을 주고받으며 서로를 이해해 나가는 상호작용 과정이다. 따라서 효과적 커뮤니케이션을 통해 설득과 소통이 원활하게 이루어질 수 있다.

1) 설득의 효력

설득은 광의적 의미로는 상대방의 견해와 태도, 행동 등에 대해 자신에게 유리하도록 유도하는 심리 수단의 계획적 사용이라는 의미를 가지며 협의적 의미로는 특정 대상과 특정 목표를 두고 자신에게 유리한 상황을 만든다는 의미를 포함하고 있다. 설득의 효력은 다음과 같다.

(1) 합법성

사람들이 이의를 제기하지 않고 당연하다고 인정하는 법과 규범, 규정 등에서 발휘되는 설득력을 말하는 것으로 문제나 갈등 상황에서 중요한 역할을 한다. 합법성의 힘을 인정하는 예로는 각종 서류에 서명, 날인하는 것을 들 수 있다. 이는 법적 책임을 지겠다는 의사 표현으로 모든 경제적·사회적 문서에 대한 서명날인은 법적 효력이 발생한다.

(2) 윤리성

도덕적 기준에 적합할 경우 발휘되는 설득력으로 윤리성 결여로 인해 한순간에 쌓아 온 명성이 무너질 수도 있다. 그 사례로 미투 운동은 윤리성의 힘이 얼마나 강력한 것인지를 단적으로 입증해 준 사건이다.

(3) 전문성

직무와 관련된 지식, 기술, 경험, 독보적 정보 등에 바탕을 둔 설득력을 말한다. 이는 교수, 의사, 검사, 기술사, 컨설턴트 등과 같은 전문직 종사자는 물론 중요한 프로젝트를 진행한 경험이 있는 사람들이 발휘하는 힘이다.

(4) 선례

과거의 사례나 관행 등에 의해 발휘되는 설득력을 말하는 것으로 특별한 선택기준이 없을 경우 과거의 사례나 관례를 참고하여 일을 처리하는 것을 말한다.

(5) 인내

인내를 가지고 오래도록 버팀으로써 목적을 달성하는 것을 말한다. 강인한 의지와 실행력은 리더에게 카리스마를 주어 힘을 발휘하게 한다.

2) 설득의 심리학적 원리

설득을 위해서는 상대방이 진정으로 가치가 있다고 생각하는 것, 즉 동기유발을 시킬 수 있는 심리적 요인들을 알아야 한다. 사람들이 주어진 상황에 대해 어떤 인식과 평가를 하는가에 대한 심리학적 원리 이해는 설득을 위한 커뮤니케이션에서 매우 중요하다. 설득원리(김명혜, 2020; 나은영, 2002)에 대한 이론을 종합하여 활용성이 많은 것을 중심으로 살펴본 설득의 심리학적 원리는 다음과 같다.

(1) 선택적 지각

사람들은 사물과 현상을 있는 그대로 정확하게 지각하는 것이 아니라 자신의 가치관이나 신념, 관심, 욕구, 경험 등에 의해 선택적으로 지각한다. 이는 자신에게 중요한 정보만 받아들이는 것으로, 자녀의 졸업사진에서 자신의 아이를 바로 찾아내는 것을 예로 들 수 있다. 따라서 누군가를 설득해야 할 경우 상대방의 가치관과 신념, 관심사를 파악하는 것이 중요하다.

(2) 일관성

일관성이란 말과 말, 말과 행동, 태도나 신념, 태도와 신념들과 행동 등 두 개 이상의 요소가 일치하는 정도로, 이들 사이에 일관성이 유지되어야 심리적인 편안함을 준다. 특히 교육과 지식수준이 높을수록 일관성을 유지하려는 욕구가 강하므로 이러한 사람들의 설득에는 이러한 심리를 활용하는 것이 효과적이다.

(3) 사회적 증거

사회적 증거에 의한 효과는 안전 욕구와 모방 심리에서 비롯된 것으로, 사람들은 흔히 다수의 편에 있어야 심리적인 안정감을 느낀다고 한다. 특히 물건 구매 시, 행동 방향 설정 시 그에 대한 확실한 판단기준과 결정을 하지 못하는 사람일수록 타인의 결정에 따르려는 경향이 강하다. '가장 많이 팔린', '천만 관객 돌파', '줄 서서 먹는 식당' 등과 같은 광고 카피는 사회적 증거 효과와 관련된 심리적 효과를 기대한 것으로 설득에 효과적이다.

(4) 희소성

사람들은 어떤 물건 또는 대상이 희소성이 있을수록 그 가치를 높게 평가하는 경향이 있다. 마케팅 전략으로 제품을 소량만 생산한 뒤 이를 제한된 기간에만 판매함으로써 소비자들에게 꼭 필요한 제품이 아닌데도 불구하고 이 기회를 놓치면 후회할 것 같다는 느낌을 주어 충동 구매를 유도하기도 한다. 이는 희소가치를 활용하여 소비자들을 설득하는 데 효과적이다.

(5) 호감

사람들은 자신에게 호의적인 사람, 친근한 것, 자신과 일치되는 부분이 있는 상대에게 더 호감을 가지는 경향이 있다. 같은 학교, 같은 취미, 같은 성격 등의 주제로 대화함으로써 서로의 배경에 대한 주제나 상대방의 얘기에 동감을 표시하고 정서적 동질감을 유도하는 것은 설득에 효과적이다.

3) 의사소통 기술

의사소통이란 두 사람 이상의 관계 당사자들이 자신의 신념, 정보, 의견, 사실 등을 언어적 또는 비언어적 의사소통 수단을 통해 전달하고 상대방의 반응을 확인하여 서로를 이해해 가는 상호작용 과정이다(이재희, 2021). 따라서 효과적인 의사소통 기술을 잘 습득한다면 상호 간에 교환되는 메시지의 내용을 잘 이해하여 긍정적 대인관계 형성에 도움을 줄 것이다.

(1) 의사소통 환경

공간과 시간 등의 환경적 요인은 서로 간의 의사소통에 영향을 미치는 요인이다. 대화 시 소음과 거리 등 물리적 환경 장애의 경우 메시지 전달에 많은 영향을 미쳐 상대방의 메시지의 내용을 왜곡할 가능성이 있다. 따라서 의사소통에 장애가 될 수 있는 환경을 제거하여 소통의 왜곡을 방지하는 것이 중요하다. 특히 공간적 거리는 심리적 거리라고도 한다. 사람과 사람의 거리는 친밀 간격, 개인 간격, 사회적 간격, 공적 간격 등의 공간으로 분류되며 이는 개개인의 친밀도 정도에 따라 편안함을 느끼는 거리로 구분된다. 따라서 대인관계 시 친밀감의 정도에 따라 적절한 거리를 유지할 경우 상대방에게 편안한 사람으로 인식될 수 있다.

(2) 대화의 기술

대화할 때는 상대방이 싫어하는 것은 삼가고 좋아하는 행동으로 대화하는 것이 중요하다. 상대와의 원활한 의사소통을 위한 대화 방법으로는 말 끊지 않기, 조언이나 충고 미루기, 적절한 반응, 관심 유지하기, 핵심 파악하기의 다섯 가지 원칙이 있다. 첫째, 대화할 때 상대의 말을 중간에 자르지 않고 말을 끝낼 때까지 기다리는 것은 대화의 기본 예의이다. 상대가 말을 하는 중간에 끼어들어 자기 말을 할 경우, 말을 하고 있던 상대방은 기분이 좋지 않게 되므로 소통을 잘하기 위해서는 말을 잘 들어 주는 것이 중요하다. 둘째, 조언이나 충고는 상대방의 이야기가 끝난 뒤에 하는 것이 좋다. 셋째, 상대방의 이야기에 호기심을 가지고 집중하여 이야기가 끝날 때까지 관심을 유지하여야 한다. 넷째, 상대방이 자신의 의견을 말할 때 적절한 반응을 보이는 것이 필요하다. 무반응으로 듣고 있으면 상대방은 자신의 의견이 잘 전달되고 있는지 궁금하고 답답할 것이다. 따라서 말 또는 몸짓, 동작으로 상대의 이야기를 집중해서 듣고 있다는 것을 표현해야 한다. 예를 들자면 눈 마주침, 음성반응(“와!”, “세상에”, “그렇구나” 등), 맞장구(“그러게 말이야”, “나라도 그렇겠다” 등), 고개 끄덕임을 통해 상대방의 이야기를 잘 듣고 있다는 표현을 한다. 다섯째, 상대의 이야기를 주의 깊게 경청하면서 그가 주장하고자 하는 핵심 내용이 무엇인지, 진정으로 말하고자 하는 의도는 무엇인지 파악하려는 노력이 필요하다. 상대의 말의 핵심을 찾아내기 위해서는 반복, 요약과 같은 적극적인 경청 방법을 활용하거나 메모를 하는 방법도 효과적이다.

(3) 경청

미국 방송인 래리 킹(Larry King)은 토크쇼의 황제라 불리는데, 그가 대화의 규칙에서 첫 번째로 내세운 것이 경청이다. 경청은 효과적인 의사소통을 위해 매우 중요한 부분이며, 모든 인간관계의 기본적인 행동으로서 대인관계 개발과 유지, 문제 해결, 의사결정의 핵심적인 요소이다.

(4) 피드백(Feedback) 기술

피드백은 의사소통 과정에서 서로 간의 생각과 정보가 정확하게 전달되었는가를 확인하는 역할을 한다. 이는 과거의 행동과 성과에 대한 평가 또는 질책의 의미보다는 앞으로의 성장과 발전을 이루기 위한 미래지향적인 활동이다. 피드백의 유형, 피드백의 조건과 규칙 그리고 요령에 대해 알아보자.

가. 피드백의 유형

피드백의 유형에는 강화, 조언, 침묵, 비난이 있다. 강화는 타당한 행동이나 결과에 대한 지지와 격려를 통해 상대방의 자신감을 향상시키고 동기를 강화시켜 성과 향상에 영향을 미치는 적극적 피드백이다. 조언은 기대에 부합되지 못한 행동 또는 결과에 대해 보완 방법을 제시하거나 권유하는 유형으로 잘못된 행동에 대한 교정을 통해 성과 향상에 도움을 줄 수 있다. 침묵은 상대방의 행동에 대해 어떤 반응도 하지 않는 유형으로 상대에게 자신감 하락과 불안감을 느끼게 한다. 비난은 기대에 부응하지 못하는 행동과 결과를 규명하고 지적하는 유형으로 변명과 핑계, 저항을 유발한다. 이 경우 행동 또는 성과를 왜곡하고 상황을 회피하게 되며 서로 간의 관계를 악화시키게 된다.

나. 피드백의 조건

바람직한 피드백은 초점과 적합성, 타이밍의 3가지 핵심 조건이 충족되어야 한다. 첫째, 피드백은 관찰된 특정 행동 또는 성과 이슈에 초점을 맞추어야 한다. 상대의 인격 또는 능력에 대한 판단이 아니라 객관적 사실에 기반하여 성공적인 성과나 적절한 행동에 대한 인정과 칭찬 그리고 부진한 성과나 바르지 못한 행동에 대한 개선 요구에 초점을 맞춘다. 둘째, 피드백은 주제에 빗나가지 않으면서 상황에 따라 적합한 메시지를 담아야 한다. 행동의 개선이나 성과의 부진을 해소할 수 있는 유용한 정보 또는 실질적 조언의 제시가 이루어져야 한다. 또한, 상대의 눈높이에 맞춘 피드백으로 상대가 소화하기 힘들 정도로 많은 양의 피드백을 한 번에 제공하지 않아야 한다. 셋째, 피드백은 적합한 시기에 적절한 상황에서 실행되어야 한다. 타이밍(Timing)은 시간적인 의미뿐만 아니라 상대가 피드백을 받아들일 심리적 상태가 되어 있는지, 피드백을 할 장소와 분위기가 적절한지 등의 물리적 환경도 포함된다.

다. 피드백의 규칙

피드백을 할 때는 사람의 인격에 대한 판단이 아니라 관찰이 가능한 특정 행동에 대해 자세하고 구체적이며 긍정적인 피드백을 한다. 또한 비난을 위한 피드백이 아니라 도움을 줄 수 있는 실질적인 조언을 제시하고, 강요하기보다는 사실을 고지하고 스스로 판단이 가능하도록 권고하는 것이 좋다.

라. 피드백 받는 요령

피드백은 평가와 질책의 의미가 아니라 앞으로의 성장과 발전에 영향을 주는 미래지향적 행동이므로 이를 실행하는 것도 중요하지만 피드백을 받는 사람이 받아들이는 태도와 생각도 피드백이 미치는 효과에 많은 영향을 준다. 그러므로 열린 마음으로 겸허히 피드백의 내용을 받아들이는 노력을 한다.

4) 설득과 소통을 위한 성공적 프레젠테이션

프레젠테이션이란 정해진 시간 동안 상호 간의 목표를 이루기 위해 발표자가 이해 관계자에게 사실과 정보, 의견 등을 발표하고 설득하는 과정이다. 프레젠테이션의 핵심 목표는 상호 간의 성장에 보탬이 되는 프로젝트를 기획하고 이와 관련된 이해 관계자를 설득하여 프로젝트를 실행함으로써 서로가 더 나은 미래를 영위하는 것이다. 프레젠테이션을 성공적으로 이끌게 하는 구성 요인과 효과적 프레젠테이션 작성을 위한 프로세스는 다음과 같다.

(1) 성공적인 프레젠테이션 요인

프레젠테이션을 성공적으로 이행하기 위해서는 프레젠테이션을 어떤 형식으로 구성하는지가 중요하다. 학자에 따라 구성요인을 7P 요인(김명혜, 2020), 4P 요인(이재희, 2021)으로 분류하고 그 구성과정에 대해 분석하였다. 본 서에서는 학자들의 주장을 종합하여 목적(Purpose), 발표자(Presenter), 청중(People), 발표 장소(Place)의 4P 요인으로 구성하였다. 각 구성요인에 대한 구체적인 내용은 다음과 같다.

① 목적: 프레젠테이션은 확실하고 정확한 목적과 목표를 가지고 있어야 하며 청중의 동기와 요구하는 내용을 토대로 구성하고 개발되어야 한다. 이에 객관적인 사실과 사례 그리고 확실한 자료를 기반으로 한 내용으로 차별성과 참신성, 진취성의 3가지 측면에서 개발되어야 한다. 프레젠테이션의 전개 방식은 핵심적인 내용을 중심으로 하여 논리적이고 체계적으로 구성되어야 한다.

② 발표자: 발표자는 프레젠테이션의 성과 여부에 영향을 주는 요인으로 발표자가 가진 프레젠테이션의 핵심 내용에 대한 전문적 지식과 다양한 경

험은 성공적인 프레젠테이션 결과를 만드는 데 결정적 역할을 한다. 또한, 발표자가 가진 열정과 자신감, 청중이 프레젠테이션에 몰두하게 만드는 다양한 테크닉은 프레젠테이션의 성공과 실패에 큰 영향을 준다.

③ 청중: 자발적으로 프레젠테이션에 참여한 청중은 프레젠테이션에 대한 몰입력이 높지만 다양한 상황으로 비자발적으로 참여한 청중의 경우 몰입력이 낮다. 따라서 청중의 참여 상황은 프레젠테이션의 성과에 큰 영향을 미치는 요인이다.

④ 발표 장소: 발표 장소의 위치, 시청각 시설 모두가 발표 장소에 포함된다. 발표장의 크기, 배열 상태, 시청각 기자재인 마이크와 빔프로젝터 등은 프레젠테이션 효과 결정에 직접적인 영향을 미치는 요소이다. 따라서 사전 점검이 꼭 필요하다.

이와 같이 효과적인 프레젠테이션은 목적이 명확하고 내용이 우수하며 발표자가 전문성과 열정이 있고 청중의 참여도와 발표 장소의 적합성 등이 잘 조화되었을 때 가능하다. 따라서 목적(Purpose), 발표자(Presenter), 청중(People), 발표 장소(Place)는 성공적인 프레젠테이션을 위한 중요한 구성요인이다.

(2) 프레젠테이션 과정

프레젠테이션의 기획과 실행을 위한 단계별 순서는 목적 설정, 정보 수집 및 청중 분석, 내용 개발, 자료 개발, 연습과 점검 및 실행의 6단계로 이루어진다. 단계에 따라 이행되어야 할 내용은 다음과 같다. 1단계에서 프레젠테이션의 목적을 설정하고 청중을 설득할 핵심 콘셉트를 개발한다. 2단계에서는 프레젠테이션 주제와 관련된 자료와 정보를 수집하고 분석한다. 정보 수집 대상은 청중, 프레젠테이션 평가 기준, 타 발표자, 발표 시간, 발표장의 상황 등이며 정보 분석은 청중을 중심으로 준비하여야 한다. 3단계는 내용 개발로 서론, 본론, 결론으로 구성하여 각 단계별 세부 목차를 만든 뒤 목차별로 내용을 개발하고 계열화한다. 4단계는 자료 개발로 프레젠테이션 내용을 효과적으로 전달하기 위해 시각적 자료를 개발한다. 청중에게 시각적 자료 제시는 청각에 의한 정보 제시보다 신속, 정확하고 오래도록 기억에 남는다. 5단계는 연습과 점검으로 프레젠테이션 과정 중 발생할 수 있는 돌발상황과 실수를 대비하기 위해 충분한 연습과 점검을 실시한다. 스피치 연습을 비롯해 실제로 프레젠테이션을 하듯이 실전 연습을 실시한다. 6단계 실행에서는 스피치, 보디랭귀지, 발표 불안증 대처 방법 등의 효과적인 프레젠테이션 테크닉을 습득하여 현장에서 적용한다.

(3) 성공적인 프레젠테이션 실전

프레젠테이션을 실전에서 성공적으로 끝내기 위해서는 말하는 방법과 신체언어(보디랭귀지) 그리고 발표 시 불안증에 대한 대응책을 마련해야 한다.

가. 프레젠테이션 화법

프레젠테이션을 위한 화법으로는 자연스러운 말투와 화법 변화, 발음의 정확성이 요구된다. 구체적으로 살펴보면 첫째, 자연스러운 말투로 평소 대화하듯이 청중과 상호작용을 하며 자연스럽게 말을 하는 것이 중요하다. 말의 속도와 목소리 톤 등을 조정하면서 핵심 내용을 강조한다. 둘째, 화법에 변화를 주어 발표 시 화법의 단조로움을 피해야 한다. 어조의 변화 없이 반복되는 말투는 청중을 지루하게 하거나 관심을 다른 곳으로 돌리게 한다. 따라서 억양의 조절, 속도의 완급 조절을 하고 발표 장소와 청중의 수를 고려하여 목소리 크기를 결정한다. 셋째, 사람에 따라 습관화된 의미 없는 말의 반복이나 듣기 거북한 소리 등 언어적 습관이 있다. 예를 들면 '저~, 그~, 에~, 음~, 그리고, 어쨌든' 등의 말이다. 이런 말은 발표 연습을 통해 사용하지 않는 것이 좋다. 넷째, 목소리를 관리한다. 거칠고 갈라진 목소리는 듣기에 좋지 않으므로 음주나 흡연, 큰 소리로 노래하는 것을 피한다. 이런 행동들은 성대에 부담을 주기 때문에 하지 않는 것이 좋으며, 따뜻한 물, 모과차, 생강차 등을 자주 마셔 목소리를 관리한다. 다섯째, 발표 시 직접화법을 사용하여 발표에 대한 믿음을 주어야 한다. '아마~, ~일지 모른다, ~라고 합니다' 등과 같은 간접화법의 사용은 자신감이 없어 보이며 발표 내용에 대한 신뢰감이 줄어든다. 마지막으로 발표 주제나 내용이 바뀔 경우 다른 주제와 관점으로 이동하는 것을 알려서 논의를 자연스럽게 이동할 수 있게 한다.

나. 신체 언어(보디랭귀지)

외모와 복장, 표정, 시선 처리, 자세와 제스처 등 비언어적 메시지도 프레젠테이션 효과에 많은 영향력을 미친다. 발표에 적합한 복장으로는 청중에게 위화감을 주지 않는 수준으로 고급스러우면서 보수적인 차림이 좋다. 신분증이나 배지의 착용은 발표자에 대한 신뢰감 형성에 도움이 된다. 표정은 상대에게 호감 여부를 결정하는 데 중요한 영향을 미친다. 미소 짓는 얼굴은 발표 시 이상적인 표정으로 사람들에게 유쾌한 기분이 들도록 하며 발표자의 자신감이 있어 보여 청중을 압도하는 느낌을 준다. 또한, 얼굴 표정은 내용에 따라 적절한 변화를 주는 것이 중요하므로 발표 내용과 일치하는 표정을 짓는 것이 필요하다. 발표 시 많은 청중이 있더라도 그중 한 사람과 이야기한다는 느낌으로 시선 처리하여 자연스럽게 발표한다. 그러나 너무 한 곳만 바라보는 것은 좋지 않으므로 시선을 지그재그로 적절하게 분배하여 여러 사람과 골고루 마주 보는 것이 효과적이다. 자세는 편안하게 하고 발표 내용에 적합한 제스처를 하는 것이 이상적이다. 발표 시 자세는 어깨너비로 두 발을 벌리고 양발에 체중을 균등하게 실은 상태에서 허리를 바르게 하여 편안하게 서는 것이 좋다. 한쪽으로 치우치게 서거나 청중에게 등을 보이는 자세는 피하고, 몸을 너무 산만하게 움직이는 것은 청중에게 주의를 분산시키는 결과를 초래하므로 하지 않는 것이 좋다.

다. 발표 불안증 대처 방법

발표 시 불안증은 누구나 겪는 자연적 현상으로 정도의 차이만 있을 뿐이다. 발표 시 나타나는 불안증 극복을 위한 방법은 다음과 같다(송지희 외, 2021). 첫째, 기회가 될 때마다 청중 앞에 서는 경험을 많이 쌓아 긍정적 감정, 부정적 감정 등 여러 감정을 느껴 보는 훈련을 한다. 둘째, 발표 내용에 대한 철저한 준비와 많은 연습을 통해 자신감을 얻는다. 셋째, 긍정적 자기 암시를 통해 불안감을 해소하여 심리적 안정감을 찾는다. 넷째, 시청각 자료를 효과적으로 활용한다. 시청각 자료를 활용하면 청중을 바로 보지 않아도 되며 청중의 흥미 유발에도 도움이 된다. 또한 청중의 호응을 통해 긴장감도 사라지고 자신감도 생기게 된다.

Chapter 07

컬러 이론과 스타일링

1. 컬러 체계

우리를 둘러싼 환경은 무수한 색채로 가득하며, 이들 색채는 일상생활의 많은 부분에 영향을 미친다. 자연에서부터 도심 속 건물, 사람들의 의복에 이르기까지 우리가 접하는 모든 대상은 각각의 색채를 지니고 있다. 우리는 어떤 대상을 볼 때 대부분 색채와 함께 형태나 질감, 용도 등을 복합적으로 인식하는데, 이처럼 대상의 색을 보고 느끼는 감각을 색지각이라고 한다.

색은 크게 무채색과 유채색으로 분류할 수 있다. 무채색은 색감이 없는 계열의 색으로서 흰색과 명도가 다른 여러 단계의 회색 및 검정에 속하는 색을 의미한다. 그리고 유채색은 무채색을 제외하고 색감을 지닌 모든 색을 말하는 것으로 색상, 명도, 채도의 속성을 갖고 있다.

색의 수는 수없이 많으므로 분류나 정리, 기록 또는 전달을 위해서 기준이 필요하며, 색상, 명도, 채도는 색을 결정하는 주요 요소이다.

1) 색상(Hue)

무지개에서 볼 수 있는 빨강, 주황, 노랑, 초록, 파랑, 남, 보라 등과 같은 색 감각의 성질을 갖는 속성으로 유채색에만 있다. 색상을 순환적으로 배열하면 색상환이 된다.

2) 명도(Value)

색채의 밝고 어두운 정도를 나타내는 것으로 그레이 스케일(gray scale)이라고도 부른다. 색감이 없고 선명함도 없는 무채색을 기준으로 해서, 빛을 전부 흡수하는 이상적인 흑을 0, 빛을 전부 반사하는 이상적인 백을 10으로 표기한다. 그리고 그 사이의 밝음의 단계를 감각의 차이가 같은 간격이 되도록 분할해서 10, 9, 8…과 같은 기호로 나타낸다. 일반적으로 밝은색은 고명도의 색, 어두운 색은 저명도의 색, 또 중간쯤 밝은색을 중명도의 색이라고 한다. 유채색의 명도는 유채색의 밝기 정도가 무채색의 기준과 동등한 지점의 명도 기호로 나타낸다.

3) 채도(Chroma)

색의 맑고 탁함, 선명도를 나타내는 척도로 유채색에만 있다. 색의 농담, 흐리거나 맑음 등은 모두 채도의 고저(高低)를 가리키는 말로서 어떠한 색상의 순색에 무채색의 포함량이 많을수록 채도가 낮아지고 포함량이 적을수록 채도가 높아진다. 채도는 무채색을 0으로 보고 순색까지는 14단계로 구성된다. 채도의 단계는 색상에 따라 다른데, 일반적으로 중명도의 색상은 단계의 폭이 크고, 고명도나 저명도의 색상에서는 채도 차의 폭이 좁다.

2. 컬러 심리와 효과

색을 본다는 것은 생리적인 현상으로서 시각을 통해 이루어지며, 동시에 심리적 현상인 감정을 일으키기도 한다. 이처럼 색채의 지각은 관념적, 상징적 효과를 수반하는 복잡하고 심오한 과정이다.

색채는 주변 환경이나 상황, 조건 그리고 개인의 특성과 경험에 따라 서로 다른 감정을 불러일으킨다. 이처럼 대상에 대한 경험은 색에 대한 고유한 감정을 형성하고 환경과 사물의 관계에 따라 연상되는 이미지가 다르다. 이는 색의 인상과 특성 등 색의 심리학적 효과를 시각적 분위기 조성에 활용할 수 있는 근거가 된다. 색을 활용한 공간 구성이나 컬러 마케팅, 그리고 색의 에너지와 성질을 심리 치료와 의학에 활용하는 컬러 테라피가 그 예이다.

각 색상별 이미지와 특성은 다음과 같다.

1) 색상별 이미지

(1) 레드(Red)

주목성이 강하고 자극적이며, 적극적 심리작용을 불러일으키는 레드는 정열, 태양, 열정, 피 혹은 불에 대한 두려움, 위험, 경고, 충동적이거나 공격적 뉘앙스를 지닌다. 생명력과 활력, 에너지와 긴밀한 관련이 있으며 동양의 오행사상에서는 해, 불, 밝음, 존귀, 양을 뜻한다. 이 색을 좋아하는 사람 중에는 외향적, 정열적, 적극적인 성향이 많다. 진출과 팽창의 느낌이 드는 색으로서 체격이 크고 비대한 사람은 피하는 것이 좋으며, 의복 착용 시에는 명도와 채도를 낮추고 색의 면적을 작게 하는 것이 효과적이다.

(2) 핑크(Pink)

핑크색은 흰빛을 띤 옅은 붉은색으로 다정하고 부드러우며 달콤하고 사랑스런 분위기로 인해 낭만과 행복, 순수함과 이상적인 이미지를 원하는 여성과 아동 상품 등에 주로 사용된다. 연한 파스텔 톤의 분홍은 유아적이고 우아한 느낌을 주며 남성에게는 부드럽고 순수한 이미지, 그리고 여성에게는 소녀답고 귀여운 이미지의 색으로 사용될 수 있다. 짙은 분홍은 자극적이고 열정적이며 강렬한 느낌을 가진다.

(3) 오렌지(Orange)

오렌지는 당근, 오렌지, 호박, 구명 기구, 비타민, 노을 등을 연상시키는 색으로 친근하고 사교적이며 긍정적인 이미지를 가진다. 색채심리학에서는 활동적이고 사교적이며 건강한 사람이 오렌지색을 좋아한다는 연구 결과가 있으며, 눈에 잘 띄는 색이어서 가시성과 활동적인 속성을 필요로 하는 대상에 자주 이용된다. 명도가 높아 쾌활하고 젊은 분위기를 연출하므로 캐주얼 웨어나 스포츠 웨어에 잘 어울린다.

(4) 옐로우(Yellow)

가볍고 명랑한 분위기를 내는 옐로우는 명시도가 높아 스쿨버스, 안전모, 도로의 선, 교통 표지판, 레인코트 등에 많이 사용되며 따뜻하고 밝고 긍정적인 이미지 때문에 패션에서는 유아나 아동복에서 주로 볼 수 있다. 옐로우를 선호하는 사람은 사교적이며, 따뜻함과 유머가 있는 사람으로 자유로운 성향을 가진다. 반면 옐로우는 질투와 시기, 배반, 미숙함, 인색함이라는 부정적인 의미도 갖고 있다.

(5) 그린(Green)

생명, 건강, 번영, 희망, 휴식 등을 연상시키는 그린은 자연과 환경보호의 상징색으로서 중립과 조화, 관용을 의미한다. 또한 따뜻함과 시원함이 공존하는 중성색으로서 평화와 안전의 상징으로 사용되는 유쾌하고 차분한 색이다. 이처럼 자연의 풍부함과 휴식을 느끼게 하는 그린색은 편안한 스타일의 캐주얼 웨어에 사용하면 효과적이다.

(6) 블루(Blue)

한색의 대표색인 블루는 신선함, 청결, 지성, 이성, 회복, 균형 등의 긍정적 이미지를 갖고 있으며, 부정적 이미지로는 슬픔, 우울, 수동적, 내성적인 이미지가 있다. 신뢰와 희망을 상징하므로 금융권이나 공공기관 등의 로고 디자인에 많이 사용하며, 사려 깊은 느낌으로 지적인 이미지를 연출할 때 활용된다. 수축성이 있으므로 날씬해 보이고자 할 때 활용하기도 한다. 짙은 블루는 도시적인 이미지를 나타낸다.

(7) 퍼플(Purple)

레드와 블루의 혼합색으로 고귀, 우아, 권위, 장중함 등의 긍정적 이미지를 갖고 있다. 꽃과 관련된 향기로움과 낭만적인 순수함을 연상시키며, 귀족적이고 우아하며 신비로운 색이다. 화려하고 육감적인 이미지를 갖고 있으며 고독, 불안 등의 부정적 이미지가 있다. 옅은 퍼플은 화사하고 여린 이미지를 주며, 블랙을 혼합하면 신비롭고도 우아한 분위기를 표현할 수 있다.

(8) 브라운(Brown)

대지, 자연의 색으로 소박하고 풍요로우며, 충만하고 안정적인 느낌을 준다. 반면, 외로움과 고독, 쓸쓸함, 촌스러움의 이미지도 있다.

패션에서 브라운은 지적이고 차분함을 느끼게 하는 색으로서 라이트 브라운은 부드럽고 자연스러우며 온화한 이미지를 주며, 딥 톤의 브라운은 클래식하고 보수적인 아날로그 분위기로 패션에 중후하고 고전적인 아름다움을 부여한다.

(9) 화이트(White)

가장 완벽한 색으로 순수, 순결, 깨끗과 청결, 신뢰와 진실, 지혜와 풍요로움 등 긍정적 상징이 많다. 부정적 의미로는 죽음, 유령, 두려움을 연상한다.

기품 있고 성실하고 곧으며, 신중함과 분별력 있는 세련된 느낌을 주고자 할 때 사용하면 효과적이며, 웨딩 드레스 등의 예복에 사용된다. 하얀 제복은 위엄과 권위를 나타내며, 검정색과 함께 사용하면 모던하면서도 세련된 분위기를 줄 수 있다.

(10) 그레이(Gray)

화이트와 블랙 사이에 있는 명도를 달리하는 모든 무채색을 일컬으며, 모호하고 불분명한 색이다. 중용, 중립, 지혜와 성숙의 의미를 지니며, 지적, 도시적, 보수적인 긍정적 이미지를 갖고 있다. 반면, 지루함과 애매함 등의 부정적인 이미지도 있다. 그레이는 모든 색과 잘 어울리며 정적인 분위기 때문에 안정적이고 부드러운 느낌을 준다. 남성복의 비즈니스 슈트 색으로 사용되며, 하이테크, 기계적 느낌을 가지기에 모던한 분위기를 연출하고자 할 때 유용하다.

(11) 블랙(Black)

모든 빛을 흡수한 색인 블랙은 권위와 위엄, 중후함, 우울, 두려움이나 죽음, 공포를 상징한다. 또한 블랙은 절제된 품위와 의지를 느끼게 하며, 종교인이나 유력자의 블랙 복장은 힘과 권력을 의미한다. 블랙은 체형을 보완하며 신체를 축소시켜 보이게 하는 효과를 낸다. 블랙은 다른 색과의 큰 명도 차이로 인해 뚜렷한 배색으로 잘 사용되는데, 화이트와 배색하면 모던하고 세련된 이미지를 나타내고, 유채색과 매치될 경우 화려한 이미지를 주는 등 어떤 색과도 잘 어울린다.

2) 컬러 톤별 이미지

톤은 밝고 어두움과 연관되는 명도와 순수하고 탁함의 차이에 관계되는 채도가 상호 관련된 복합적인 개념이다. 대상의 전체적 분위기를 나타내는 데 적절한 톤의 배합은 필수적이다. 유채색은 명암과 강약 등에 따라 Vivid(해맑은), Bright(밝은), Strong(강한), Deep(짙은), Light(밝은), Soft(부드러운), Dull(탁한), Pale(연한), Light Grayish(밝은 회색), Grayish(회색), Dark(어두운) 등 11가지 특성으로 분류할 수 있으며, 무채색은 White, Black의 10단계로 분류하였다.

(1) 모노 톤(Mono Tone)

화이트(White)와 블랙(Black), 그 사이의 그레이 톤을 통틀어 일컫는 무채색들로서 유행에 민감하지 않고 어느 색상과도 잘 조화되어 배색에 있어서 기본이 되는 베이직 컬러로 많이 사용된다. 모던하면서도 포멀한 이미지를 주어 매니시(Mannish)한 패션 스타일에 주로 활용되며, 화려한 컬러 톤의 소품이나 액세서리를 활용하여 포인트를 줄 수 있다.

(2) 파스텔 톤(Pastel Tone)

파스텔 톤은 비비드 톤(Vivid Tone)에 화이트 컬러를 가미하여 부드럽고 뽀얀 느낌을 주는 컬러 톤을 총칭한 것으로, 온화하고 사랑스러운 이미지를 가지고 있어 로맨틱한 연출에 주로 이용된다. 페일 톤(Pale Tone), 베리 페일 톤(Very

Pale Tone), 브라이트 톤(Bright Tone) 등이 여기에 해당되는데, 페일 톤은 일반적으로 알고 있는 파스텔 톤으로서 따뜻함, 감미로움, 꿈처럼 로맨틱한 분위기를 표현할 때 주로 활용한다. 베리 페일 톤은 화이트 컬러에 다른 색조가 약간 들어간 톤으로 다소 차가운 느낌이 있으나, 페일 톤처럼 온화하고 로맨틱한 이미지를 연출하기에 좋다. 브라이트 톤은 비비드 톤에 화이트 컬러를 아주 조금 가미한 컬러로 색상이 좀 더 밝고 빛나는 느낌이며, 예쁘고 활발한 이미지를 연출하기에 적합한 톤이다.

(3) 비비드 톤(Vivid Tone)

어떠한 색도 섞이지 않은 순수한 색으로서 원색이라고 한다. 채도가 가장 높으며, 생동감과 활발한 이미지를 주어 캐주얼 웨어나 스포츠 웨어에 많이 활용된다.

(4) 딥 & 다크 톤(Deep & Dark Tone)

비비드 컬러에 짙은 회색이나 검은색을 섞은 색조로 어둡고 깊은 색감의 톤이다. 클래식하면서도 안정적인 느낌이 들며, 중후하고 품위 있는 이미지의 정장 스타일 또는 어른스럽고 세련된 이미지 연출에 좋다.

(5) 내추럴 톤(Natural Tone)

자연에서 주로 보는 색조로 올리브, 그린, 카키, 베이지, 갈색 등 차분한 느낌의 자연스러운 톤이다. 우아하고 클래식하며 고풍스러운 느낌이 들며 가을의 이미지를 갖고 있어 에스닉 스타일 등에 주로 활용된다.

3. 퍼스널 컬러 체계와 진단

1) 퍼스널 컬러와 계절색

개인이 좋아하는 색과 어울리는 색이 동일할 수도 있지만, 대부분 어떤 색을 좋아할 때는 그 색이 가지고 있는 이미지 자체를 좋아하는 것이다. 반면 어울리는 색은 그 사람이 지니고 태어난 피부색을 밝고 빛나 보이게 만드는 색으로 위화감 없이 조화와 균형을 주는 색을 말한다.

퍼스널 컬러는 본인에 맞는 계절 유형을 찾아 개개인의 특성을 잘 살리는 컬러 코디네이션을 제안하는 것이 목적이다. 크게 봄, 여름, 가을, 겨울의 4가지 유형으로 구분하는 퍼스널 컬러는 타고난 피부색, 눈동자 색, 머리카락 색 등을 통해 개인의 톤을 구분한다.

웜(warm) 톤은 명도가 밝고 맑은 색을 띠는 봄 유형과 명도가 낮고 탁한 색으로 구성된 가을 유형으로 분류할 수 있다. 그리고 쿨(cool) 톤은 명도가 높고 부드러운 색으로 구성된 여름 유형과 명도가 낮고 선명한 색으로 구성된 겨울 유형으로 분류된다. 이러한 사계절 색채를 이해하고 활용하면 보다 성공적인 스타일을 연출할 수 있다.

퍼스널 컬러에서 연상되는 이미지를 예로 들어 살펴보면, 눈동자나 모발, 피부색이 밝은 봄이나 여름 타입의 사람은 사랑스럽고, 귀엽고, 부드러운 이미지를 주며, 반대로 색이 진한 가을이나 겨울 타입의 사람은 침착하고 신뢰감 있으며 성숙한 이미지를 보인다.

개인의 퍼스널 컬러 이미지를 진단하여 거기에 맞는 색을 더하면 그 이미지는 더 강해진다. 하지만 이러한 컬러를 선택할 때에는 T.P.O.(Time, Place, Occasion)를 고려하는 것도 중요하다. 예를 들면 봄이나 여름 타입인 사람이 파스텔 톤의 컬러를 착용하면 어울리는 정도를 넘어 더 로맨틱하고 여성스러운 이미지가 된다. 하지만 커리어 우먼으로서의 신뢰감이나 능력을 보여야 할 상황이라면 비록 파스텔 컬러가 잘 어울린다 해도 짙은 톤의 비즈니스 슈트를 입는 것이 더 바람직하다. 이때 어색하지 않도록 색상을 매치하는 기법은 필수적이다.

2) 웜 톤과 쿨 톤

(1) 웜 톤

일반적으로 따뜻한 느낌을 주는 난색 계열의 색은 기본적으로 황색의 색감을 가지고 있으며 온화하면서도 감성적이다. 하지만 난색 계열 안에서도 파랑이 섞인 빨강이나 노랑은 같은 빨강이라도 차가운 이미지를 준다.

퍼스널 컬러가 웜 톤의 특징을 지닌 사람은 사랑스럽다, 섹시하다는 말을 많이 들으며 피부에 노란 기가 많고 손목에 초록색 혈관이 많다. 오렌지 계열, 아이보리나 베이지색, 카키색 의상이 잘 어울리며, 골드 계열의 주얼리가 피부를 더 화사하게 표현한다. 햇빛에 장시간 있을 시 피부색이 검게 탄다. 코랄빛 메이크업과 누드 톤 또는 주황색 계열의 립스틱이 잘 어울리며, 오렌지나 브라운 컬러의 매니큐어를 바르면 손이 더 고와 보인다. 모발 염색 컬러로는 블랙보다 브라운 헤어가 더 잘 어울린다.

(2) 쿨 톤

한색 계열의 쿨 톤은 블루 계열의 색상과 무채색 계열로 지적이고, 이성적인 분위기를 준다. 차가운 색상으로 인식되지만, 아쿠아 블루처럼 주황의 기미를 띤 한색 계열 색상은 따뜻하게 느껴진다.

퍼스널 컬러가 쿨 톤의 특징을 지닌 사람은 청순 또는 시크하다는 평을 주로 받는데, 피부에 붉은 기가 많고 파란색 혈관이 많이 보인다. 햇빛에 장시간 있으면 빨갛게 익고, 실버 계열의 주얼리가 더 잘 어울린다.

레드나 핑크빛 계열의 메이크업이 잘 어울리며, 레드, 핑크, 블루 컬러 매니큐어를 바르면 손이 더 화사하게 보인다. 화이트 티셔츠가 잘 어울리고 블랙 헤어를 해도 촌스럽지 않다.

3) 사계절 팔레트와 이미지

(1) 봄 유형

봄 유형은 밝고 따스한 계절 이미지와 연관되어 소프트한 감성을 나타낸다. 또한 만물이 생동하는 봄이 가지는 발랄하고 생동감 있는 기운은 비비드, 스트롱 등 채도와 명도가 높은 톤, 노란색과 붉은색을 띤 난색 계열로 표현할 수 있다. 디자인 배색에 있어서는 밝은색의 컬러 파스텔 톤이나 비비드 컬러 등 산뜻한 색상 조합이 어울린다.

얼굴색은 옐로우 베이스로 밝은 베이지 톤의 윤기 나는 피부 톤을 가지며, 눈동자 색은 대체로 블루 또는 아쿠아 그린, 밝은 브라운이다. 머리카락 색은 온화하고 소프트한 느낌을 주는 브라운으로 밝고 생기 있는 이미지를 나타낸다. 봄 유형의 사람에게는 파스텔 계열의 명도는 높고 채도는 낮은 밝고 생기 있는 톤이 어울린다.

이와 같이 봄 유형은 화사한 피부 톤에 어울리는 밝고 경쾌한 톤의 패션이 잘 어울리고, 강한 스모키 메이크업이나 차갑고 무거운 느낌의 어두운색, 메탈 계열, 무채색 등은 피하는 게 좋다.

(2) 여름 유형

여름 유형은 깨끗하고 시원한 이미지로 청순하고 우아하면서도 부드러운 느낌을 겸비한 이지적인 분위기로 친근감을 주며, 흰색을 베이스로 한다. 얼굴은 푸르스름하거나 노르스름한 빛이라도 기본적으로 흰빛이 감도는 피부색을 띤다. 눈동자 색은 회색 기미가 도는 블루나 채도가 낮은 흐린 블루, 온화한 기미를 띠는 브라운 계열이다. 하얀 피부를 돋보이게 하는 헤어 컬러는 기본적으로 회색 기미를 지니는 부드러운 검은색이라고 할 수 있으며, 메이크업은 연한 투명 메이크업이 좋다.

어울리는 색상은 모든 색상에 흰색이 섞인 듯한 이미지의 파스텔 계열 컬러로서 채도가 낮고 명도가 높은 톤, 흰색과 파랑 톤의 기운이 느껴지는 색이다. 반면 블랙과 다크 컬러, 메탈 느낌의 반사되는 색, 노란 기미가 있는 색은 피하는 것이 좋다. 따라서 패션 아이템으로는 파스텔 톤의 원석이 첨가된 실버 제품이나 우아한 느낌의 플라워 패턴, 여성스러운 레이스의 패턴이 들어간 의상이 잘 어울린다.

(3) 가을 유형

수확의 계절로 원숙과 풍성함을 상징하는 가을의 시각적 이미지는 들녘의 누르스름하고 빛바랜 색상에서 볼 수 있다. 사계절 유형 중 가장 깊이 있는 색감을 지니고 있는 유형으로서 채도와 명도가 낮은 부드러운 난색 계열로 자연색에 가까운 색, 차분하고 따뜻한 느낌의 황색 계열이 주를 이룬다.

얼굴색은 탁하고 노란 기미를 띠고 있으며, 눈동자 색은 그린 기미가 들어간 다크한 컬러 또는 다크 브라운이나 옐로우 베이스의 브라운 컬러이다. 헤어컬러는 오렌지 기운이 도는 붉은 갈색 또는 밝은 갈색이 대부분이다. 우아하고 고급스러운 컬러를 퍼스널 컬러로 갖고 있기 때문에 브라운 컬러 계열을 비롯하여 채도와 명도가 낮은 딥 톤이나 다크 톤이 잘 어울리며, 파스텔 톤이나 쿨톤, 비비드 톤 등은 피하는 것이 좋다. 패션 스타일로는 보헤미안 또는 에스닉한 스타일이 잘 어울리고 피부 톤과 어울리는 골드 계열의 액세서리가 좋다.

(4) 겨울 유형

겨울 유형은 사계절 유형 중 가장 강렬하면서도 모던한 이미지를 지니고 있으며 시크하고 현대적인 세련된 이미지라 카리스마가 느껴진다. 선명하면서도 샤프한 이미지를 갖고 있는데, 강하면서도 차분하게 가라앉는 느낌의 푸른빛이 도는 색이라고 할 수 있다.

얼굴색은 붉은 기 없이 비칠 듯 창백하거나 핑크빛인 피부 톤이 특징이며 눈동자 색은 회색 기미가 도는 청색이나 녹색을 배합한 색으로 짙다. 머리카락은 푸른빛이 돌 정도로 선명한 검정색을 가진다. 이처럼 겨울 유형은 눈동자와 피부색의 톤 대비가 강해서 선명한 이미지를 갖고 있으며 도회적이고 세련된 스타일링이 잘 어울린다.

한색 계열 색상을 기본으로 명도는 낮고 채도는 높은 톤이 잘 어울린다. 파랑과 보라색, 와인색이 주를 이루며 무채색 계열 또한 겨울 색으로 구분된다. 모던 & 시크 스타일링이 제일 잘 어울리는 유형으로서 블랙 패션이 잘 어울리며 액세서리는 실버 계열이 좋다. 기하학적이고 강한 이미지를 갖고 있는 패턴들을 부담스럽지 않게 활용하면 좋으며, 황금색 계열의 따뜻한 색감은 피하는 것이 좋다.

4. 컬러 코디네이션

패션에서의 코디네이션이란 의복, 모자, 구두, 백(bag), 액세서리 중에서 색상, 소재, 디테일 모양 등의 요소를 공통성이나 상호 연관성에 따라 분류하고 이를 다시 어울리는 것끼리 매치시켜 통일감 있는 의장미로 완성시키는 것으로, T.P.O.에 맞추어 다양하게 조합하여 착용된다. 패션 코디네이션에는 여러 가지 방법이 제기될 수 있으나 기본적으로 색상, 소재, 문양의 3가지 방법으로 나누어 볼 수 있다.

이들 중 컬러 코디네이션은 둘 이상의 서로 다른 색상의 조화를 위해 색채를 조절하고 재구성하는 작업으로서 환경, 제품, 영상, 패션 등의 다양한 분야에서 활용된다. 컬러 코디네이션의 종류는 다음과 같다.

1) 톤온톤 컬러 코디네이션

톤을 겹친다는 뜻으로 동일한 색상 내에서 주로 명도 차이가 큰 색들을 배색하는 방법이다. 한 가지 색상의 톤을 변화시켜 조화를 이룬 것으로 온화하고 부드러운 느낌을 주기에 싫증이 나지 않는 장점이 있으나 지루한 느낌을 줄 수 있는 것이 단점이다. 색상은 동일, 인접, 유사 범위에서 선택하기에 통일감과 조화를 이루며, 톤의 차이를 크게 둠으로써 극적인 효과를 줄 수도 있다. 의복 소재의 무늬나 소재에 변화를 주어 생동감 있는 연출을 할 수 있으며, 색상대비를 이루는 메이크업은 화사하면서도 선명한 이미지를 줄 수 있다.

2) 톤인톤 컬러 코디네이션

톤은 동일하지만 색상에 제약을 두지 않아 비교적 자유로운 배색을 톤인톤이라고 한다. 톤인톤 배색은 명도와 채도가 같기 때문에 색상끼리의 변화가 있더라도 동질감을 느끼게 함으로써 배색 시 크게 거부감을 주지 않는 것이 특징이다.

톤은 같지만 색상에 변화를 줄 수 있기 때문에 지루하지 않고 세련된 배색이 가능하다. 다양한 분위기 연출을 위해 톤을 활용할 수 있는데, 맑고 깨끗한 이미지에는 고명도의 톤인톤 배색이 좋으며, 차분하면서 조화된 분위기를 만들려면 중명도의 톤인톤 배색이 유용하다. 그리고 중후하면서도 카리스마 있는 느낌을 주려면 저명도의 톤인톤 배색을 활용하면 된다.

3) 컨트라스트 컬러 코디네이션

색상환에서 색상 간의 거리가 먼 색들의 조합 또는 반대편 위치에 있는 보색 간의 조합을 통해 서로의 색이 돋보이는 강한 배색 효과를 나타내는 방법으로서 강렬하고 화려한 느낌을 준다.

4) 액센트 컬러 코디네이션

단순하여 밋밋한 배색에 소량의 대조색을 추가함으로써 전체를 돋보이도록 강조하는 기법을 의미한다. 전체 색상을 지배하는 주조색과 반대되는 대조 색상을 사용함으로써 강조 포인트를 부여하고 단조로운 배색에 개성을 부여한다. 액센트 컬러로는 주로 반대 색상인 보색이나 대조 색조를 사용하여 예리하게 표현하며 시선 집중의 효과를 가진다. 액센트 컬러의 면적이 작을수록 효과가 크다.

5) 세퍼레이션 컬러 코디네이션

여러 가지 색을 사용함으로써 색상들 사이의 배색 관계가 애매하거나 대비가 지나치게 강할 때 색과 색 사이에 회색, 검정 등 무채색을 삽입하여 분리시키는 방법이다. 스테인드글라스에 활용된 여러 가지 색을 분할하는 검정색처럼 색과 색을 분리시켜 배색 효과를 분명히 하고자 할 때 많이 볼 수 있는 배색이다. 분리시키는 색은 전체 색상에서 너무 많은 면적 비율을 사용하지 않는 것이 좋으며, 잘 사용하면 대비되는 극적인 색상들을 조화롭게 한다.

6) 그라데이션 컬러 코디네이션

그라데이션 컬러 코디네이션은 색상, 명도, 채도, 톤을 점진적으로 변화하여 시각적인 리듬감을 부여하는 것이다. 색상이 점점 변한다거나 진하기가 점점 변한다거나 밝기가 점점 변하는 것과 같이 색채가 조화되는 배열에 시선이 따라가는 유인 효과가 있다. 주로 3가지 이상의 다색을 사용하는 배색에서 활용할 수 있는 방법이다.

이처럼 그라데이션 배색은 색의 점진적인 변화를 추구함으로써 리듬감을 표현하며 색채의 연속적인 배열을 통해 시각적인 유동성과 차분하고 서정적인 이미지를 준다.

실제 여러 가지 색으로 조합된 의복을 입을 때 컬러 코디네이션을 적용한다면, 먼저 슈트 같은 주요 아이템의 색상을 주조색으로 선택하며, 블라우스는 두 번째 많은 색으로 입는다. 그리고 스카프 등의 액세서리는 강조색으로 조그마한 면적으로 사용한다. 일반적인 의복을 입을 때 주조색은 중간색으로 머리에서 발끝까지 코디네이션하며, 블라우스나 액세서리 등은 하나의 강조 색상을 사용한다. 즉 하나의 동일 색상을 정하고 명도 차이를 두어 동일 색상 코디네이션으로 배색한다. 다양한 색상으로 된 문양이나 체크 문양 등으로 코디네이션할 때는 문양에 나타난 다양한 색들 중 하나를 선택하여 배색의 중심으로 삼고 나머지 아이템의 색을 그 색에 맞추는 것이 조화로운 차림이 된다.

Chapter 08

뷰티 스타일링

1. 피부 및 헤어 관리

1) 피부 관리

어려 보이면서 매끄럽고 고운 피부는 첫인상을 좋게 하여 시각적으로 타인과 차별화할 수 있다. 피부는 인체 중 가장 큰 기관으로 외부 환경으로부터 생체를 보호하며 인체 내 환경을 유지하는 역할을 한다. 나이가 들면 피부는 노화 과정을 겪게 되는데 주름이 생기고 탄력이 없어지는 것뿐만 아니라 자외선 등의 외부 자극에도 쉽게 노출되고 나빠지는 속도도 빨라진다. 주름은 크게 표피형 주름과 진피형 주름으로 분류된다. 표피형 주름은 가성주름이라고도 불리는데 일시적인 환경의 변화나 스트레스, 피부의 수분령에 따라 형성되기도 하고 없어지기도 하며, 이 표피형 주름을 제대로 관리하지 못하면 진피 내의 주름으로 고착된다. 피부색은 멜라닌 세포나 헤모글라빈 색소, 혈액량, 피부 두께, 피부 표면에서의 반사광이나 투명도에 따라서 달라질 수 있다.

피부 노화는 크게 시간적 노화와 광노화로 나눌 수 있다. 시간적 또는 내인성 노화는 외부 환경과는 무관하게 생물학적 시간에 의해 진행되는 것으로, 피부의 진피가 얇아지고 탄력섬유의 수가 감소하므로 피부의 잔주름이 많아지게 된다. 한편 광노화는 태양광 노출에 의해 발생하며 주로 자외선 조사에 의해 나타나지만 환경 오염이나 흡연, 스트레스와 같은 환경적 요인도 작용할 수 있다. 광손상에 의해 발생하는 깊은 주름, 엷은 주름, 넓어진 모공, 늘어진 피부 같은 변화들은 만성적인 태양광 노출의 결과이다.

피부가 자외선에 노출되면 광노화를 일으키는데, 이를 예방하기 위해서는 자외선이 강한 시간대인 오전 10시부터 오후 3시까지는 야외 외출을 하지 않는 것이 좋다. 만일 야외에 나가야 할 경우에는 미리 자외선 A와 B 모두 차단하는 선크림을 얼굴을 비롯한 노출되는 신체 부위에 꼼꼼히 발라 준다. 평소 일상생활에서는 SPF++ 15~30 정도면 충분하며 자외선이 강한 시간대에 야외에서 장시간 활동해야 할 때는 SPF+++ 30~50의 제품을 사용하는 것이 좋다.

햇빛 외에도 건조함은 피부 노화를 유발하는 주요 요인이므로 평소 물을 충분히 마셔 주고 피부가 건조해지는 것을 예방하기 위해 실내의 습도를 적정히 유지한다. 가을이나 겨울처럼 많이 건조한 계절에는 수분크림 등 보습제를 사용하여 피부를 촉촉하게 관리한다. 피부가 많이 건조한 경우에는 크림이나 연고 타입의 보습제를 사용하는 것이 로션 타입에 비해 더 효과적이다.

피부 타입별 관리법은 다음과 같다.

(1) 중성 피부

피부의 생리기능이 정상이고 문제점이 없는 피부로서 피부결이 곱고 깨끗하며 윤기가 흐른다. 유분과 수분이 적절하게 균형을 이루고 있어 탄력성과 혈색이 좋고 촉촉하다.

(2) 건성 피부

피부에 유분과 수분이 부족해 노화 현상이 빨리 오고 입가나 눈꼬리에 잔주름이 생기기 쉽다. 윤기가 없고 피부 표면이 거칠므로 보습 관리가 중요하다. 보습크림을 여러 번 덧발라 수분이 증발하지 않도록 하는 것이 좋으며, 물을 충분히 마시고 혈액순환과 신진대사를 도와주는 마사지를 한다.

(3) 지성 피부

모공이 넓고 솜털이 많으며 피지 분비가 활발하기 때문에 여드름이나 피부 트러블을 일으키기 쉽다. 스킨케어 방법은 세안을 꼼꼼히 하여 피부를 청결한 상태로 유지하고 가벼운 마사지로 각질을 제거한다. 메이크업 시 산뜻하고 가벼운 제형의 제품을 사용하는 것이 중요하다.

(4) 복합성 피부

지성 피부와 건성 피부의 특징을 모두 갖고 있어 여러 가지 피부 트러블을 자주 경험하며 많은 사람들이 이 피부 타입에 속한다. 이마와 콧등, 턱 등 T존 부위는 지성 피부의 특징을 나타내어 번들거리고, 눈가나 양 볼, 입 주위 등 U존 부위는 당기고 푸석한 건성 피부의 특징을 나타낸다. 보습과 T존 부위의 피지 조절도 필요하므로 유수분 균형을 맞추어 주는 성분이 들어 있는 제품을 사용한다.

(5) 민감성 피부

피부 보호 작용을 하는 지질막이 약하여 외부 자극에 민감하게 반응하는 피부로 생활 습관이나 화장품 사용 시 주의가 필요하다. 화학 성분이 거의 없고 부드러운 제형의 저자극성 화장품을 사용하며 스크럽이나 팩은 되도록 피하는 것이 좋다.

2) 헤어 관리

우리 인체의 제일 위쪽에 있는 헤어는 자외선으로부터 신체를 보호하고 체온을 조절하는 역할을 한다. 모발은 성장기, 퇴화기, 휴지기, 재생기의 성장주기를 반복하면서 일정한 수의 모발과 외관을 유지하며, 영양 상태와 호르몬, 기온, 일광 등은 모발의 성장과 수명에 영향을 미친다. 성장주기 과정이 정상적으로 진행되지 않아 성장하는 모발 수보다 빠지는 모발 수가 많아지고 재생이 되지 않을 경우 탈모 증상이 발생하게 된다. 탈모의 원인은 유전, 호르몬 불균형 등 내분비 장애, 혈액순환 장애, 피로와 스트레스, 식사 습관, 비듬, 발열, 영양 부족, 약물 등으로 다양하다. 따라서 마음을 편안하게 하고 숙면을 취하는 등 스트레스를 받지 않도록 노력하고 모발에 대한 정확한 정보와 올바른 관리로 모발의 손상을 최소화하고 탈모를 예방·개선하는 것이 필요하다.

자외선 노출이나 염색, 파마, 헤어드라이어의 과다한 사용 등은 모발 손상의 원인이 된다. 손상된 모발은 푸석푸석해 윤기가 없고 스타일링에도 영향을 준다. 팩이나 트리트먼트 등으로 모발에 유출된 수분과 영양을 보충하고 모발 표면의 큐티클을 정돈하는 등 관리가 필요하다.

손쉽게 할 수 있는 모발 케어에 대해 살펴보면 다음과 같다.

(1) 두피 마사지

손가락이나 두피 브러시, 두피 안마기를 이용한 마사지는 두피와 뇌의 혈액순환에 도움을 주기 때문에 모발의 생명주기가 일정하게 유지되고 뇌의 활력 증강에 도움을 준다.

(2) 식이요법

균형 잡힌 식사 습관을 통해 탈모를 예방할 수 있다. 검은콩, 검은깨, 찹쌀,

옥수수, 참깨 등의 곡류와 두부, 우유, 미역, 다시마, 김 등의 알칼리성 식품, 사과, 포도, 호두, 토마토, 상추, 마늘 등의 과일과 채소 등은 모발 성장에 좋은 음식이다. 또한 하루에 2리터 이상의 물을 마시거나 녹차를 마시는 것도 탈모 예방에 도움이 되며 가공식품이나 단 음식, 너무 맵고 짠 자극적인 음식, 기름진 음식 등 모발 성장에 해로운 음식을 과다섭취하면 탈모를 촉진한다.

(3) 염색

염색은 개성의 표현으로 사용하는 것으로 변색된 머리를 본래의 색으로 컬러링하거나 자신의 모발에 다양한 변화를 주어 미적 아름다움을 추구할 때 유용하다.

염색하는 순서는, 먼저 염모제와 산화제를 1:1로 배합하여 혼합크림을 만든다. 다음으로 염모용 솔과 빗으로 혼합크림을 모발에 골고루 바르면서 빗어 준다. 일정 시간 기다렸다가 염색모발 전용 샴푸로 머리를 감고 잘 헹구어 준다.

모발 상태에 따른 염색에 있어 주의해야 할 점은 모발의 손상 유무와 숱이 적은 경우 등을 들 수 있다. 손상된 모발은 일반적으로 전체 염색을 하기보다는 코팅으로 모발의 손상을 줄여 준다. 그리고 모발의 숱이 적을 경우 염색약을 선택할 때 밝은색의 모발에는 자신의 머리카락 색보다 어두운 색상을 선택하고, 어두운 색의 모발에는 부분적인 블리치 처리를 하여 모발이 풍성한 느낌이 들도록 하는 것이 좋다.

피부 타입별 어울리는 모발 염색 컬러는 다음과 같다. 먼저, 피부가 흰 얼굴일 경우 어떤 색도 무난하지만 동양인에게는 브라운과 블랙 계열이 좋다. 흰 피부 중 핑크빛이 도는 화사한 피부는 옐로 계통의 컬러링이나 블리치를 하면 더욱 여성스럽고 온화한 분위기를 연출할 수 있다. 노란빛이 도는 피부는 동양인에게 많은 피부 색상으로, 혈색이 없고 누렇게 들떠 보일 수 있으므로 갈색처럼 밝고 따뜻한 색상으로 건강미를 연출하는 것이 좋으며, 동일한 갈색이라도 붉은 계열의 갈색이 피부 빛을 더욱 화사하게 연출한다. 다음으로 얼굴빛이

붉을 경우에는 블루 블랙이나 딥 블루 블랙 등 차가운 느낌의 색을 사용하여 얼굴의 붉은기를 완화시키는 것이 좋다. 피부색이 검거나 오렌지 기운이 감도는 차분한 피부일 경우 밝은 갈색이나 커피 브라운, 퍼플 와인 등으로 염색한 후 한 단계 밝은색으로 블리치를 해 주면 세련된 이미지를 연출할 수 있다.

(4) 가발

최근 개인마다 고유한 두상과 탈모 진행 정도를 파악하는 시스템의 적용과 0.03mm까지 두께를 줄인 인공 두피의 개발로 자연스러움을 강조한 가발이 출시되고 있다. 가발에 사용되는 모발의 종류로는 자연모와 인조모가 있는데, 실제 사람의 모발을 가공 처리하여 만든 자연모 가발은 스타일링과 염색성이 우수하나 사후 관리가 까다로운 편이며, 이러한 자연모 가발의 단점을 보완하여 자연스러운 헤어스타일 연출과 관리의 편의성을 위해 개발된 것이 인조모이다. 하지만 패션 가발이나 인형 가발에 쓰이는 인조모는 열에 약해 쉽게 변형되고 끊어지며 수명이 자연모에 비해 짧다. 또한 인조모는 탈색이 없는 반면 새로운 다른 색상으로 염색이 불가능하기 때문에 가발 제작 시 본인의 모발색에 적합한 색상을 선택하여야 한다.

최근에는 쓰는 가발보다 부분적으로 붙이는 붙임머리가 인기 있는데, 가발을 착용한 티가 가장 덜 나고 관리도 용이해 많은 사람들이 선호하고 있다.

2. 메이크업

1) 메이크업의 의미와 역할

메이크업의 사전적 의미는 '보완하다', '완성하다'로 얼굴이나 신체의 결점을 보완하여 단점은 가리고 장점을 살려 개성 있고 아름답게 꾸미는 행위를 일컫는다. 과거 메이크업은 같은 종족임을 표시하는 실용적 목적 외에도 종교적 의식의 한 절차로서 신앙적 목적을 갖고 있었다. 현대에는 영상 등 시각적 이미지 문화가 사회 전반에 영향을 미치면서 얼굴을 중심으로 한 메이크업이 개개인의 전체 이미지 변화를 가능하게 하는 주요한 수단이 되었다.

이러한 메이크업은 내적 아름다움을 외적으로 표출해 낼 뿐 아니라 외적인 변화를 통해 정신적인 면에까지 영향을 준다. 아울러 이성에게 성적 매력을 표현하는 수단이 되기도 하고, 자신이 사회에서 갖는 지위, 직업, 신분을 표시하기도 하고, 사회적인 관습을 나타내기도 한다. 심리적으로는 메이크업을 통해 외모에 자신감을 부여함으로써 능동적이고 적극적인 자세를 가지는 데 도움을 준다.

이처럼 오늘날 메이크업은 다양한 관점에서 그 의미가 확장되었지만, 기본 목적은 외부의 먼지나 자외선, 대기오염, 온도 등으로부터 피부를 보호하고, 미용적인 측면에서 여러 가지 제품을 이용해 얼굴의 장점을 부각하고 결점을 보완하여 아름다움을 추구하는 것이다.

2) 얼굴 부위별 메이크업 기법

(1) 베이스 메이크업

베이스 메이크업은 바탕이 되는 화장으로서 피부 톤과 얼굴형을 보완 수정하는 중요한 단계이다. 이 단계의 제품에는 피부 표현, 피부색 보정, 피부 결점 보완, 자외선 차단을 목적으로 하는 메이크업 베이스, 컨실러, 파운데이션, 파우더 등의 제품이 있다.

가. 메이크업 베이스

피부 메이크업 전에 바르는 것으로 외부 자극으로부터 피부를 보호하고 자외선을 차단하는 기능을 갖고 있다. 또한 파운데이션의 밀착력을 지속시켜 피부를 맑고 깨끗한 톤으로 표현한다. 메이크업 베이스에는 다양한 종류와 색상이 있으며 피부색에 따라 적합한 제품을 선택하는 것이 필요하다.

피부색에 따른 메이크업 베이스 색상

- 연핑크: 창백하고 혈색이 없는 피부
- 그린: 붉은 피부, 모세혈관이 확장된 피부, 여드름 자국이 있는 피부
- 퍼플: 칙칙하고 노르스름한 피부
- 옐로우: 햇볕에 그을린 갈색의 어두운 피부
- 블루: 기미, 주근깨 등 잡티가 많은 피부
- 화이트: 어둡고 칙칙한 피부, 서양인에게 적합

나. 자외선 차단제

자외선은 살균 작용과 비타민D 활성화를 통해 신진대사에 도움을 주는 긍정적 효과도 있지만 과다 노출 시 피부 노화를 가속화시키고 색소침착이나 주름을 생기게 하는 등 악영향을 미친다. 자외선A(UVA)는 생활 자외선으로 색소 침착과 피부 노화를 일으키며, 이를 차단하기 위해서는 자외선A 차단지수인 PA를 고려하여 자외선 차단제를 선택해야 한다. PA는 PA+, PA++, PA+++로 등급이 표기되며 +가 많이 표기된 것일수록 차단되는 시간이 길다.

피부 깊숙이 스며들어 피부 화상이나 피부암을 유발하는 자외선B(UVB)를 차단하기 위해서는 SPF 지수를 살펴봐야 한다. SPF 1은 통상적으로 10~15분 정도의 차단 효과를 가지며, SPF 지수가 높을수록 차단 효과가 크다.

자외선 차단 제품은 사용 목적과 피부 타입 및 자외선에 노출되는 정도에 따라 선택한다. 가벼운 야외활동이나 일상생활에서는 SPF 20/PA+ 정도의 제품이 적당하며, 장시간 야외활동 시에는 SPF 30 이상/PA++ 제품이 좋다. 그리고 고지대 등 자외선이 아주 강한 지역에서는 SPF 50 이상/PA+++ 제품이 적당하

며 야외 물놀이 시에는 내수성이나 지속내수성 표시가 있는 제품이 효과적이다. 자외선 차단제는 적정량을 지켜 2시간마다 반복해서 발라야 효과가 있다. 물과 접촉했거나 장시간 활동으로 땀을 흘렸을 경우 다시 덧바르며, 실내에서도 자외선 차단제를 바르는 것이 좋다.

다. 파운데이션

파운데이션은 피부색을 보정하며, 자외선과 외부 자극으로부터 피부를 보호하고 수분 증발을 막는 역할을 한다. 파운데이션의 색상을 이용하여 하이라이트와 섀딩을 함으로써 얼굴윤곽을 수정하고 입체감을 연출할 수 있다.

라. 컨실러

피부의 결점을 보완하기 위해 사용하는 것으로 눈 밑의 다크서클, 잡티, 주근깨, 흉터 등을 감추는 데 주로 사용하며, 피부 톤을 조절하는 효과도 있다.

마. 페이스 파우더

분말 타입 형태로 파운데이션의 유분을 흡수하고 외부 먼지가 피부에 붙는 것을 방지하여 피부를 보호해 준다. 또한 파운데이션의 밀착력을 지속시키고 색조 메이크업의 효과를 높이는 역할을 한다. 파우더의 종류로는 분말형과 압축형이 있는데, 분말형은 피부를 투명하고 깨끗하게 마무리해 주며, 압축형은 두껍게 발리므로 커버력이 좋다.

(2) 아이 메이크업

베이스 메이크업 다음의 중요한 단계로 얼굴 이미지를 결정하는 데 중요한 역할을 한다.

가. 눈썹 메이크업

눈썹은 얼굴 부위 중 인상을 좌우하는 데 큰 영향을 미친다. 눈썹의 형태나 눈썹 숱의 양, 길이에 따라 표현을 달리한다.

눈썹의 유형별 이미지

- 각진 눈썹: 세련되고 지적이며 이마가 넓은 얼굴, 둥근형의 얼굴에 잘 어울린다.
- 아치형 눈썹: 여성스럽고 우아한 분위기로 성숙하고 부드러운 느낌을 준다. 이마가 넓은 얼굴형, 각진 얼굴형, 역삼각형 얼굴형에 잘 어울린다.
- 일자형 눈썹: 활동적이고 남성적인 이미지를 표현해 주며, 긴 얼굴형이나 폭이 좁은 얼굴에 잘 어울린다.
- 끝이 올라간 눈썹: 개성 있고 생동감 있는 이미지를 표현해 주나 자칫 날카로운 인상을 주기도 한다. 둥근형과 각진 얼굴형에 적당하다.
- 끝이 처진 눈썹: 온순하고 귀여운 느낌이지만 우울하거나 어수룩한 인상으로 보이게 한다.

나. 아이섀도

눈꺼풀에 다양한 색상을 부여함으로써 입체감과 생동감을 주고 단점을 보완하는 역할을 한다. 피부색과 눈 모양, 패션, 계절색을 고려하여 아이섀도의 색상을 선택한다.

피부색별 아이섀도 색상

- 흰 피부: 분홍, 연보라, 연한 청회색
- 희고 붉은 피부: 청색, 청보라, 청회색 등 청색 계열
- 노르스름한 피부: 밝은 녹색, 청록색

• 황갈색 피부: 골드, 카키, 브라운색 등

다. 아이라이너

아이라이너는 눈매를 수정하여 또렷하고 생기 있게 표현하는 역할을 한다. 펜슬 타입, 리퀴드 타입, 케이크 타입이 있으며, 속눈썹 사이를 메우듯이 섬세하게 그려 준다. 펜슬 타입은 사용이 간편하나 번지는 단점이 있고, 리퀴드 타입은 쉽게 지워지지는 않으나 양 조절에 주의해야 한다. 케이크 타입은 가는 브러시에 물을 묻혀 사용하며 물의 양 조절이 중요하다.

라. 마스카라

마스카라는 속눈썹에 풍성한 볼륨감과 길이감을 줌으로써 깊이 있는 눈매를 연출하는 역할을 한다. 먼저 아이래시컬러를 이용해 속눈썹에 컬을 준 뒤, 마스카라를 속눈썹의 뿌리 부분에서 끝부분으로 말아 올리듯이 섬세하게 바른다. 아래 속눈썹도 마스카라 브러시를 세워 자연스럽게 발라 준다.

마. 인조 속눈썹

속눈썹의 숱을 길고 풍성하게 보이게 함으로써 매력 있는 눈매를 연출한다. 눈의 길이와 형태에 따라 인조 속눈썹의 길이와 모양을 선택하여 최대한 자연스럽게 붙인다. 인조 속눈썹은 눈 길이보다 조금 짧게 커팅하고 눈의 형태와 같도록 부드럽게 구부린 후 접착제를 발라 눈 중앙에서 양쪽 끝으로 붙인다.

(3) 볼 메이크업

볼에 자연스러운 색감을 부여함으로써 얼굴색을 화사하고 건강하게 연출한다. 또한 얼굴에 음영을 주어 윤곽선을 조절하고 얼굴형의 결점을 수정·보완할 수 있다. 얼굴형을 보완하기 위해서는 볼 터치 방향이 중요한데, 정면을 바라보았을 때 눈꼬리 부분과 콧방울 끝부분에 광대를 감싸듯이 자연스럽게 펴 바른다. 얼굴형에 따라 볼 터치의 방향이 조정되는데 둥근형인 경우에는 입술 꼬리를 향해 바르고, 역삼각형인 경우에는 코끝을 향해, 그리고 긴 얼굴형인 경우에는 가로 방향으로 터치하여 얼굴형의 단점을 보완할 수 있다. 색상은 피부색, 립스틱과 아이섀도 색상을 조화시키는 것이 좋은데, 희고 창백한 피부에는 분홍색 계열의 색상이 어울리며, 어두운 피부에는 갈색 계열이 어울린다.

(4) 입술 메이크업

얼굴 부위 중 가장 움직임이 많고 표정이 풍부한 입술은 메이크업을 통해 매력적으로 표현할 수 있다. 입술 메이크업은 입술의 윤곽을 살려 주고 색감을 주어 입술의 크기와 형태를 바로잡고 입술을 보하는 작용도 한다. 입술 색상은 여러 가지 색을 추가하여 조색해 사용하면 더 좋다. 입술용 메이크업 제품은 립스틱, 립글로스, 립크림, 립라이너 등으로 분류된다. 이상적인 입술 크기는 정면에서 볼 때 눈동자 안쪽에서 일직선으로 내려와 만나는 지점에 입술의 양 끝이 오는 크기이며, 윗입술과 아랫입술의 두께의 비는 1:1.5가 이상적이다. 립 메이크업 색상은 피부색, 아이섀도 색, 패션과 조화되는 색을 선택한다.

3) 얼굴형과 메이크업

사람의 얼굴형은 다양하며, 장단점을 갖고 있다. 이상적인 얼굴형은 계란형으로서 가로와 세로의 비율이 1:1.3으로 타원을 이루고 각지거나 튀어나온 부분 없이 자연스러운 얼굴형을 지칭한다. 여러 종류의 얼굴형을 이상적인 얼굴형으로 연출하기 위한 다양한 메이크업 테크닉을 구사할 필요가 있다.

3. 헤어스타일링

첫인상 효과에 많은 부분을 차지하는 헤어스타일링은 개인의 이미지를 단시간에 변화시킴으로써 분위기를 개선하는 데 큰 역할을 한다. 단정하게 정돈된 헤어스타일은 차분하고 논리적인 이미지를 주며, 정돈되지 않은 지저분한 헤어스타일은 좋지 못한 인상을 준다. 자신의 피부색과 얼굴형, 이미지에 알맞은 헤어 연출은 호감 가고 긍정적인 이미지를 만들어 원만한 대인관계를 형성하고 활기찬 사회생활을 하는 데 도움이 된다.

1) 헤어스타일과 얼굴형

머리카락을 뒤로 빗어 넘긴 후 거울에 비치는 얼굴의 외곽선을 립스틱이나 수성펜으로 그리면 자신의 얼굴형을 파악할 수 있다. 일반적으로 안정감을 주는 헤어스타일은 '다이아몬드형'이다. 따라서 긴 얼굴형의 경우, 양옆에 볼륨감을 주어 풍성한 분위기로 연출하고 폭이 넓은 얼굴은 세로를 강조하는 스타일을 함으로써 얼굴형의 단점을 보완하고 장점을 강조한다.

(1) 계란형

아름답고 자연스러운 균형을 가진 가장 이상적인 얼굴형으로서 모든 헤어스타일이 잘 어울리지만 이마 노출 여부나 이목구비의 차이에 따라 헤어의 길이와 디자인이 달라질 수 있다. 선이 고운 계란형의 경우 부드러운 웨이브가 있는 헤어스타일이 이상적인데, 특히 키가 큰 경우 롱 헤어에 볼륨 있는 큰 컬이 잘 어울린다. 여성스럽고 로맨틱한 분위기를 원한다면 롱 웨이브 헤어스타일이 좋고, 숏 커트의 베이비 펌은 귀엽고 발랄한 이미지를 준다.

(2) 역삼각형

이마의 윗부분이 넓고 턱선이 갸름한 역삼각형은 얼굴형을 드러내기보다 턱까지 오는 길이의 헤어에 웨이브를 주어 부드러운 이미지를 주는 것이 좋다.

머리 길이가 짧을 경우에는 턱 아래로 내려오는 길이에 끝에는 웨이브를 주는 것이 좋다. 스트레이트 스타일은 층을 많이 준 롱 헤어스타일로 연출하는 것이 좋고 웨이브를 원한다면 짧은 커트는 피하고 턱선에 웨이브를 준 중간 길이의 헤어스타일을 함으로써 날카로운 이미지를 보완하고 부드러운 분위기를 줄 수 있다. 남성은 앞머리로 이마를 가려 턱선이 강조되지 않는 헤어스타일이 어울린다.

(3) 둥근형

실제 나이보다 동안으로 보이는 둥근형은 귀여운 이미지를 주지만 세련된 느낌이 다소 부족하다. 둥근 얼굴을 커버하기 위해서는 헤어스타일의 강조점을 위쪽에 두어 세로선을 강조하면 되는데, 이마를 드러내고, 옆머리는 턱선 아래까지 내려오는 긴 헤어스타일과 양쪽 길이가 다른 언밸런스 커트를 하는 것이 좋다. 머리 길이가 길다면, 하이 포니테일을 함으로써 시선을 위쪽으로 향하게 한다. 남성의 헤어스타일은 앞머리부터 정수리까지 볼륨을 주는 것이 좋다.

(4) 각진형

광대뼈와 각진 턱으로 강한 분위기를 주며, 주로 동양인의 얼굴에서 많이 보인다. 턱선 아래 정도의 길이로 헤어에 층을 내어 굵은 웨이브나 컬을 주어 세련되면서도 부드러운 이미지를 연출한다. 따뜻한 계열의 색상으로 염색하고, 옆머리를 크고 굵게 안으로 컬을 만들어 넣어 클래식하면서도 지적으로 연출한다. 남성은 앞머리를 드러내어 시선을 위로 향하게 하고, 양쪽 옆머리는 약하게 웨이브를 준 후 귀를 반쯤 덮으면 부드러운 이미지를 줄 수 있다.

2) 헤어스타일과 이미지

자신의 이미지 또는 원하는 이미지에 맞추어 헤어스타일링을 함으로써 세련된 분위기를 내고 다양한 변화를 즐길 수 있다.

(1) 내추럴 이미지

친근하고 아늑하며, 온화한 분위기를 내는 내추럴(Natural) 이미지를 위해서는 부드럽게 웨이브 진 긴 머리나 물결 모양의 헤어컬로 스타일링한다.

(2) 클래식 이미지

보수적이면서도 고전적인 아름다움을 표현하는 클래식(Classic)은 시대를 초월하는 가치를 지닌 이미지로 지적이고 개성을 드러내는 스타일이 어울린다. 단정하게 뒤로 빗어 넘겨 묶는 스타일이나 볼륨을 살린 심플한 스타일이 어울린다. 중간 길이의 보브 스타일과 가르마를 옆에 낸 층진 단발 길이의 헤어스타일도 클래식한 분위기를 연출한다.

(3) 엘레강스 이미지

우아하고 세련된 품위를 지닌 이미지로서 부드러운 웨이브가 강조된 헤어스타일이 성숙미와 고급스러운 느낌을 나타낸다. 가볍게 묶는 스타일 또는 볼륨감을 준 업스타일 등이 잘 어울린다.

(4) 모던 이미지

도회적이고 하이테크한 분위기를 주는 모던 이미지를 연출하기 위해서는 복잡한 장식 없이 헤어의 길이에 차이를 준 단정한 단발 스타일이나 보이시한 커트 등이 좋다.

4. 향수

향수는 종교적 의식 및 교감을 이루는 데 사용되던 것이 시초라 할 수 있으며, 이성 유혹 목적으로도 사용되어 왔다. 서양은 향수 산업이 오래전부터 발달하였는데, 이는 동양에서는 성적으로 보수적인 관념을 갖고 있어 향수 사용을 금기시하였기 때문이다. 과거에는 귀족들만 향수를 사용했으나 시대가 바뀌면서 신분 체제가 사라지고 향수는 패션의 일부분으로 대중화되었다.

향수는 향이 지닌 고유의 분위기와 더불어 치료나 감정적 측면에서 미치는 효과가 중요하다. 아로마 테라피는 향의 종류에 따라 흥분을 유발하거나 반대로 스트레스를 완화하고 차분하게 하는 효과가 있음을 활용한 것이다. 오늘날 향수는 상대방에게 신비롭고 깊은 인상을 주는 호소력 있는 패션의 마무리이자 최고의 액세서리이다.

1) 향료의 농도에 따른 향수의 분류

향수는 향료의 농도에 따라 퍼퓸, 오드퍼퓸, 오드트왈렛, 오드콜로뉴, 샤워콜로뉴로 나누어지며 향료 원액량이 적을수록 방향성이 높아진다. 퍼퓸은 향료 농도 15~30% 정도로 향이 진해 찍어서 바르고 향의 지속시간은 10시간 이상이며, 오드퍼퓸은 9~12% 농도로 지속시간은 5~7시간 정도이다. 초보자가 사용하기 적당한 향수는 오드트왈렛이며 향료 농도는 5~7%, 향기 지속시간은 3~4시간이다. 오드콜로뉴는 향료 농도 2~5%, 향기 지속시간 2~3시간으로 샤워 후에 가볍게 사용한다. 향의 농도가 진한 향수는 비즈니스나 낮 외출 시에 사용하기에는 부적합하고, 은은한 향을 지닌 오드트왈렛이나 오드콜로뉴는 평소에 무리 없이 사용할 수 있다.

향수에 들어 있는 화합물과 향료 분자의 종류에 따라 향과 휘발성의 정도, 그리고 무게가 다르며 증발 속도의 차이가 나타난다. 이는 향수를 뿌렸을 때 시간대별로 다른 향이 나타나는 원인으로서 단일 노트 향수는 시간대에 따라 향이 변하지 않는다.

향수는 시간의 흐름에 따라 톱 노트, 미들 노트, 베이스 노트의 3단계로 구분된다. 일반적으로 톱 노트(Top Note)는 상향, 헤드 노트라고도 불리며, 방향성이 높은 향취를 갖고 있어 뿌린 순간에 향이 나며 동시에 가장 빨리 증발하는 향이다. 첫인상을 결정짓는 향이기에 대단히 중요하며, 주로 시트러스, 플로럴 노트 등이 여기에 해당된다. 중간 향인 미들 노트(Middle Note)는 하트 노트라고도 불리는데, 톱 노트가 사라지면서 나는 향으로서 향수의 테마를 이루는 안정되고 조화로운 향이다. 뿌리고 나서 10분 정도 지난 후 향기가 나며, 지속시간이 길지 않고, 구별도 어렵다. 마지막 향인 베이스 노트(Base Note)는 하향, 보텀 노트, 또는 잔향이라고도 불리는 것으로 스프레이한 후 3시간 이상 지난 후에도 향을 맡을 수 있어 가장 오래 남는 향이다.

2) 향의 종류에 따른 향수의 분류

향은 크게 식물성 천연 향료와 동물성 천연 향료로 분류된다. 식물성 향료는 꽃과 허브, 과일, 이끼 등 식물을 원료로 추출한 것들로서 시트러스, 프루티, 플로럴 등 가벼운 향은 세련되고 젊은 느낌을 주므로 대중적인 인기가 많다. 동물성 천연 향료는 머스크, 앰버, 시베톤 등이 있는데, 중후하고 무거운 느낌의 향수들은 고전적이고 올드한 분위기를 준다.

- 플로럴: 대표적인 향수 향료로서 추출한 꽃의 종류에 따라 이미지가 다양하며, 여성들이 주로 선호하는 향이다.
- 허벌/허브: 허브와 민트류 계열에서 추출한 것으로 청량하고 안정감이 있는 향이다.
- 시트러스: 시트러스과의 과일에서 추출한 가볍고 새콤한 향으로서 캐주얼웨어에도 잘 어울린다.
- 프루티: 시트러스를 제외한 과일들에서 추출한 것으로 라이트한 느낌의 달콤한 향을 일컫는다.
- 그린: 풀을 으깰 때 느껴지는 향으로 주로 톱 노트에 활용되며 가벼운 분위기에 잘 어울린다.
- 모스: 이끼향으로서 촉촉한 느낌이 든다.
- 우디: 나무를 원료로 하며 안정감이 있고 향의 분자가 무거워 베이스로 주로 사용된다. 가벼운 우디 향은 차분한 분위기가 있으며 한여름을 제외한 사계절에 사용할 수 있다.
- 애니멀릭: 동물에게서 얻는 원료로부터 나온 향으로 사향(머스크), 용연향, 영묘향 등이 있으며, 중후하고 안정감이 있어 베이스로 쓰인다.
- 오리엔탈: 유향, 발삼, 몰약 등을 원료에서 추출한 향으로 동양적이고 관능적인 느낌을 주며, 때로는 부드럽고 때로는 자극적인 분위기를 주기도 한다.
- 아쿠아/워터: 허브, 시트러스, 그린, 프루티, 플로럴 등을 혼합하여 시원하고 상쾌한 느낌을 연출한 향이다.
- 알데히드: 대표적인 인공향 계열로서 다른 향과 혼합하여 쾌적한 느낌을 낸다.

3) 향수 선택과 사용법

개성과 분위기에 어울리는 향수는 각 개인을 더욱 돋보이게 한다. 향기는 체온과 분비물, 시간의 경과에 따라 변하는 매우 섬세한 성질을 지니고 있어 타인이 뿌린 향수가 좋더라도 그것이 자신에게 맞는 향이라고 할 수는 없다. 처음 향수를 접할 때는 산뜻하고 가벼운 식물성 향이 무난하며, 향수에 익숙한 사람은 딥한 느낌의 동물성 향으로 성숙한 분위기를 표현할 수 있다.

향수 구입은 후각이 민감한 오후 시간대에 하는 것이 좋으며, 스트립이나 티슈를 사용해 팔 안쪽에 살짝 뿌린 후 시간을 두고 테스트한다. 이때 톱 노트, 미들 노트, 라스트 노트(잔향)를 모두 확인해야 한다. 각각의 향이 지닌 차이를 구별하기 위해서는 한 번에 여러 가지 향을 맡지 않는 것이 좋다.

향수는 깨끗이 샤워한 후 무릎, 팔꿈치 안쪽, 목덜미, 가슴의 쇄골과 쇄골 사이, 손목 등 맥박이 뛰고 다른 부위에 비해서 체온이 높은 곳에 뿌리면 좋다. 향수에 포함되어 있는 알코올 성분이 발산하기 쉽고 향기가 퍼지는 효과가 배가 되기 때문이다. 그리고 땀이 나는 부위나 겨드랑이 등을 피해서 뿌려야 고유의 향을 깨뜨리지 않는다.

퍼퓸처럼 농도가 진한 향수는 피부에 직접 뿌리면 얼룩이 질 수 있기에 옷의 안감에 뿌리는 것이 좋다. 또한 목과 좌우 어깨 쪽은 향수를 뿌리면 향이 바로 코에 전달되어 자극하므로 뿌리지 않는 것이 좋다. 민감한 피부라면 향수를 화장 솜에 뿌려 옷 안쪽에 두드려 사용함으로써 피부에 직접적으로 닿지 않도록 한다.

향수는 계절과 시간, 장소, 상황, 패션 스타일 등에 맞춰서 뿌리는 것이 가장 중요하다. 계절별로 봄에는 생동하는 플로럴 계열, 여름에는 싱그러운 그린 계열이나 마린 계열이 좋다. 가을에는 따스한 느낌의 오리엔탈 계열, 겨울에는 머스크 향이나 관능적인 오리엔탈 계열이 좋다.

상황별 적절한 향수 선택을 보면, 기상 시에는 샤워한 듯한 시원한 느낌의 향이 좋은데, 라이트한 시트러스 계열이나 스파이스 향을 사용하여 개운한 정신으로 하루를 시작한다. 낮 외출 시에는 청정한 느낌의 마린, 플로럴, 그린 계열이 좋은데, 플로럴 계열의 향은 시간이 지나면서 은은하게 남아 이상적이다. 저녁 외출 시에는 깊이 있고 중후한 느낌의 시프레 또는 오리엔탈 계열이 좋다. 비즈니스나 업무상의 자리에서는 지적인 느낌의 향을 선택하고 강하지 않고 은은한 정도로만 뿌리는 것이 좋다.

패션별 어울리는 향수를 보면, 소녀 같은 청순한 스타일에는 로맨틱한 플로럴 계열의 향이 좋고, 세련된 비즈니스 슈트 차림에는 지나치게 가벼운 향이나 섹시한 향은 삼가는 게 좋다. 단아한 분위기를 주는 시프레 계열의 머스크 향이나 신선하면서도 건조한 느낌의 우디 향, 풋풋한 그린 계열의 향이 잘 어울린다. 캐주얼 스타일에는 시트러스 계열의 상큼한 과일향이 발랄한 이미지를 잘 살릴 수 있다. 니트나 면 셔츠, 사파리 재킷, 점퍼, 청바지 등 아웃도어 캐주얼 룩에는 우디 계열 또는 플로럴 향 같은 자유롭고 여유 있는 분위기의 향이 잘 어울린다.

5. 네일

시대와 문화권을 막론하고 가느다란 흰 손은 고귀한 신분을 나타내는 증표로 여겨져 왔으며, 수많은 여성들이 육체노동에서 자유롭다는 것을 알리는 표시로 손톱을 길러 왔다. 기른 손톱에는 다채로운 색을 칠해 더욱 돋보이게 하였는데, 귀족은 진한 붉은색을, 평민은 연한 붉은색을 사용하는 등 붉은색의 정도에 따라 계급을 나타냈다.

오늘날에도 잘 관리된 손톱은 좋은 인상을 심어 주며, 화장이나 패션에 따라 다양한 네일아트를 통해 이미지를 연출한다.

1) 손톱 형태에 따른 에나멜 바르는 법

손가락이 굵을 경우 가늘어 보이도록 가능한 한 손톱을 길게 기르고 전체적으로 계란형으로 바른다.

(1) 라운드(Round)

라운드형은 가장 여성적인 손톱 형태로 남녀노소 누구나 즐겨 하는 모양이다. 손톱의 양옆을 남기고 발라 폭이 좁아 보이도록 한다.

(2) 오벌(Oval)

부드럽고 여성적인 이미지의 오벌은 손톱 끝 전체를 계란 모양으로 다듬은 형태이다. 이상적인 손톱형으로 귀여운 손에 어울리며, 핑크 등 엷은 네일 컬러가 좋다.

(3) 스퀘어(Square)

샤프하고 도시적이며 개성적인 이미지를 보여 주는 스퀘어형의 손톱은 다른 형태에 비해 견고하다. 손톱의 양옆과 반월 부분을 남기고 바르면 손톱이 가늘고 길어 보이는데, 메탈릭한 색상이 잘 어울린다.

(4) 오버 스퀘어(Over square)

스퀘어의 각이 조금 둥글게 된 오버 스퀘어형은 누구에게나 잘 어울리는 형으로, 손톱이 약한 사람에게도 적합하다. 옅은 에나멜 색이 잘 어울리고, 마른 손에도 잘 어울리는 형태이다.

(5) 포인트(Pointed)

손톱 끝이 뾰족한 첨형은 클래식하면서도 와일드한 느낌을 준다. 손톱이 얇을 때는 잘 맞지 않으나 감각적이고 강한 분위기로 연출하고자 할 때 효과가 좋다. 뾰족한 모양이므로 둥근 느낌으로 바르거나 반월 부분을 남기고 바른다.

2) 손톱 관리

손톱 관리는 손톱 아래쪽에 피부로 덮인 큐티클과 손톱 바디 관리로 이루어진다. 일반적으로 큐티클 오일을 발라 피부를 불린 후 죽은 피부를 밀어내어 니퍼로 자른다. 손톱 바디 관리는 파일로 손톱의 모양과 길이를 다듬은 후 영양제나 베이스 코트를 발라 마무리한다. 때로는 버퍼를 이용하여 광택을 내준다. 전문 네일 숍에서 관리를 받는 경우, 다양한 종류의 네일 아트 시술을 받을 수 있다.

3) 네일 아트 소재의 종류

(1) 네일 폴리시

일반적으로 매니큐어라고 부르는 네일 폴리시는 에나멜 수지에 색소를 넣어 제조한 것이다. 유기용제 냄새가 강하게 나므로 바를 때는 반드시 환기를 시켜주는 것이 좋다. 제거할 때는 주로 아세톤을 사용한다. 지속력이 약하고 표현이 제한적이라는 단점으로 인해 최근에는 주로 셀프 네일에 쓰이고 전문 숍에서는 잘 사용하지 않는 추세다.

(2) 젤 네일

자외선 경화수지로 만들어진 젤 네일은 일반 폴리시에 비해 지속력과 광택이 뛰어나고, 다양한 재료를 활용하여 독창적이고 화려한 디자인으로 장식할 수 있어 네일 아트에 주로 이용된다. 경화 과정을 거치기 전에는 잘 굳지 않아 디자인 변형이나 수정이 쉽다. 일반적인 네일 폴리시보다 두껍게 발리는 젤 네일은 건조된 후 C 모양으로 손톱이 말려서 손톱을 가늘고 길어 보이게 한다.

(3) 글리터 네일

반짝이는 도료를 혼합한 글리터 네일은 야광 글리터, 미러 파우더, 플래시 글리터 등 다양한 종류의 글리터를 활용하면서 디자인의 범주가 확대되었고 재료와 용도에 따른 고급 테크닉이 필요하게 되었다.

(4) 3D 네일

3D 네일은 아크릴 파우더를 녹여 만든 합성수지 아크릴을 주재료로 사용하며, 매우 견고하고 유지력이 강하다. 파우더 색상이 다양하게 출시되면서 표현 가능한 색상 범위가 확대되었으며, 서로 다른 색상의 파우더를 혼합하여 그라데이션 효과를 낼 수 있다. 네일 아티스트의 역량과 고객의 취향에 따라 아크릴 파우더로 다양한 모양을 만들 수 있다.

(5) 스컬프처 네일

아크릴이나 젤을 활용하여 인조 손톱을 성형하는 것으로 모양이나 길이와 상관없이 원하는 형태의 손톱으로 바꿀 수 있다.

4) 네일 컬러별 이미지

(1) 빨간색

손톱 길이나 피부 톤에 관계없이 모두 잘 어울리는 빨간색은 일반적으로 손톱이 길면 길수록 더 밝은색이 어울린다. 잘 손질된 빨간색 네일은 낮에는 스마트한 이미지를, 밤에는 섹시한 이미지를 주고 싶을 때 사용한다. 다양한 종류의 빨간색 중에서 잘 어울리는 색을 결정하려면 손가락의 피부 톤에 맞게 선택하면 된다.

(2) 연베이지나 아이보리

바르지 않은 듯 자연스러워 보이는 색상으로서 매니큐어에 많은 시간을 들일 수 없는 사람도 무난히 사용할 수 있으며, 짧은 손톱에 잘 어울린다.

(3) 산호색, 오렌지 & 퍼플

노르스름하거나 그을려서 검은 피부에 아주 잘 어울린다.

(4) 연핑크

모든 사람의 피부 톤에 어울리는 색으로서 손질되지 않은 손톱에도 무난하게 바를 수 있는 색이다.

(5) 브라운과 레드와인 컬러

젊은 사람이나 갸름한 손에 가장 잘 어울린다.

(6) 펄 에나멜(Pearl enamel)

부드럽고 은은한 느낌을 주기 위해 보통 아주 얇게 바르는 것이 좋으며, 거의 바르지 않은 듯 자연스럽게 보이려면 한 번 정도만 바른다. 모든 메이크업에 잘 어울리며 매우 신비한 분위기를 연출한다.

5) 네일 컬러와 코디네이션

손톱은 움직임이 많은 손에 속해 있으며 네일 컬러에 따라 직업이나 성격, 기호 등을 암묵적으로 나타내는 역할을 한다. 일반적으로 네일 컬러의 선택은 피부와 립스틱 색상, 패션컬러, 그리고 계절과 개인적 취향을 따른다. 기본적으로 네일 컬러는 피부색과 같은 YR 또는 Y 계열의 색상, 또는 반대 색상인 PB(Purple/Blue)계의 색상을 사용하면 된다. 피부색이 밝은 톤이라면, 네일 컬러를 약한 대비를 이루는 것들로 선택할 시 깔끔한 인상을 준다. 보통 명도의 피부에는 비비드 톤이나 스트롱 톤과 같은 선명한 톤, 그리고 덜 톤, 딥 톤, 다크 그레이시 등 어두운 톤의 네일 컬러가 잘 어울린다. 이처럼 피부와 네일 색 간에 명도 차를 두게 되면 경쾌하고 활발한 이미지를 표현할 수 있다. 계절에 따라 각 계절색을 활용하는 것도 좋은 코디네이션의 한 방법이다.

먼저 옷차림에 따른 네일 색상을 보면, 일상적인 평범한 패션 스타일에는 페일 톤의 투명감이 있는 자연스러운 네일 색이 무난하고 시스루 패션에는 분위기를 살리는 펄이 섞인 것이 좋다. 사교 모임이나 파티, 레저를 즐길 때는 패션 스타일과 색상에 따라 비비드 톤이나 브라이트 톤 계열의 선명한 색상이 좋다. 한복에는 우아하고 차분한 느낌이 드는 파스텔 계열의 네일 컬러가 잘 어울린다.

다음으로 피부색에 따른 네일 색상을 보면, 손이 희면 빨강, 보라 계열이 잘 어울리고, 핑크빛이 도는 화사한 피부색에는 동일한 핑크 계열이나 파스텔 색상이 잘 어울린다. 그리고 대부분의 노르스름한 피부에는 난색 계열이 무난하다. 피부가 검은 손에는 약간 브라운 계열의 색이 잘 어울린다.

네일 색상을 선택할 때 메이크업의 색상도 고려해야 하는데, 립스틱과 동일한 계열이나 유사 계열의 색을 선택하는 것이 좋다.

Image Styling

Chapter 09

체형과 패션 스타일링

1. 체형 분류

1) 체형의 분류

체형이란 인체의 모양으로 체격을 외견상의 특징에 의하여 분류한 유형이다. 피복에서 체형이란 최후로 완성된 인체의 외형을 가리키는 말이다. 체형(somato type, somato frame, physical type)은 해부학상 '개인의 형태적 구조를 결정하는 기본적 성분의 성격'이라 정의되고 있다.

오늘날 가장 일반적인 체형 분류로 사용되고 있는 것은 셸던(Sheldon)의 것이다. 셸던의 체형 분류는 체질과 체형 간의 관련성을 바탕으로 발생학적인 인자를 고려하여 인간의 체형을 분류한 것으로, 체형의 종류를 중배엽성(근육형), 외배엽성(여윈 형), 내배엽성(지방형)으로 나눈다.

각 체형별 특징을 살펴보면, 중배엽성은 중배엽 조직인 뼈와 근육이 잘 발달되어 있는 체형으로, 주로 스포츠맨과 같은 강인한 체형이 많다. 외배엽성은 피부 조직, 신경 및 감각 계통이 잘 발달되어 있는 반면, 소화기나 근육의 발달이 미약한 체형이다. 따라서 소화기 질환이나 정신 질환에 걸리기 쉽다. 내배엽성은 소화 기관이 잘 발달되어 있으나 근육이나 뼈의 발달이 저조하며 전체적으로 둥글고 유연한 비만형이다. 다른 체형에 비해 소화기가 무겁고 심장 질환, 당뇨병, 고혈압, 신장병에 걸리기 쉽다.

또 다른 체형 분류로는 E. 크레치머(Kretschmer)의 분류가 있다. 키가 작고 어깨 폭이 좁은 데 비하여 몸통이 굵은 비만형, 키가 크고 뼈나 근육의 발달이 적은 세장형, 이 둘의 중간형으로 어깨 폭이 넓고 근골이 건장한 투사형의 세 가지 체형을 설정하였다.

세장형(섬약형, leptosomer type)은 전체적으로 여윈 형으로, 다소 약한 느낌을 주며, 평균보다 체중은 적고 키는 큰 편이다. 신경계는 발달한 편이며 근육 발달은 약하고 피하지방이 적으며 피부는 얇다. 손의 모든 뼈들이 가늘고 길며 다리도 손과 같이 가늘고 길다. 얼굴은 폭이 좁고, 코는 높고 뾰족한 경우가 많다.

투사형(역사형, athletischer type)은 골격과 근육의 발달이 좋으며 신체 전체가 균형 있게 발육하여 건강미가 보이는 체형이다. 키는 평균이거나 평균치보다 큰 편이고 어깨가 넓고 골반이 어깨에 비해 가늘어 남자의 경우 역삼각형이 두드러지는 경우가 많다. 여자의 경우 피하지방이 잘 발달되어 있다.

비만형(단신형, pycnischer type)은 전체적으로 둥근 형태를 띠며 피하지방의 발달이 좋은 체형으로, 키는 평균보다 작은 사람이 많고 목이 짧고 굵으며 얼굴은 둥근 느낌을 주는 경구가 많다. 흉곽은 두껍고 하부로 갈수록 넓어지며, 근육은 중 정도의 발달상태를 보이고 복부는 피하지방으로 인해 돌출된 모습을 보인다. 어깨와 팔다리의 근육이 잘 발달되지 않으며 몸통에 비해 어깨가 좁으며 손가락은 짧은 편이다.

2) 신체의 비례

수세기 동안 고대 그리스의 비너스 상은 여성미의 이상형으로 생각되어 왔으며, 예술가들이 신체적 완전함의 본보기로 사용하여 왔다. 신체 비례는 남녀 모두 머리 길이를 기준으로 하며, 8등신을 이상형으로 생각하지만 보통 사람은 7.5등신이다. 손목은 엉덩이의 가장 넓은 부분에 위치하고, 이 선에 의해 신장이 정확히 이등분된다. 목은 머리 길이의 1/2을 차지하며 가슴의 가장 넓은 부분은 머리 길이의 2배의 위치, 허리의 가장 가는 부분은 머리 길이의 $2\frac{2}{3}$배의 위치에 있다.

남성과 여성은 둘레 비에서 차이가 있다. 여성의 체형은 정면에서 보았을 때 어깨와 엉덩이의 너비가 같지만, 남성의 엉덩이 너비는 어깨너비의 3/4으로 여성보다 좀 더 날씬하게 보인다. 또 남성보다는 여성이 가슴/허리, 엉덩이/허리의 비가 더 크다.

3) 체형의 변화

사람들은 각각 다른 신체 조건을 가지고 있어 자신에게 어울리는 스타일이나 잘 맞는 옷 사이즈를 결정하기 위해 자신의 신체적 특징과 체형을 알 필요가 있는데 이는 자신의 신체 부위 둘레나 길이를 측정함으로써 손쉽게 파악할 수 있다.

사람은 생물학적으로 남성과 여성으로 구별되어 성별에 맞는 체형을 타고 나지만, 남녀 체형의 차이는 생활 환경에 따라서도 크게 좌우된다. 일반적으로 여성은 선이 가늘고 피하지방이 발달되어 체표는 부드러운 곡선을 그리고 형태는 둥근 모양을 나타내며, 가슴은 앞으로 나와 있고 골반이 발달하여 허리의 폭과 둘레가 넓으며 대퇴부도 굵다. 남성은 골격이 튼튼하고 근육이 잘 발달되어 있으며, 어깨 폭이 넓고 각이 져 있으며 몸통은 가늘고 골반은 길이 방향으로 길며 단단한 것이 특징이다.

연령에 따라 체형이 변화하며 어린이의 체형은 어른 체형의 축소가 아니라 어린이만의 독특한 모습을 나타낸다. 신생아가 성인에 이르기까지 두 번의 성장 급증기가 있는데 제1의 성장 급증기는 생후 3년 정도까지이며, 제2의 성장 급증기는 12세경이다. 성인 체격이 되는 연령은 평균적으로 남자는 18세, 여자는 16세이다.

노년 여성은 청년 여성과 차이가 나는데 연령의 증가와 더불어 흉추의 후만, 요추의 전만, 무릎 관절의 굴곡이 일어나고 근육 약화로 인해 복부가 돌출되며, 신장은 감소하고 체중은 약간 증가하는 경향을 나타낸다.

2. 체형 진단

체형은 일반적으로 표준 체형, 상체 비만 체형, 하체 비만 체형, 허리가 긴 체형, 허리가 짧은 체형으로 나눌 수 있다. 자신의 체형에 어떤 스타일이 가장 잘 어울리는지를 알려면 자신의 체형을 먼저 파악하는 것이 필요하다. 전신이 잘 보이는 거울 앞에 서서 자신의 모습을 자세히 살펴본다면 신체의 어느 부분에 어떻게 균형을 맞춰야 할지 쉽게 찾을 수 있을 것이다.

상체 비만형인지 하체 비만형인지는 비교적 파악하기 쉽지만, 짧은 허리형인지 긴 허리형인지는 파악하기 어렵다. 짧은 허리형과 긴 허리형의 구별 방법 중 하나는 흉곽이 좌골 바로 위에 얹혀 있다면 짧은 허리형이고, 흉곽과 좌골이 한 뼘 이상 차이가 난다면 긴 허리형이며, 그 중간 정도의 거리면 표준형이다. 또 다른 방법으로는 옷을 벗은 다음 전신 거울에 등을 비추고 손거울을 이용해서 거울에 비친 자신의 등을 살펴보는 방법이 있다. 허리와 어깨 사이의 거리가 허리와 엉덩이 아래 사이의 거리보다 길면 긴 허리형이고, 짧으면 짧은 허리형이며, 거리가 비슷하여 허리가 그 중간에 있다면 표준형이다.

1) 표준 체형

표준 체형은 가슴, 허리, 복부, 엉덩이 등이 과장됨 없이 균형이 잘 잡혀 있는 체형으로, 일반적으로 어깨와 엉덩이의 폭이 비슷하다. 이 유형은 어떤 스타일의 옷도 소화하기가 쉬운 편이다.

2) 상체 비만 체형

상체 비만 체형은 보통 배, 허리, 가슴, 등 위쪽까지 살이 붙는 경향이 있으며 어깨가 엉덩이보다 넓은 체형이다. 대개 허리가 구분되지 않으며 상대적으로 엉덩이는 작고 편평한 편이다. 상체 비만형의 넓은 어깨는 옷걸이처럼 옷이 걸리는 견고하고 훌륭한 뼈대 구실을 하여 본질적으로 패션에서 플러스 요인이 될 수 있으며, 넓은 어깨가 큰 가슴, 큰 흉곽, 큰 배 또는 넓은 등과 결합하면 전체적으로 크고 우람하게 보인다. 신체적 균형을 맞추기 위해 상체를 강조하고 싶지 않다면 날씬한 부분인 하체에 시선이 가도록 옷의 스타일을 선택하는 것이 중요하다.

3) 하체 비만 체형

하체 비만 체형은 어깨와 흉곽이 엉덩이와 허벅지보다 좁은 체형으로, 허리 아래의 엉덩이, 허벅지, 종아리 등에 군살이 붙는 체질이다. 가슴둘레는 평균이거나 작은 편이고 얼굴이나 목은 대체로 가늘다.

4) 허리가 긴 체형

허리가 긴 체형은 재킷 등 상의가 대체로 몸에 잘 맞으며 다른 것을 걸쳐 입을 공간이 비교적 많다는 장점이 있는 반면, 허리가 긴 만큼 다리가 짧을 확률이 높다는 단점이 있다. 그러므로 다리가 길어 보이게 하는 데 중점을 두어 옷의 스타일을 선택하도록 한다.

5) 허리가 짧은 체형

허리가 짧은 체형은 상체가 짧아 상대적으로 다리가 길어 보인다. 키는 다리 길이에 비례해 느껴지기 때문이다. 그러므로 다리가 길어 보이게 신경을 쓸 필요가 없으며, 오히려 상체에 여분의 길이를 더해서 균형을 맞추도록 해야 한다.

사이즈코리아(Size Korea)

사이즈코리아는 한국인 인체치수조사 사업으로 산업통상자원부 국가기술표준원에서 1979년 '국민표준체위조사'라는 명칭으로 시작하였으며, 약 5년 주기의 계측사업을 실시하여 방대한 한국인 인체표준정보를 보유하고 있다. 사이즈코리아 사이트(http://sizekorea.kr)에서 한국인의 체형 분류, 나의 체형 알아보기 등의 자료를 확인할 수 있다.

3. 여성 체형과 패션 스타일링

1) 여성 체형에 따른 패션 스타일링

여성의 체형은 일반적으로 표준 체형, 상체 비만 체형, 하체 비만 체형, 허리가 긴 체형, 허리가 짧은 체형으로 나누지만, 패션 스타일링과 관련하여서는 모래시계 체형, 직사각형 체형, 역삼각형 체형, 삼각형 체형, 둥근형 체형으로 분류하여 설명하는 경우가 많다.

(1) 모래시계 체형

- 가장 이상적인 체형으로 허리가 잘록하고 어깨와 골반의 비율이 적절한 체형이다.
- 패션을 이용한 보정이 거의 필요하지 않으며 본인의 몸매를 잘 드러낼 수 있는 옷으로 스타일링하는 것으로 충분하다.

(2) 직사각형 체형

- 일자 체형으로 주로 마른 사람이 이 체형에 속한다.
- 몸매가 잘 드러나는 옷을 피하며 어깨에 볼륨을 주는 디테일이 들어간 스타일링이 좋다.
- A라인 스커트로 골반을 보완하는 것이 좋으며 일자 라인은 피한다.
- 품이 넉넉한 옷을 입으며 스키니 핏은 선택하지 않는다.

(3) 역삼각형 체형

- 골반보다 어깨가 큰 체형으로 상체가 발달한 체형이다.
- 상의는 V라인의 넥 모양을 선택하며 색상은 어두운색으로 스타일링한다.
- 골반을 보완하기 위해 하의에 부피감을 주는 스타일링을 하는 것이 좋다.

(4) 삼각형 체형

- 상체보다 하체가 발달한 골반이 두드러지는 체형이다.
- 상의에 패드를 추가하여 어깨를 보완하고 벨트로 허리의 라인을 잡아 주면 밸런스가 맞는 스타일링이 된다.

• 하의는 헐렁한 것을 피하도록 한다.

(5) 둥근형 체형

• 허리가 발달하고 어깨가 둥근 체형이다.
• 상의로는 각이 잡힌 재킷을 선택하고 길이는 허리를 가려 주는 정도가 좋다.
• 벨트는 허리보다 위로 착용하여 시선이 다른 곳으로 갈 수 있게 스타일링 한다.
• 목이 파인 네크라인과 굵은 목걸이를 사용하여 시선을 위로 가게 한다.
• 어두운 색상의 옷을 선택하여 부피가 작아 보이도록 하며 밝은 색상의 옷은 피하도록 한다.

2) 여성의 신체 특징에 따른 패션 스타일링

(1) 목이 짧은 사람

• 터틀넥은 피하고 U넥, V넥의 네크라인을 선택하는 것이 좋다.
• 셔츠의 단추를 풀어 목의 길이감을 더하는 것이 좋다.

(2) 어깨가 넓은 사람

• 서양인에게 많은 체형으로, 여성적인 실루엣이 되기가 힘들다.
• 매니시한 테일러드 슈트나 견장이 있는 사파리 재킷, 트렌치코트 등이 어울린다.

(3) 상체 비만인 사람

• 구조가 뚜렷하게 잡히지 않는 부드럽고 흐르는 듯한 디자인을 선택한다.
• 상의는 심플한 형태가 좋으며 풍성한 스타일, 넓은 칼라, 러플, 견장, 어깨

패드는 피한다.

- 네크라인은 V 네크라인, 오픈 네크라인을 선택하며, 스퀘어 네크라인이나 보트 네크라인,홀터넥 등은 피한다.
- 하의는 통이 좁은 바지나 스커트를 선택한다.
- 폭이 넓은 벨트나 짧은 상의는 피한다.

(4) 가슴이 큰 사람과 작은 사람

- 가슴이 큰 사람은 상의에 여유가 있는 것을 선택하고 프릴과 같은 장식이 있는 것은 피한다. 그리고 소재는 부드럽게 늘어지는 소재를 선택하며 두껍고 빳빳한 소재는 피한다.
- 가슴이 작은 사람은 상의는 가슴 주위에 장식을 사용하는 것이 좋으며 소재는 풍성한 느낌이 나는 소재를 선택한다.

(5) 아랫배가 나온 사람

- 상의의 허리 부분에 여유가 있는 옷을 선택한다.
- 하의는 페그톱 팬츠, 배기 팬츠 등 엉덩이 주위에 여유가 있는 옷을 선택한다.
- 편물 소재의 옷은 체형을 부각시키므로 피한다.

(6) 허리가 긴 사람

- 하이 웨이스트 원피스를 착용하여 허리선이 가슴 쪽으로 올라간 착시 효과를 이용한다.
- 바지보다는 스커트를 착용하여 허리선의 위치가 보이지 않게 하는 것이 좋다.
- 하의와 같은 색의 넓은 벨트를 착용하면 허리선이 높아 보이고 다리가 더 길어 보인다.
- 허리 라인이 드러나는 이브닝드레스 실루엣은 피하는 것이 좋다.

(7) 엉덩이가 큰 사람

- 상의는 어깨가 넓은 상의를 선택하여 상대적으로 엉덩이가 작아 보이도록 한다.
- 하의는 엉덩이에 약간 여유가 있는 스타일이 좋으며 폭이 좁은 팬츠는 결점을 강조하게 되므로 피한다.

(8) 엉덩이가 처진 사람

- 한국 사람에게 많은 체형으로 엉덩이의 높이가 낮은 사람이다.
- 루즈 웨이스트 원피스와 긴 재킷을 착용하고, 엉덩이둘레에 여유가 있는 스커트나 팬츠를 착용한다.
- 뒷굽이 있는 구두를 신으면 엉덩이가 높아 보인다.
- 짧은 재킷, 하이 웨이스트 스커트, 타이트 스커트, 큐롯 스커트, 밑위가 짧은 팬츠 등의 디자인은 피한다.

(9) 종아리가 굵은 사람

- 긴 바지나 긴 스커트를 입어 종아리를 가려 주는 것이 좋다.
- 스커트의 헴 라인을 자신의 다리에서 가장 가는 부분에 맞추면 다리가 가늘어 보인다.
- 짧은 스커트를 착용할 경우에는 짙은 색의 스타킹을 신어 다리를 가늘어 보이게 한다.

3) 패션 스타일링의 효과

체형과 사이즈는 전체 외모에서 일부에 불과하며, 태도, 지성, 매너, 재치, 몸단장 같은 것들이 전체 외모 또는 이미지에 중대한 기여를 한다는 것을 명심해야 한다. 매력적인 미소와 같은 사소해 보이는 장점 하나를 가진 사람이 외모가 뛰어난 사람보다 더 큰 점수를 받을 수도 있는 것이다. 보기 좋은 체형이나 몸매를 갖추지 못한 것을 우아한 태도로써 보상받을 수 있으며, 자신의 장점을 살려 주고 단점을 보완해 주는 현명한 옷차림을 함으로써 상대에게 좋은 이미지로 기억될 수 있다.

사람들은 자신의 외모에 대해 타인이 생각하는 바를 자신의 이미지로 여기며, 여성들은 자신의 몸매가 말랐다고 느낄 때 만족도가 가장 높고 남들 앞에서 당당해지면서 자신감을 얻게 된다고 한다. 옷을 잘 입는 것으로 어린 시절에 형성된 심리적 불만족 현상을 어느 정도 치유할 수 있으며, 자부심과 바람직한 자아상을 키우거나 자존심에 생기를 북돋우는 역할도 할 수 있다. 근사하게 차려입고 거울을 봤을 때 거울에 비친 자신의 모습이 마음에 들면 기분도 좋아지게 된다. 마음에 드는 옷차림은 옷을 입은 사람에게 심리적 안정감을 주면서 자신이 원하는 위치로 한 발짝 더 가까이 다가설 수 있다는 자신감을 줄 수 있다.

(1) 날씬하게 옷 입는 비결

- 단색 계열, 어두운 무채색의 옷을 주로 입는다.
- 비례와 균형을 잘 맞춘다.
- 조금 작거나 큰 옷을 절대 입지 않는다.
- 숄, 스카프를 두르거나 레이어드 룩을 이용해 군살을 감춘다.
- 체형 보정 속옷 등, 속옷을 잘 갖추어 입는다.
- 뻣뻣하거나 번들거리는 소재는 피한다.
- 크고 눈에 띄는 액세서리는 피한다. 문양, 단추, 칼라, 주머니 등은 작은 것이 좋다.
- 항상 단순하게 입는다.

(2) 헤어스타일 팁

두상이 작아 보이게 하고 싶다면 두개골 라인이 드러나는 스타일을 시도해 본다.

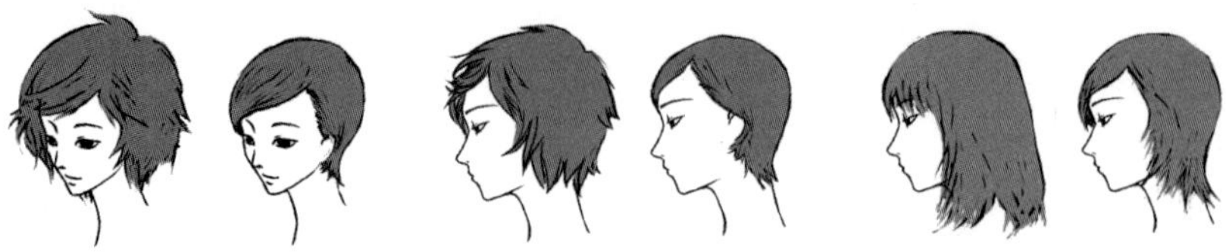

X O X O X O

(3) 스카프 활용 팁

스카프를 세로로 맬 경우, 가운데를 묶는 것보다 옆으로 묶어 한쪽에만 긴 라인을 드리우면 좀 더 날씬한 느낌을 유도할 수 있다.

O X

(4) 액세서리 활용 팁

목걸이나 스카프를 활용하여 상체에 긴 라인을 만들면 좀 더 날씬한 느낌을 유도할 수 있다.

O O X

(5) 핸드백 드는 방법

손에 들기, 팔에 걸기, 어깨에 걸기 중에서 핸드백의 위치가 위로 올라갈수록 몸매가 슬림해 보이는 효과가 있으며, 끈이 길거나 밸런스가 아래로 향할수록 촌스러워 보인다.

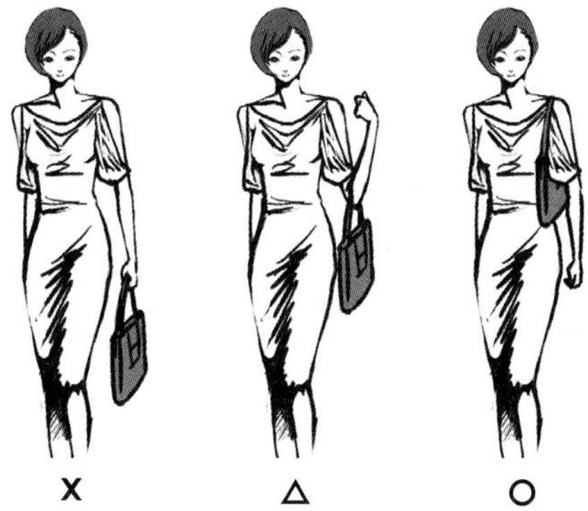

(6) 구두 색

구두는 다리의 연장으로 보이므로 다리의 색과 구두의 색은 같은 계열이 좋다.

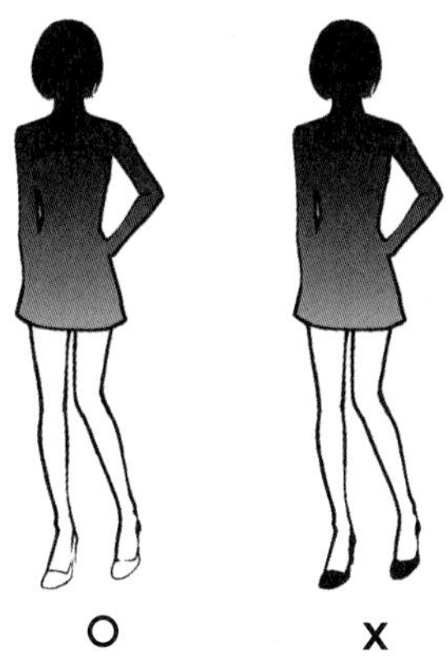

4. 남성 체형과 패션 스타일링

1) 남성 체형별 패션 스타일링

(1) 역삼각형

- 트임 없는 슬림한 실루엣의 싱글 브레스티드 슈트가 어울린다.
- 가는 허리를 강조하는 벨트형 재킷이나 코트가 적절하며 조끼를 착용하여 어깨가 좁아 보이게 한다.
- 체격이 커 보이지 않게 하는 얇은 니트를 입는다.
- 색상은 상의는 짙은 색, 하의는 옅은 색을 선택한다.
- 큰 어깨 패드나 눈에 띄는 스트라이프 무늬 재킷을 피하는 것이 좋다.

(2) 직사각형

- 더블 브레스티드 코트나 재킷, 커다란 어깨 패드, 견장 디테일, 가슴 주머니가 달린 재킷이 어울리며 라운드 네크라인보다는 칼라가 있는 스타일이 좋다.
- 허리를 적당히 피트시켜 가늘게 보이게 연출하고 조끼와 함께 입는 스리피스 정장 스타일이 좋다.
- 마른 직사각형 체형에는 밝은 색상의 상의, 풍성한 스웨터를 착용한다.
- 머리에 볼륨을 주지 않고 단정하게 붙여 두상을 작아 보이게 하면 어깨가 더 넓어 보일 수 있다.
- 전체적으로 얇은 소재, 어두운 색상은 피하도록 한다.
- 진한 색상, 얇은 소재는 어깨가 빈약해 보일 수 있다. 라운드 네크라인은 피하는 것이 좋다.

(3) 오벌형

- 체형이 드러나지 않는 길고 헐렁한 재킷과 바지를 선택한다.
- 싱글 브레스티드 재킷의 윗 버튼만 채워서 활용하고 스트라이프 무늬의 재킷, 셔츠, 넥타이가 어울린다.
- 벨트 대신 서스펜더를 착용하는 것이 좋다.
- 동일 계열 색상의 상의와 하의를 선택한다.
- 깊은 V 네크라인의 상의, 체형이 드러나지 않는 약간 여유 있고 긴 재킷과 진한 색상의 옷을 선택하는 것이 좋다.
- 더블 브레스티드 재킷이나 부피가 있는 소재의 의류는 피한다.

2) 남성의 신체 특징에 따른 패션 스타일링

(1) 얼굴이 큰 사람

- 어깨선이 원래 어깨선보다 더 넓은 드롭 숄더의 옷을 이용하여 상대적으로 얼굴을 작아 보이게 한다.
- 목이 드러나게 스타일링하거나 라펠이 큰 옷을 착용하여 얼굴에만 시선이 집중되지 않도록 한다.
- 안경을 착용하거나 수염을 길러 얼굴의 여백을 줄인다.

(2) 어깨가 좁은 사람

- 어깨 라인이 오버핏이거나 진동선에 부피감이 있는 것으로 어깨를 넓어 보이게 스타일링한다.
- 견장이 있는 옷을 착용하여 좁은 어깨를 보완한다.
- 레이어드 룩을 이용하여 상체를 커 보이게 한다.
- 두께감 있고 힘 있는 원단의 옷으로 스타일링한다.

(3) 허리가 긴 사람

- 상의의 패턴이 화려한 것을 선택한다.
- 재킷 길이는 엉덩이의 중간까지 오는 것을 착용하여 허리선을 숨겨 준다.
- 코트 길이는 너무 길지 않게 무릎 위 정도로 한다.
- 슬림핏의 하의를 착용하여 다리가 길어 보이게 스타일링한다.

(4) 배가 나온 사람

- 상의는 허리 라인이 없는 일자 핏의 상의를 착용한다.
- 스리피스를 착용하여 베스트가 배를 가려 주도록 한다.
- 넥타이를 이용하여 배로 가는 시선을 분산시킨다.
- 소재는 힘이 있는 것을 이용하여 각이 잡힌 옷이 되도록 한다.
- 색상은 어두운색을 선택하여 스타일링하는 것이 좋다.

(5) 허벅지가 굵은 사람

- 허리에서 밑단으로 내려가며 점점 통이 좁아지는 형태인 테이퍼드 핏의 바지를 착용하는 것이 좋다.
- 다리 라인이 그대로 드러나는 스키니 핏의 바지는 피하며 허벅지에 적당히 여유가 있는 것이 좋다.
- 소재는 광택감이 없는 것이 좋다.

(6) 다리가 짧은 사람

- 스트레이트 핏의 바지를 착용하는 것이 좋다.
- 상의를 바지 안으로 넣어서 스타일링한다.
- 색상은 상의와 통일하고 벨트도 비슷한 색을 선택하여 허리선이 강조되지 않게 하는 것이 좋다.

Chapter 10

옷장 정리와 패션 스타일링

1. 옷장 심리

옷은 제2의 자아로서, 우리는 패션을 통해 아이덴티티와 개성을 표현한다. 옷을 구매하고 입을 때의 심리 상태를 연구하는 '의상 심리'와 함께, 옷장의 주인이 어떤 옷을 구매하고 보관하고 코디에 활용하는지를 파악하여 옷장 주인이 느끼는 심리적 고민, 내면의 욕구 등을 연구하는 '옷장 심리'라는 용어가 새롭게 등장하였다. 옷장에 걸려 있는 옷들이 옷장 주인의 무의식을 반영한다고 보는 것이다.

옷장에 옷이 가득한데도 입을 옷이 없고, 물건을 도저히 버리지 못해 침대 밑 공간에까지 보관하는 저장 강박 증세가 나타날 수도 있다. 인간은 공간으로부터 많은 영향을 받으며, 공간이 심리 상태를 반영한다. 따라서 비움과 채움의 균형을 통해 옷장을 정리하는 습관이 필요하다.

옷장에 같은 물건이 여러 개 있는가? 가격표도 떼지 않은 옷이나 액세서리가 있는가? 옷을 모두 넣으면 옷장의 공간이 부족한가? 이와 같은 질문에 '그렇다'

라고 대답했다면, 쇼핑 중독일 가능성이 크다. 쇼핑 중독과 충동구매에서 벗어나기 위해 지갑 없이 아이쇼핑을 하고, 구매를 미루고, 인터넷 쇼핑몰 회원에서 탈퇴하는 노력을 해 보자.

'패션 치료'라는 새로운 분야를 개척한 임상 심리학자 제니퍼 바움가르트너는 자신의 저서 『옷장 심리학』(2013)을 통해 자기 자신을 분석하는 '과거-현재-미래'와 관련된 체크리스트를 제시하고 이를 근거로 심리 치료를 하고 있다.

2. 옷장 정리

1) 옷 줄이기

가장 정리하기 힘든 것 중의 하나가 옷이다. 자주 입는 옷과 필요한 옷만 남기고 그 외의 옷은 버려서 여유 있게 수납하면 옷을 정리하는 스트레스가 줄어든다. 버리기 아까운 옷은 지인에게 주거나 기부 또는 리폼한다. 입었을 때 느낌이 별로 좋지 않거나 자신을 아름답게 만들어 주지 못한다면 고가의 옷이라도 처분하는 게 좋다.

2) 옷장 정리 방법

옷장 안의 옷은 되도록 걸어서 수납하는 것이 좋다. 티셔츠나 바지는 접어서 수납하는 경우가 많은데, 옷을 접어서 정리했을 때는 입을 옷을 고르면서 펼치고 또다시 접는 수고를 해야 하지만 옷을 걸어서 정리하면 그럴 필요가 없고 옷 전체를 볼 수 있다는 장점이 있다.

늘어나기 쉬운 니트 소재 옷이나 속옷, 양말 이외에는 모두 옷걸이에 걸어서 수납하는 것을 추천하며, 옷을 걸 때는 재킷, 스커트, 팬츠, 원피스 등 아이템별로 걸어 두는 것이 좋고 아이템 내에서는 색상 그러데이션을 맞추어 정리한다. 이렇게 하면 어떤 아이템을 얼마나 가지고 있는지 한눈에 파악할 수 있고 입을 옷을 고를 때도 보기 편하며, 다음 쇼핑할 때 참고하기도 좋다.

한편, 접어서 정리하는 아이템은 속옷이나 양말, 니트 소재의 옷이다. 수납 박스나 서랍에 넣을 때도 세워서 수납하면 한눈에 볼 수 있어 찾기 쉬울 것이다. 세워서 수납하기 위해서는 수납 케이스 등을 사용하여 서랍 안을 칸막이해 두면 편리하다.

(1) 수납 원칙

가. 옷걸이 통일

옷걸이를 하나로 통일하면 옷장 안이 깔끔해 보이며 얇은 옷걸이를 사용하면 수납을 많이 할 수 있다. 여성용 옷걸이는 보통 폭 40cm 정도가 적당하다.

나. 가방은 파일 박스에 세워서 수납

다른 아이템과 마찬가지로 가방도 세워서 수납하는 것이 기본이며 세울 수 없는 가방은 파일 박스를 사용하여 수납하는 것이 좋다.

다. 계절별 옷 정리

1년 내내 입을 수 있는 옷이 많으므로 계절별 옷 정리는 한여름, 한겨울 제품에 국한되는 원피스와 겨울 코트 등이어서 의외로 간단하게 정리할 수 있다.

(2) 옷장 정리 예시(상부와 행거부로 구성된 옷장)

아래 그림은 가장 일반적인 타입의 옷장 또는 벽장 내부의 모습이다. 의류는 아이템별로 정리하는 것이 좋고 길이가 짧은 옷은 옷장 하부에 서랍을 설치하여 다른 옷을 수납한다. 상부에는 가방, 모자, 비수기 의류를 수납한다. 파이프 행거가 이동 가능하게 제작되어 있다면 상부 선반 아래 바짝 올려서 사용한다. 이렇게 하면 아래 공간에 여유가 생기기 때문에 그만큼 서랍의 수를 늘리거나 바구니를 활용한 수납 등을 하기 쉬워진다.

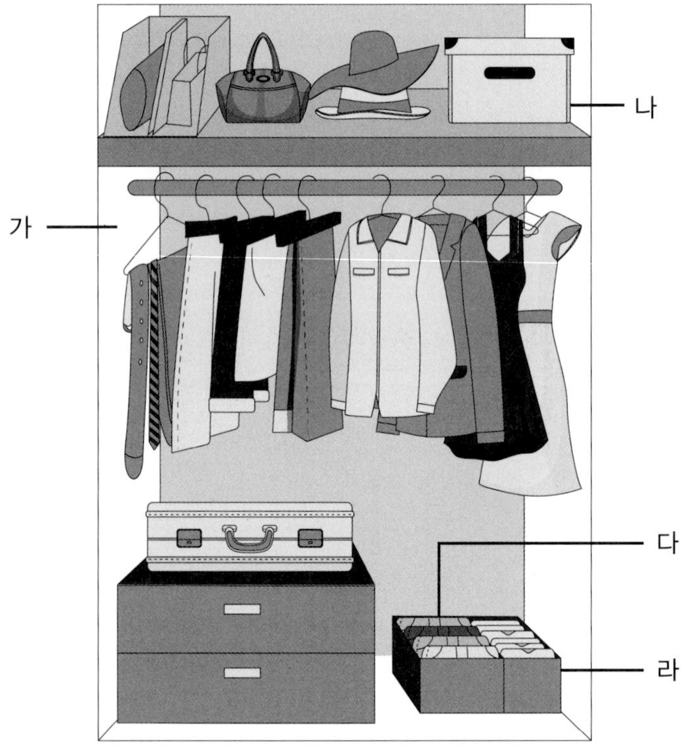

가. 양측 벽을 활용하여 소품을 걸어 수납

양측 벽에 후크를 부착하거나 벨트용 행거를 사용하여 벨트나 스카프, 액세서리를 수납한다.

나. 비수기 옷은 상자에 넣어 상부에 수납

옷장 상부에는 비수기 옷을 두는데, 가벼우면서도 떨어지더라도 안전한 천으로 된 수납 케이스에 넣으면 좋다.

다. 데님 팬츠는 바구니에 수납

데님 팬츠는 구김이 잘 가지 않기 때문에 전용 바구니를 만들어 접어서 수납해도 좋다.

라. 임시 보관용 빈 바구니 사용

옷장 하부 공간에 여유가 있으면 빈 바구니를 두어 실내복 등 평상시 집에서 입는 옷을 넣어 두면 편리하다.

3. 패션 스타일링 기법

패션 스타일링 기법으로는 아이템에 따른 피스 코디네이션, 플러스 원 코디네이션, 크로스오버 코디네이션, 소재에 따른 패브릭 코디네이션, 패턴 온 패턴 코디네이션, 착장법에 따른 레이어드 코디네이션, 미스매치 코디네이션 등이 있다.

1) 피스 코디네이션

피스(piece) 코디네이션은 패션 코디네이션의 기본으로, 피스는 셔츠, 스커트, 재킷, 코트, 조끼, 바지 등의 단품을 지칭한다. 피스 코디네이션은 단품들을 아름답게 어울리도록 매치시키는 가장 일반적인 멋내기 연출법이라 할 수 있다.

숙련된 기술이 없어도 비교적 누구나 손쉽게 개성을 표현할 수 있는 간단한 코디법이다.

2) 플러스 원 코디네이션

플러스 원(plus one) 코디네이션은 어떤 스타일에 한 가지 아이템을 더해서 새로운 이미지로 변화시키거나 기존의 이미지를 더욱더 풍부하게 연출하는 방법이다. 하와이안 셔츠에 밀짚형 모자를, 드레시한 슈트에 보이시한 헌팅캡을, 검정 슈트에 화려한 벨트나 가방을 코디하는 등, 패션 소품을 이용하여 이미지의 변화를 가져오는 경우가 일반적이다. 블랙과 화이트의 단순한 재킷과 바지에 화려한 스팽글 벨트를 착용하거나, 지그재그 모양의 편직물과 벨벳 팬츠에 머플러를 걸침으로써 따뜻하고 편안한 느낌을 살리는 등, 아이템을 활용하는 방법도 플러스 원 코디네이션의 예이다.

3) 크로스오버 코디네이션

크로스오버(crossover)는 '교차시키다, 짜 맞추다'라는 뜻인데, 패션에서는 서로 상반되는 디자인이나 재질, 색채, 이미지 등을 매치함으로써 의외성을 강조하고 신선함을 추구하는 코디네이션 방법이다. 부드러운 재질과 딱딱한 재질의 소재를 이질적으로 구성하거나, 화려한 무늬의 다마스크 바지와 무난한 무늬의 상의를 이질적인 감각으로 결합하여 독특한 분위기를 만들 수도 있다. 또는 매니시한 재킷과 로맨틱한 레이스 스커트, 웨스턴 이미지의 스웨이드 바지와 가장자리 파이핑이 돋보이는 깔끔한 재킷을 믹스 앤 매치하여 코디할 수 있다.

4) 패브릭 코디네이션

패브릭(fabric) 코디네이션은 같은 소재의 직물에 디자인, 무늬, 색상으로 변화를 준 코디네이션이다. 소재의 통일성 위에 디자인의 변화나 체크, 스트라이프 등 무늬의 변화로 세련된 스타일을 연출할 수 있다.

5) 패턴 온 패턴 코디네이션

패턴 온 패턴(pattern on pattern) 코디네이션은 무늬, 즉 패턴을 적극적으로 살리는 연출 방법이다. 패턴 온 패턴 코디네이션은 아이템마다 무늬를 부각시켜 생동감 있는 이미지를 연출하는 방법으로, 상당한 패션 감각을 요구한다. 같은 무늬로 코디할 경우 무늬에 강약을 주어야 하며, 다른 무늬로 코디할 경우에는 크기나 속성 등을 통일시키거나 그 안에서 무늬의 형태나 크기, 색채의 구성에 통일성을 주어야 한다.

6) 레이어드 코디네이션

레이어드(layered) 코디네이션은 패션 분야에서는 '몇 개의 옷을 겹쳐 입는다'는 의미로 사용된다. 레이어드는 원래 '층을 이룬', '겹친'이라는 의미의 형용사로, 코사크족(러시아 지방의 소수 민족)의 의상에서 유래하였다. 레이어드의 초기 형태로는 블라우스와 스커트 위에 재킷을 입는 정장 차림에서 탈피하여 블라우스 위에 반소매 스웨터를 입는 예가 대표적이었다. 지금은 원피스 드레스 안에 레깅스를 겹쳐 입는 등 다양한 코디네이션으로 응용되고 있으며, 레이어드 코디네이션은 스타일링의 기본적인 방법으로 정착하였다.

레이어드 코디네이션의 방법

- 아이템의 위치를 전환하여 입기
- 동일하거나 연관되는 아이템을 겹쳐 입기
- 시즌에 관계없이 겹쳐 입기
- 아우터를 짧게 입기

7) 미스매치 코디네이션

미스매치(mismatch) 코디네이션은 일반적인 조화를 무시한 코디네이션 방법으로, 자유분방한 배색과 소재나 무늬를 매치하여 재킷, 셔츠, 팬츠, 넥타이를 전혀 이질적으로 코디하는 것이다. 따라서 의외성과 진기함이 특징이다. 미스매치 코디네이션은 기존의 미적 안목과 시각에서 탈피하여, 서로 상반되는 모양이나 이미지를 하나로 결합시켜 이질감이 주는 충격을 아름다움으로 승화시키고 신선한 느낌을 추구한다.

미스매치 코디네이션의 방법

- 형태: 실루엣의 대조, 상반신과 하반신의 대조
  큰 사이즈의 재킷에 타이츠 형태의 팬츠를 매치
  꽉 끼는 재킷에 벌룬스커트를 매치
- 색채: 규범이 파괴된 색채, 납득되지 않는 배색으로 의외성 추구
- 소재: 전혀 어울리지 않는 소재, 용도와 이미지가 다른 소재를 결합
  예) 진+실크, 울+레이스, 가죽+레이스, 가죽 팬츠+시폰 블라우스
- 감각: 개성에 따라 희소성을 찾아서 색다른 멋을 즐기는 패션
  이질적인 감각을 결합해 매치
  예) 로맨틱 감각+스포티 감각, 도시 감각+전원 감각, 전통적+혁신적

4. 패션 액세서리 스타일링

1) 신발

여성의 신발은 기본적으로 슈즈, 샌들, 부츠 등 세 가지로 나눌 수 있다. 슈즈는 펌프스에 끈과 잠금 장치를 쓰지 않고 구두의 입구가 비교적 좁은 것을 총칭한다. 샌들은 굽의 높이에 관계없이 발등 부분이 거의 노출되어 있으며 끈이나 폭이 넓은 밴드로 여미도록 되어 있는 구두의 총칭이다. 부츠는 입구가 발목 위로 올라오는 신발의 총칭이다.

(1) 슈즈(shoes)

가. 펌프스(pumps)

펌프스는 발목을 감싸는 끈이나 장식이 붙어 있지 않은 여성 구두로, 착용자가 쉽게 신을 수 있도록 입구가 발가락 쪽으로 깊게 파여 있고 발등 부분이 넓게 트여 있다. 발끝이 드러나게 디자인한 오픈 토 펌프스, 발뒤꿈치 부분이 끈으로 처리된 오픈 백 펌프스, 발의 옆면이 트여 있는 사이드 오픈 펌프스 등이 있다.

나. 스니커즈(sneakers)

스니커즈는 캔버스 슈즈와 같은 용어이다. '스니커'는 '살금살금 걷는 사람'이라는 뜻으로, 밑창이 고무로 되어 있어 걸을 때 소리가 나지 않는다고 해서 붙은 이름이다.

다. 모카신(moccasin)

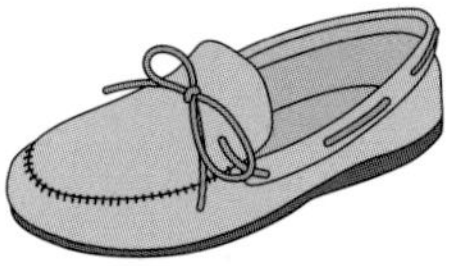

모카신은 아메리카 인디언들이 신었던 뒷굽이 없는 구두에서 유래하였다. 굽이 없고 신발이 가벼워서 착용자가 신고 움직이기에 편한 반면, 충격에 약하다.

라. 플랫 슈즈(flat shoes)

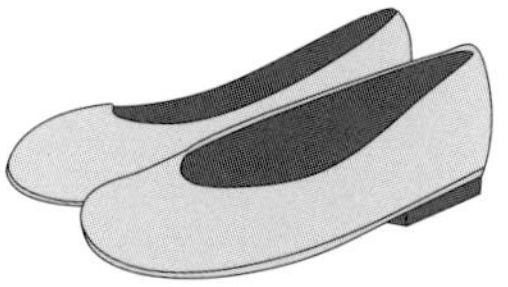

플랫 슈즈는 발레리나의 전유물이었던 토슈즈가 변한 것으로, 예쁘면서도 착용감이 편하다. 굽이 1cm 미만이어서 높은 굽의 구두를 불편해하는 여성들이 즐겨 신는다.

마. 로퍼(loafer)

로퍼는 굽이 낮으면서 부드러운 가죽 소재가 발등을 덮는 디자인의 슈즈이다. 별도의 여밈 장치가 없어 신고 벗기 편리하다. 비즈니스에서 레저까지 다양한 용도로 착용되고 있다.

(2) 샌들(sandal)

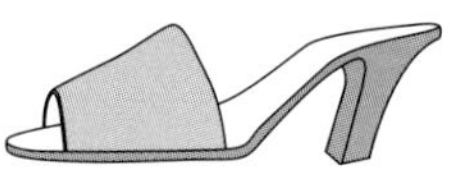

샌들은 발등 부분이 거의 노출되며 끈이나 폭이 넓은 밴드로 여미도록 되어 있는 구두를 말한다. 대표적인 샌들로는 얇은 가죽 끈으로 발등을 감싸는 스타일인 스트랩 샌들, 뒤축이 없으며 앞부분이 막힌 슬리퍼 스타일인 뮬이 있다. 옆 그림의 구두는 영화 〈사브리나〉에서 오드리 햅번이 착용한 것에서 유래하여 햅번 샌들이라고도 한다.

(3) 부츠(boots)

가. 부티 부츠(bootee boots)

부티 부츠는 보통 입구가 발목까지 오는 길이의 부츠로, 발등을 감싸 주므로 발등이 드러나는 구두에 비해 발볼이 넓은 여성의 단점을 가려 줄 수 있다. 또 발목을 덮는 앵클부츠에 비해 다리가 길어 보이게 연출할 수 있다.

나. 앵클부츠(ankle boots)

앵클부츠는 발목(ankle)까지 덮는 부츠를 말한다.

다. 어그 부츠(ugg boots)

어그 부츠는 양털을 이용해 발목까지 덮도록 만든 보온성이 뛰어난 신발이다. 오염에 약하고 겨울철 미끄럼 사고에 취약하다는 단점이 있다.

라. 레인 부츠(rain boots)

레인 부츠는 방수 기능이 있어서 비가 오는 날에도 발이 젖지 않도록 한 부츠이다.

마. 웨스턴 부츠(western boots)

웨스턴 부츠는 두꺼운 굽과 표면에 새겨진 장식 무늬 스티치가 특징인 부츠로, 카우보이가 신고 다녔던 가죽 부츠를 모티브로 한 것이다.

바. 인디언 부츠(indian boots)

인디언 부츠는 인디언 의상의 프린지가 위쪽에 장식되어 있는 부츠이다.

사. 라이딩 부츠(riding boots)

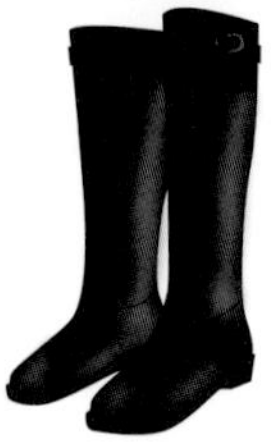

라이딩 부츠는 일명 승마 부츠로, 디자인이 심플하고 굽이 낮은 것이 특징이며 위쪽에 버클 장식이 있다.

2) 핸드백

손에 들고 다니는 정도 사이즈의 가방류로, 줄여서 '백'이라고도 한다. 국내에서는 남성용 손가방은 핸드백이라 하지 않고 대부분 서류 가방이라고 부른다. 옷차림에 크게 신경을 쓰지 않아도 멋있는 핸드백을 들면 '멋쟁이'라는 소리를 듣는 경우가 있다. 반면 아무리 멋진 옷차림을 하고 있어도 모양새가 볼품없는 핸드백을 들고 있으면 완벽한 스타일링이라고 할 수 없다. 핸드백은 계절에 따라 여름용과 겨울용, 용도에 따라 정장용과 캐주얼용 등 네 가지 정도로 구별하여 갖추는 것이 좋다.

(1) 숄더백(shoulder bag)

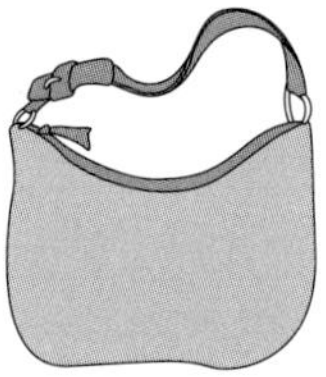

숄더백은 어깨에 멜 수 있도록 디자인된 가장 대중적인 핸드백이다. 착용 시에 손이 자유롭다. 끈의 길이가 엉덩이 선보다 아래이면 캐주얼 복장에 어울리고, 허리선 위라면 정장 차림에 어울린다.

(2) 클러치백(clutch bag)

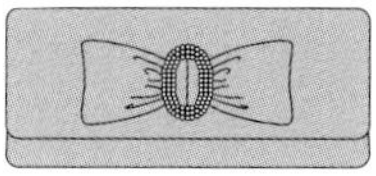

클러치백은 끈 없이 손으로만 들도록 되어 있는 핸드백을 말한다. 종류로는 파티용과 일반용이 있다. 파티용은 사이즈가 작고 화려한 컬러가 많고 일반용은 크기가 크고 심플한 것이 많다.

(3) 쇼퍼백(shopper bag)

쇼퍼백은 물건 사는 손님의 가방이라는 뜻으로, 쇼핑할 때 이용하는 커다란 손가방이나 패셔너블한 큰 숄더백을 말한다. 초기에는 주로 비닐 소재를 활용하여 유니크한 쇼핑백 형태로 사용되었다.

(4) 백팩(backpack)

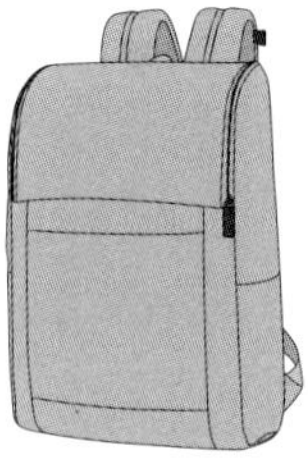

백팩은 뒤로 메는 가방으로, 일반적으로 배낭이라고도 부른다. 등산용 등 기능성 디자인부터 일상용 디자인까지 다양하다.

(5) 브리프케이스(briefcase)

브리프케이스는 서류 가방을 뜻하며 폴리오케이스라고도 한다. 포트폴리오에 손잡이가 달린 형태라고 할 수 있는데 손잡이의 형태, 여밈 방식, 폭에 따라 다양한 종류로 나뉜다.

(6) 토트백(tote bag)

토트백은 입구가 열려 있으며 손잡이가 짧아 팔에 걸치거나 손으로 들도록 되어 있는 가방을 말한다. 캐주얼한 스타일로, 소지품이 많이 들어가며 여밈 장식이 없는 오픈형이 편하다.

(7) **새철백**(satchel bag)

새철백은 학생 가방에서 유래한 것으로, 보통 보스턴백이라 불린다. 학생용이나 일상용으로 적합하며 아랫부분은 형태가 잡혀 있지만 윗부분은 대개 둥그스름하고 지퍼나 플랩으로 닫도록 되어 있다.

(8) **호보백**(hobo bag)

호보백은 전체적으로 여유 있는 실루엣으로, 가방 모양이 아래로 축 처진 반달 모양의 백이다. 모양이 일정하지 않아서 캐주얼 차림에 어울리며 실용적이다.

(9) **포세트백**(pochette bag)

포세트백은 실용성과 장식성을 겸비한 작은 핸드백이다. 긴 끈이 달려 있어서 어깨에 대각선으로 늘어지게 메도록 되어 있다.

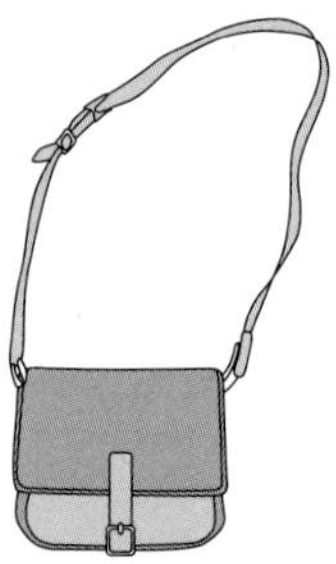

(10) **메신저백**(messenger bag)

메신저백은 포세트백과 다르게 어깨끈이 상대적으로 짧아서 착용 시 등이나 허리에 밀착되는 형태의 핸드백이다. 우편 배달부들이 손을 자유롭게 하기 위해 메는 가방에서 유래된 것이다. 방수, 내구성 등을 위해 튼튼한 소재를 사용한다.

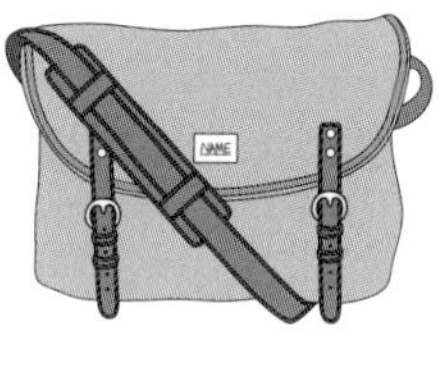

3) 모자

모자는 머리에 쓰는 것의 총칭으로, 추위나 더위로부터 머리를 보호하거나 장식적 또는 사회적 지위의 상징으로 사용되고 있다. 크라운(crown: 머리통)과 브림(brim: 테)이 있는 것을 총칭하여 해트(hat)라 하고, 테가 없는 것을 캡(cap)이라 한다. 베이스볼 캡(baseball cap), 페도라(fedora), 클로슈(cloche), 베레모(béret), 비니(beanie) 등 종류가 다양하다. 모자는 얼굴에 가장 가까이 위치하여, 얼굴을 아름답고 매력적으로 보이게 하는 데 효과적인 액세서리로, 얼굴과 헤어스타일, 의상과의 전체적인 조화를 고려하여 선택하는 것이 중요하다. 공식 모임인 오찬회나 리셉션에서는 모자를 쓰는 것이 관례이며, 예복이나 정장에 맞추어 쓰는 모자는 실내에서나 웃어른 앞에서도 쓰고 있는 것이 원칙이다.

(1) 베이스볼 캡(baseball cap)

베이스볼 캡은 흔히 말하는 '야구 모자'로, 머리에 꼭 맞게 디자인된 반구형의 모자이다. 캐주얼 스타일에 잘 어울리는 대중적인 모자이다. 약간 느슨한 크라운으로 보통 여섯 조각의 천으로 만든다.

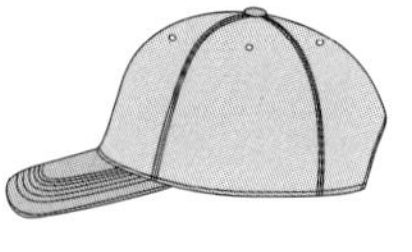

(2) 페도라(fedora)

페도라는 넓은 리본으로 장식되고 크라운이 살짝 들어가 있는 부드러운 모자를 말한다. 명칭은 프랑스의 극작가 사르두의 희곡 『페도라』의 여주인공 이름에서 유래했다고 한다. 펠트 소재의 브림이 위로 말린 부드러운 중절모의 일종이다.

(3) 클로슈(cloche)

클로슈는 프랑스어로 '종'이라는 뜻으로, 크라운이 높고 머리에 꼭 맞으며 이마를 가리는 모자이다. 챙이 아래쪽으로 향할수록 넓어지며 바깥쪽으로 벌어져 그 모양이 마치 종과 같다고 하여 붙여진 이름이다. 여성스러움이 돋보이며 챙의 양 옆쪽이 앞과 뒤보다 넓은 것이 보통이다.

(4) 베레모(béret)

베레모는 챙이 없는 둥글고 납작한 모자이다. 주로 화가들이 착용하는 아이템이었으나 요즘은 대중적으로 착용하고 있다. 착용하는 방법을 달리하여 다양하게 스타일링할 수 있다.

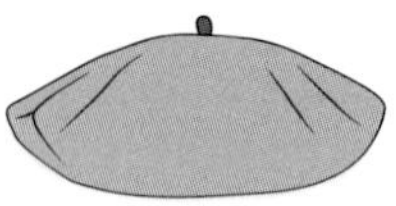

(5) 비니(beanie)

'워치 캡'이라고도 부르는 비니는 두건처럼 머리에 딱 달라붙게 뒤집어 쓰는 동그란 모자를 말한다. 보통 니트 재질로 만들어지며 착용 방법에 따라 분위기가 달라진다.

(6) 헌팅캡(hunting cap)

헌팅캡은 둥글넓적하게 생긴 챙이 짧은 모자로 '카스케트'라고도 한다. 예전의 사냥 모자에서 스타일을 따왔으며 군모, 학생모로 많이 착용한다. 보이시한 느낌이지만 스타일링에 따라 여성스러움을 줄 수도 있다.

(7) 카플린(capeline)

카플린은 챙을 넓게 만들어서 얼굴이 부분적으로 가려지도록 한 모자이다. 여배우 그레타 가르보가 1930년대에 즐겨 착용한 카플린형의 모자를 '가르보 해트'라고 부르기도 한다.

(8) 토크(toque)

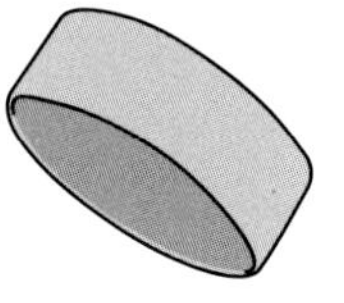

토크는 모양이 작고 챙이 없는 모자로, 머리에 꼭 맞게 쓰도록 되어 있다. 천으로 만들며 주로 깃털이나 베일을 이용해 장식하여 우아한 느낌을 주는 모자이다. 깃털이나 모피 등의 조화로 엘레강스한 분위기를 연출한다.

(9) 플로피(floppy)

플로피는 챙이 넓은 모자이다. 여름에 착용하면 햇빛을 차단하는 효과가 있다.

4) 안경과 선글라스

안경과 선글라스는 시력을 교정하고 태양으로부터 눈을 보호하기 위한 목적으로 착용할 뿐만 아니라 패션의 일부로 인식되고 있다. 안경과 선글라스는 유행에 민감하게 반응하며 패션의 완성도를 높이는 효과를 주기도 하는데, 테의 소재와 형태에 따라서 다양한 이미지를 연출할 수 있다.

(1) 테의 형태와 특징

가. 웰링턴형 테

웰링턴형 테는 각이 작게 잡힌 사각형의 테를 말한다.

나. 폭스형 테

폭스형 테는 1950년대 중반에 등장해 여우의 눈을 닮았다 하여 붙은 이름으로, 프레임 양쪽 끝이 올라간 형태의 테를 말한다.

다. 로이드형 테

로이드형 테는 미국의 희극배우 헤럴드 로이드가 애용하여 붙은 명칭이며, 굵은 테두리의 원형 프레임이 특징적이다.

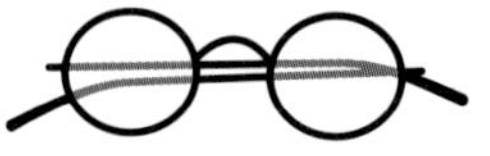

라. 보스턴형 테

보스턴형 테는 둥근 형태인데 밑이 약간 좁아지는 것이 특징이다.

(2) 선글라스

가. 틴티드 선글라스

틴트를 바른 것처럼 색감이 투명하고, 컬러 렌즈를 사용한 선글라스를 말하며 '틴트 선글라스'라고도 불린다. 기존의 선글라스는 얼굴을 가리는 용도로 사용해도 될 만큼 색상이 짙어서 착용하면 눈이 보이지 않았으나, 틴티드 선글라스는 시야가 어둡다는 생각이 들지 않게 맑은 색감을 사용한 것이 특징이다.

나. 미러 선글라스

렌즈 부분이 거울로 되어 있어 선글라스를 착용했을 때 착용자의 눈이 보이지 않는다. 거울로도 사용할 수 있는 유용한 아이템으로, 보통 반미러와 완전 미러가 있다. 반미러는 반만 미러 코팅이 들어간 형태이고 완전 미러는 눈동자를 전혀 볼 수 없도록 코팅이 들어간 형태이다. 주로 편안한 옷차림에 많이 착용한다.

다. 편광 선글라스

편광 선글라스에 사용되는 편광 렌즈는 반사되는 빛을 차단하는 데 효과적이다. 그래서 햇빛이 강렬하고 시야에 막힘이 없어야 할 때 주로 착용한다. 낚시할 때나 스키장에서 많이 볼 수 있는데, 스키장에서는 선글라스보다 고글 형태로 많이 착용한다.

라. 클립온 선글라스

클립온 선글라스는 안경과 선글라스 두 가지 용도로 착용할 수 있는 다목적 선글라스이다. 선글라스 렌즈를 위로 올려서 안경으로 착용하다가 햇빛이 강할 때는 렌즈를 내려서 선글라스로 착용할 수 있다.

5) 스카프와 넥타이

스카프는 장식용 또는 보온용으로 매우 유용하게 쓸 수 있는 패션 아이템이다. 스카프는 섬유의 종류, 소재의 질감, 색상, 크기 등에 따라 매우 다양하며, 늘어뜨리기, 묶기, 접기, 겹치기 등 연출 방법에 따라 착용자의 개성이 잘 나타난다. 한 장의 스카프를 어떻게 연출하느냐에 따라 분위기가 소프트해질 수도, 포멀해질 수도, 캐주얼해질 수도 있다.

넥타이는 프랑스어로 '크라바트'이며 '무사 귀환'을 의미한다. '넥(neck)'과 '타이(tie)'의 복합어로, 약칭하여 '타이'라고도 한다. 넥타이는 남녀노소를 불문하고 세계적으로 널리 사용되고 있는데, 남성 옷차림에서 액세서리로서 중요한 역할을 맡고 있어, 넥타이의 선택과 활용으로 패션 감각이 판단되기도 하므로 세심한 주의를 기울여야 한다. 넥타이를 매는 다양한 방법을 활용하여 착용 목적에 맞게 스타일링을 할 수 있다.

(1) 스카프의 매듭

가. 온매듭

온매듭을 만들려면, 우선 바이어스 접기를 한다. 먼저 스카프를 안쪽 면이 위로 향하게 펼친 후, 아래쪽 모서리를 스카프 중심점의 약간 위쪽에 오도록 접고 위쪽 모서리가 맨 아랫면에 맞닿게 접는다. 그 후, 위아래 면이 중심에서 만나도록 접고, 다시 한 번 접어, 폭이 가늘게 되도록 만든다.

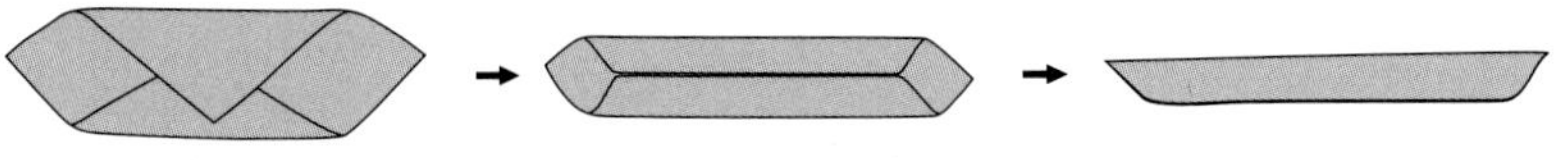

이어서 온매듭을 만드는 방법은 바이어스 접기를 한 스카프를 목에 걸친 다음, 한쪽이 다른 한쪽보다 더 길게 되도록 늘어뜨린다. 긴 쪽을 짧은 쪽 위로 올려 교차시킨 후, 긴 쪽을 아래에서부터 돌려 감아 밖으로 늘어뜨린다. 밖으로 늘어뜨린 쪽을 다른 쪽 아래로 돌려 감은 후, 돌려 감은 쪽은 중앙에 생긴 고리를 통과시켜 반대쪽으로 보낸다.

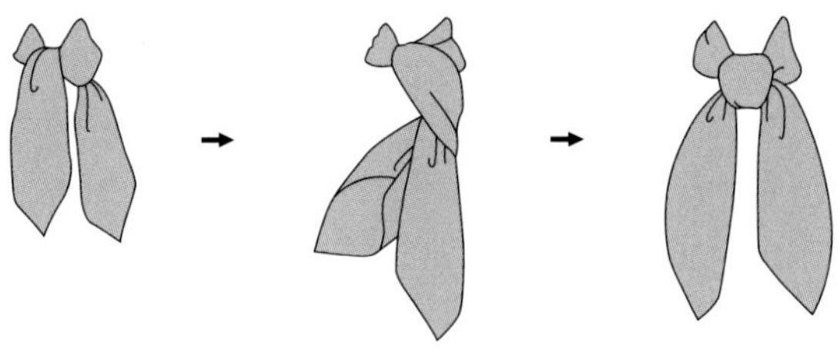

나. 나비형

나비형은 깜찍하고 발랄한 패션 연출에 효과적인 매듭법이다. 가장 귀엽게 연출하는 방법은 나비 모양으로 목에 밀착되게 매는 것이다. 스카프 길이의 중간에 매듭을 하나 만든 후, 만들어진 매듭을 턱 아래에 고정시키고 나서, 양쪽 끝의 스카프 부분을 각각 턱 아래에 있는 매듭에 통과시킨다.

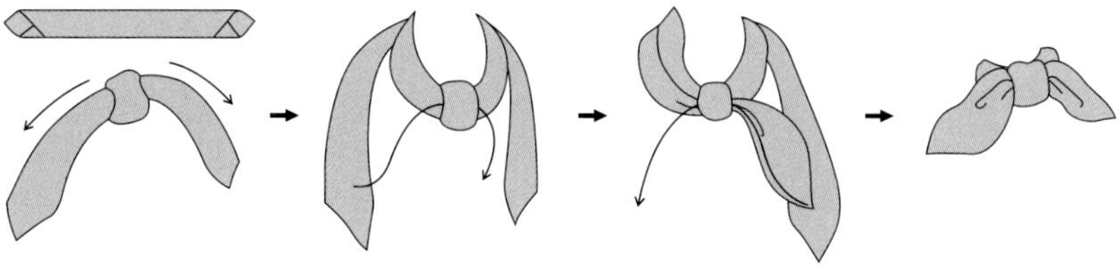

다. 깃형

깃형은 머플러나 두꺼운 재질로 된 스카프로 연출하기에 좋은 매듭법이다. 입체적인 형태감을 최대한 줄일 수 있어, 볼륨감 없이 세련되게 연출할 수 있는 방법이다. 한복을 착용할 때나 겨울철에 이용하면 좋다. 긴 스카프를 반으로 접어 목에 두른 후, 갈라진 부분을 각각 한쪽은 앞에서 뒤로, 다른 한쪽은 뒤에서 앞으로 빼낸다.

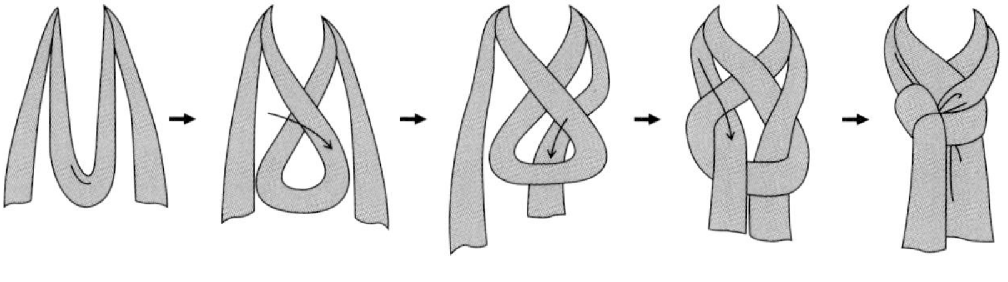

라. 넥타이형

넥타이형으로 매듭을 만들 때는 폭이 좁고 소재가 얇은 스카프를 선택하여 목이 드러나는 옷이나 심플한 정장 차림에 연출하면 좋다. 직사각형 스카프를 길게 접거나, 정사각형의 스카프로 바이어스 접기를 한다. 접은 스카프를 양쪽 길이가 같게 목에 건 후, 한쪽 길이의 반 정도에 매듭을 만든다. 매듭을 만들지 않은 쪽의 스카프 끈 부분을 매듭 사이로 집어넣어 늘어뜨린다.

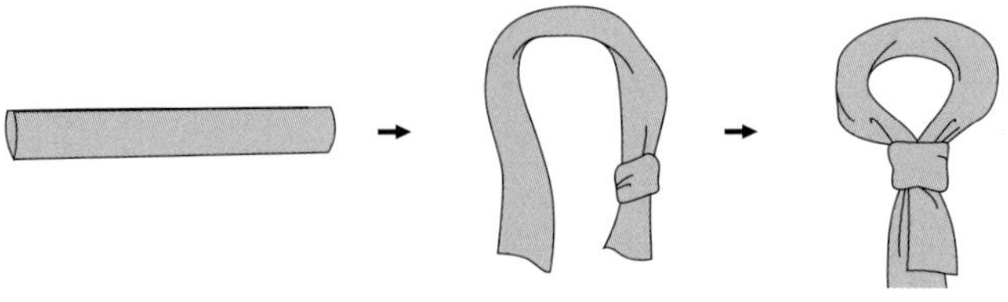

마. 클럽 노트

클럽 노트는 전통적으로 스쿨 머플러를 매는 방법이다. 우선 스카프의 왼쪽 자락이 오른쪽 자락보다 더 길게 되도록 늘어뜨려 짧은 쪽 위에 교차시켜 둔다. 긴 쪽을 아래에서부터 돌려 감아 밖으로 늘어뜨린 후, 긴 쪽을 다음 그림과 같이 접어서 공간을 만들어, 끝부분이 왼쪽 어깨로 향하게 한다. 왼쪽의 짧은 자락으로 긴 자락을 감싸듯이 접어 올린 후, 끝부분을 이미 만들어 둔 공간으로 통과시킨다. 이때 생긴 매듭을 단단히 잡아당긴 후, 끝자락이 허리 쪽으로 향하게 잡아당기면 된다. 클럽 노트를 만들 때에는 스카프를 목에 넉넉하게 두른 후 매듭을 단단하게 만들어 주는 것이 좋다.

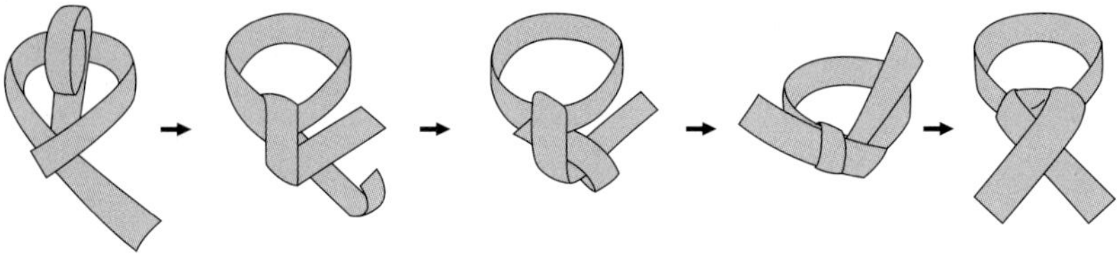

(2) 넥타이의 매듭

가. 베이직 노트(basic knot)

베이직 노트는 보타이를 매는 방법이다. 리본이 목의 너비보다 커서는 안 되며, 매듭을 중심으로 하여 좌우 균형을 이루도록 매는 것이 중요하다.

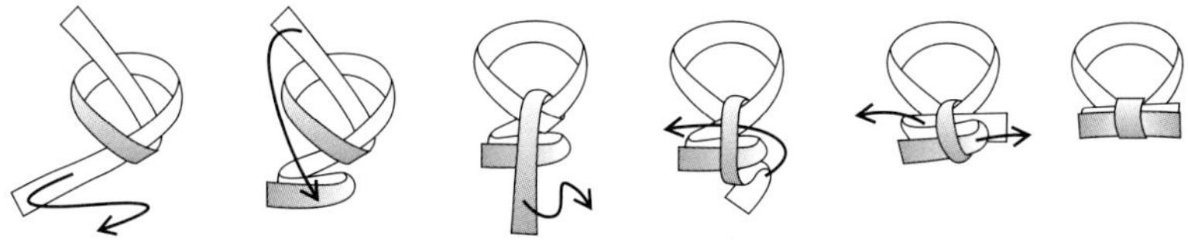

나. 플레인 노트(plain knot)

플레인 노트는 가장 기본적인 넥타이 매듭법이다. 매듭의 크기가 작고 캐주얼한 느낌이 많아 보통 버튼다운 칼라 셔츠를 입을 때 많이 사용된다.

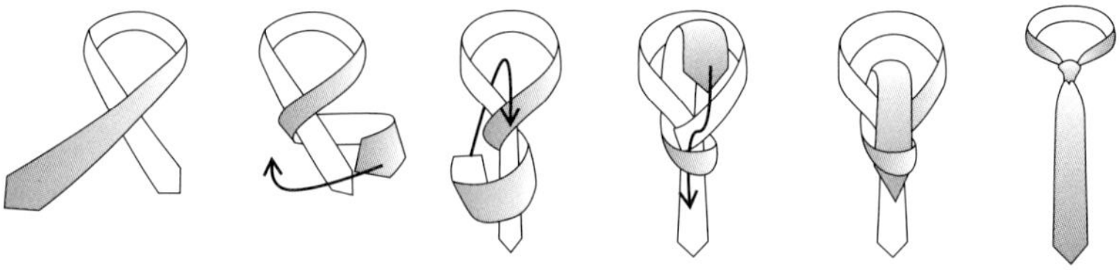

다. 윈저 노트(winsor knot)

윈저 노트는 윈저 공이 창안한 넥타이 연출법으로, 와이드스프레드(widespread) 칼라에 잘 어울린다. 매듭이 크면 품위가 떨어지므로 두툼한 넥타이는 피하는 것이 좋다.

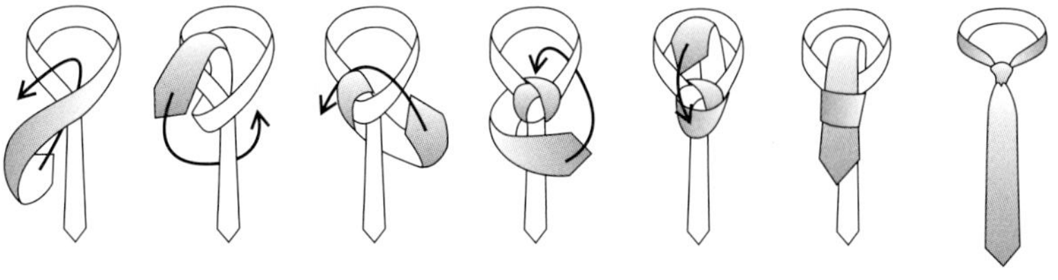

라. 하프 윈저 노트(half winsor knot)

하프 윈저 노트는 윈저 노트의 매듭을 좀 작게 만든 것으로, '세미 윈저'라고도 부른다. 볼륨감이 있는 넥타이는 윈저 노트와 비슷한 느낌을 줄 수 있고, 심이 얇은 넥타이로 연출하면 플레인 노트와 같이 심플한 느낌을 줄 수 있다.

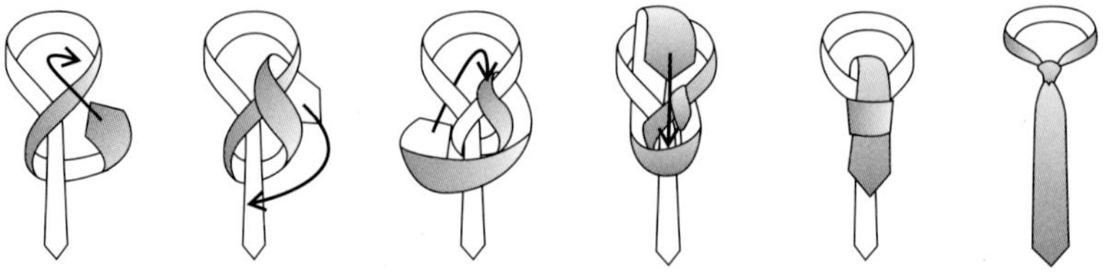

마. 더블 노트(double knot)

더블 노트는 넥타이 심이 부드러우며 풍성한 느낌을 강조하고자 할 때 적격인 매듭이다. 칼라가 약간 좁은 듯한 롱 칼라 셔츠에 잘 어울리며, 개성 있게 연출하고 싶을 때 적합하다.

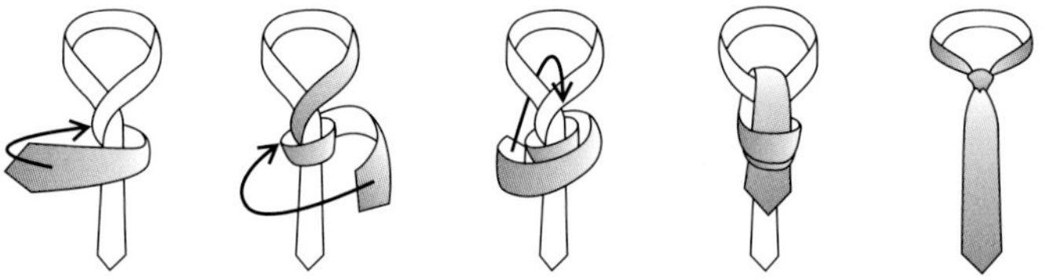

바. 블라인드 폴드 노트(blind fold knot)

블라인드 폴드 노트는 넥타이 자체의 존재감이 드러나는 매듭법으로, 색다른 V존을 형성하여 강렬한 이미지를 표현할 수 있다. 비즈니스 슈트와 잘 조화되며, 세미 포멀 감각을 즐기고 싶을 때 이 방법을 이용해 보는 것도 좋다.

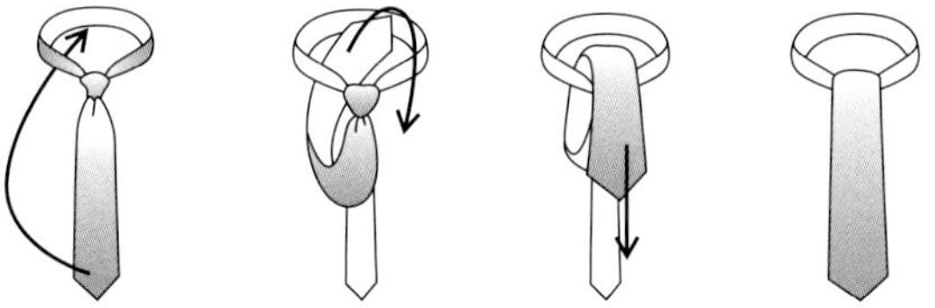

5. 메타버스와 패션 스타일링

제4차 산업혁명은 정보 통신 기술(Information and Communications Technology, ICT) 기반의 새로운 산업 시대를 뜻하는 용어로, 인터넷과 모바일로 대표되는 제3차 산업혁명에서 한 단계 더 진화한 혁명으로 일컬어진다. 이에 현대인의 생활에 메타버스를 기반으로 한 가상패션이라는 새로운 분야가 등장하고 있다.

1) 메타버스(Metaverse)

메타버스는 가상·초월을 의미하는 메타(Meta)와 세계·우주를 뜻하는 유니버스(Universe)의 합성어로, 현실을 초월하는 가상세계, 즉 인터넷 기반의 3차원 온라인 가상공간을 의미한다. 즉, 현실의 나를 대신하는 아바타가 사회적·경제적인 활동을 포함한 모든 것을 창조할 수 있는 3차원의 디지털 공간이라 할 수 있다. 차세대 플랫폼 혁명으로 일컬어지는 메타버스는 인터넷과 모바일의 뒤를 이어 앞으로 다가올 미래의 현실로 간주되고 있다.

메타버스는 가상현실(Virtual Reality, VR), 증강현실(Augmented Reality, AR), 혼합현실(Mixed Reality, MR), 확장현실(eXtended Reality, XR) 기술과 다양한 웨어러블 기기, 5G 이동통신 기술을 바탕으로 끊임없이 진화하며 아날로그적 한계를 뛰어넘고 있다.

증강현실 기술을 통하여 실물 의상에 디자인이 입혀져 보이는 방식의 가상 패션 상품이 판매되고 있으며 고객이 가상 상품을 여러 각도에서 살펴보고 구매할 수 있는 서비스를 제공하는 방법에도 증강현실과 가상현실 기술이 활용되고 있다.

2) 증강현실과 패션

증강현실은 현실 공간에서 2D 또는 3D로 나타난 가상의 물체를 겹쳐 보이게 하며 상호작용하는 환경을 의미하며, 이를 통해 가상세계에 대한 거부감을 줄이고, 몰입감을 높이는 역할을 한다.

패션 분야의 증강현실은 현실적 감각, 현존감, 증강현실 대상과의 상호작용성, 흥미성, 만족감, 몰입감 등의 특징이 있다. 증강현실 기술을 적용한 가상 쇼룸을 통해 가상으로 의상을 착장하여 피팅 이미지를 확인할 수 있고 제품에 대한 정보를 쉽게 확인할 수 있으며 온라인 구매도 가능해지고 있다.

패션 브랜드 중에서 증강현실을 구현한 마케팅을 하고 있는 브랜드로는 루이뷔통(LOUIS VUITTON), 발렌티노(VALENTINO), 구찌(GUCCI) 같은 명품 브랜드는 물론 갭(GAP), 자라(ZARA), 타미힐피거(Tommy Hilfiger), 빈폴 진(BEANPOLE Jeans) 같은 브랜드, 나이키(NIKE), 컨버스(CONVERSE), 아디다스(adidas) 등 다양한 스포츠 캐주얼 브랜드, 세포라(Sephora), 로레알(L'Oreal), 제이에스티나(J. ESTINA) 등 뷰티·쥬얼리 브랜드가 있다. 이들은 메타버스와의 접목을 통하여 브랜드 홍보와 서비스 등 마케팅 차별화에 힘쓰고 있다.

네이버 제트(Naver Z)사가 운영하는 증강현실 아바타 서비스인 제페토(ZEPETO)는 국내 대표적인 메타버스 플랫폼이다. 2018년 출시된 제페토는 얼굴 인식 서비스를 비롯하여 증강현실과 3D 기술로 사용자의 아바타를 만들어 주는 서비스를 제공하는데, 애플리케이션을 이용하여 자신의 얼굴을 촬영하면 자동으로 3D 아바타를 만들어 주며 필요에 따라 헤어스타일, 화장과 의상을 바꾸어 준다. 제페토 내에서 아바타를 위한 이탈리아 브랜드 구찌 컬렉션의 콜라보 의상과 핸드백, 액세서리 등이 판매되었는데, 구찌의 버추얼 컬렉션은 실제 신상품과 동일한 디자인으로 제페토의 아바타에도 똑같이 입힐 수 있다. 현실과 상호작용하는 메타버스의 특성을 활용하여 구찌 패션 트렌드를 메타버스 세계와 연결하고 동시에 즐길 수 있도록 글로벌 패션 브랜드들이 자사의 지식재산권을 활용한 패션 아이템을 소개하고 있으며, 제페토에서도 고가의 명품을 저렴하게 구입할 수 있다는 점을 홍보하면서 이용자를 확보하고 있다.

제페토와 패션 기업과의 콜라보레이션으로 출시된 패션 아이템들은 제페토에서 판매되고 있는 다른 아이템보다 다소 고가이지만 실제 명품 가격에 비하면 상당히 저렴한 금액으로 구매할 수 있어 관심을 받고 있다. 그리고 이는 단순히 패션 아이템을 판매하는 데 그치지 않고, 그와 어울리는 디지털 공간에서의 상호작용적인 체험과 다양한 이벤트를 통해서 이용자들이 브랜드 고유의 감성과 세계관을 몰입감 있게 경험할 수 있게 한다(유연재·최정화, 2022).

Image Styling

Chapter 11

클래식 패션 스타일링

1. 클래식 패션

클래식 패션에서 '클래식'이라는 개념은 옥스퍼드 사전에서 "고대 그리스·로마에 관련된(relating to Greek and Roman antiquity)", "1등급의(of the first class)", "인정된 표준 또는 모델을 구성하는(constituting an acknowledged standard or model)" 등으로 정의되고 있다. 음악에서는 고전적인 예술 음악을 이르고, 패션에서는 고대 그리스·로마 스타일이나 시대를 초월하여 이어져 오는 스타일로 해석되고 있다. 일반적으로 클래식 패션이라 하면 후자를 가리키며, 실용성을 근거로 하여 유행에 구애받지 않는 스타일을 의미한다.

클래식 패션은 실용성과 더불어 합목적성, 적합성이라는 미적 가치를 토대로 하는데, 한 벌의 슈트를 비롯하여, 블레이저 재킷, 화이트 셔츠, 레인코트, 넥타이, 옥스퍼드 슈즈, 샤넬 재킷, 리틀 블랙 드레스, 트윈 세트, 진주 목걸이, 티셔츠, 카디건, 스웨터, 블루진 등과 같이 격식 여부를 떠나 시대를 초월하여 지속적으로 이어져 오고 있는 아이템들이 이에 속한다. 풀(full) 착장 또는 다양한 패션 아이템과 함께 스타일링한 클래식 패션 아이템들은 포멀과 캐주얼 스타일을 오가며 고급스러움, 멋스러움을 연출해 준다.

클래식 패션 스타일링에는 의상뿐만 아니라 사람의 용모, 헤어스타일, 스킨케어, 자세, 걸음걸이 등 눈에 보이는 모든 것이 포함된다. 따라서 유행하는 것만을 갖추거나 명품으로 몸을 감싼다고 해서 진정한 스타일이 드러나지는 않는다. 결국 스타일에 신경 쓴다는 것은 장소와 상황에 맞게 타인에 대한 성의나 열의를 다하는 존중의 의미를 담는 것이다.

2. 남성 클래식 슈트 스타일링

1) 클래식 슈트 스타일 유형

슈트는 같은 천으로 만든 한 벌의 정장을 의미하며, 재킷, 조끼, 바지가 기본 구성이다. 역사적으로 슈트는 형태에서 많은 변화를 겪어 왔는데, 18세기의 경우 재킷 길이가 무릎까지 왔으며, 19세기 중반에는 연미복 스타일로 바뀌기도 하였다. 1910년경에는 라운지에서 주로 편안하게 입었다고 전해지는 라운지 슈트(lounge suit)가 클래식한 라인으로 등장하였다.

슈트는 맞춤 슈트와 기성복 슈트로 나눌 수 있다. 최고급 정통 슈트라고 하면 맞춤 제작으로 유명한 영국의 새빌로(Saville Row)를 떠올리는 이들이 많으며, 기성복 슈트라고 하면 유명한 패션 디자이너의 고유 브랜드를 생각할 것이다. 남성 클래식 슈트는 체형에 가장 적합한 핏을 만들어 내는 최고 수준의 장인 정신이 깃든 슈트와, 매 시즌 남성 슈트의 새로운 트렌드를 제시하는 디자이너 슈트가 주요한 흐름을 제시하며 시장을 이끌어 가고 있다.

남성 클래식 슈트 스타일 유형은 슈트의 형태에 따라 분류되기도 하지만 지역에 따라 남성 체형에 적합한 디자인으로 구분되어 설명되기도 한다. 예를 들어 편안함을 추구하는 아메리칸 스타일, 슈트의 정통이라고 하는 브리티시 스타일, 남성의 신체를 세련되게 보이도록 하는 이탈리안 스타일, 딱 맞는 핏감으로 우아함을 강조하는 유러피안 스타일이 그러하다.

2) 클래식 슈트의 구성과 디테일

(1) 재킷

가. 버튼(button)

버튼은 여밈의 형태에 따라 가장 무난하고 실용적인 싱글 브레스티드 재킷과, 격식 있으면서도 드레시한 분위기를 연출하는 데 효과적인 더블 브레스티드 재킷으로 구분하도록 하는 재킷 디테일의 한 요소이다.

버튼의 개수에 따라서도 다양한 스타일을 표현할 수 있는데, 일반적으로 유행을 타지 않으며 무난한 재킷은 2버튼 타입이다. 2버튼 이외에도 1버튼, 3버튼으로 된 재킷이 있는데, 이는 유행에 따르거나 자신의 체형과 얼굴 크기를 고려하여 선택하기도 한다. 재킷을 입고 앉을 때 반드시 잠그는 버튼의 위치가 있다. 2버튼의 경우 위쪽 단추를, 3버튼의 경우 중간 단추를 잠그는 것이 매너이다.

재킷의 소매에 달린 버튼은 소매를 걷어 올리기 위해 고안되었는데 오늘날에는 이러한 기능적 역할을 하는 것과 그렇지 않은 것으로 나뉜다. 라펠에 있는 버튼홀과 반대쪽에 여밀 수 있도록 부착된 버튼은 쌍을 이루며, 추위를 방지하기 위한 목적에서 고안된 것이다. 이처럼 재킷의 버튼은 장식적 목적과 기능적 목적이 있는 중요한 디테일이다.

나. 포켓(pocket)

포켓도 재킷을 장식하는 여러 가지 디테일 가운데 하나이다. 다양한 형태의 포켓 중 일부는 실제 기능은 없으나 장식으로 남아 있다.

- 파이핑 포켓(piping pocket): 입술 모양의 포켓이며, 심플한 스타일을 만든다.
- 체인지 포켓(change pocket): '체인지'는 거스름돈을 의미한다. 체인지 포켓은 과거에 동전이나 버스 티켓을 넣기 위해 만들어져서 '티켓 포켓'이라고도 한다.
- 플랩 포켓(flap pocket): 덮는 커버가 있는 포켓으로, 가장 흔히 찾아볼 수 있다.
- 패치 포켓(patch pocket): 바깥으로 드러나는 사각형의 포켓이며, 캐주얼한 이미지를 만든다.
- 웰트 포켓(welt pocket): 일반적으로 왼쪽 가슴 부위에 달리는 포켓이며, 포켓 스퀘어를 장식할 때 주로 사용된다.

다. 라펠(lapel)

남성의 재킷에서 라펠은 넓거나 좁은 형태로 트렌드에 반응하는 디테일이다. 일반적으로 모양은 노치트 라펠, 피크트 라펠로 크게 분류된다. 라펠 표면에는 버튼홀(buttonhole)과 반대편 라펠 아래 단추가 있어 실제적으로 재킷을 여미는 기능을 하는 것도 있다.

재킷을 구매할 때는 라펠의 폭을 확인하는 것이 좋다. 자신의 얼굴형에 어울리는 것을 선택하여 밸런스를 맞추면 시각적으로 얼굴 크기를 보완할 수 있다.

- 노치트 라펠(notched lapel): 가장 전통적인 모양이며, 칼라와 라펠의 간격이 적당히 거리가 있는 디자인이다.
- 피크트 라펠(peaked lapel): 단어의 의미대로 뾰족한 형태의 라펠이며, 드레시한 슈트에 잘 어울린다.

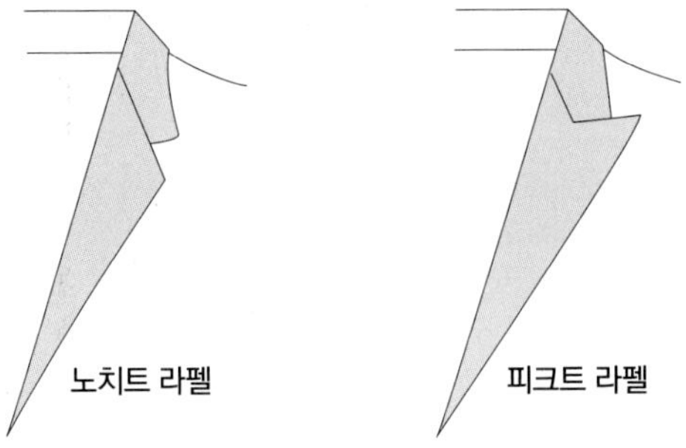

라. 벤트(vent)

벤트는 재킷의 뒤쪽에 있는 트임을 말한다. 트임은 옛날 영국 신사가 말에 올라탈 때, 옷에 구김이 생기는 것을 막고 움직임을 편하게 하기 위해 고안되었다. 벤트의 종류는 일반적으로 싱글 벤트, 사이드 벤트, 노 벤트로 나눌 수 있다.

- 싱글 벤트(single vent): 재킷의 뒤 중심에 있는 싱글 벤트는 가장 대중적이면서도 트렌디한 스타일을 구현한다.
- 사이드 벤트(side vent): 재킷 뒤 양쪽에 있는 사이드 벤트는 두 개로 구성되어 있어 '더블 벤트'라고도 부르는데, 우아한 느낌을 준다.
- 노 벤트(no vent): 트임이 없는 노 벤트는 움직임이 불편하므로 특히 앉을 때 가장 위쪽 단추를 제외한 나머지 단추를 잠그지 않아야 편하다.

마. 포켓 스퀘어(pocket square)

흔히 장식 용도의 포켓 스퀘어는 '행커치프', '포켓치프'라고도 부르며, 재킷 상의에 있는 디테일을 말한다. 슈트 스타일링에서는 타이와 포켓 스퀘어가 조화를 이루면서도 색상이 동일하지 않은 것이 좋다. 타이의 색상 중에서 한 가지 컬러를 포켓 스퀘어의 컬러로 선택하는 것도 무난하다. 보통 화이트, 네이비 블루, 와인, 그레이 컬러가 활용도 면에서 좋다. 소재는 일반적으로 면 혹은 리넨 소재가 기본이다.

포켓 스퀘어의 스타일링 방식은 활용도가 높은 몇 가지 유형이 있다. 사각형으로 접은 단순한 모양, 사각형의 양 끝 모서리를 접은 모양, 세 개의 삼각형 포인트로 접은 모양, 자연스럽게 늘어트린 모양이 있다.

(2) 팬츠

가. 팬츠 실루엣과 단선

남성 슈트의 팬츠는 흔히 스트레이트 타입과 턴업 타입이 주류를 이루고 있으나 보다 더 섬세하게 구분하기도 한다. 클래식 패션 슈트에 대한 남다른 철학을 지닌 남훈의 『남자는 철학을 입는다』(2007)에 따르면, 팬츠는 일직선인 스트레이트형(straight type)과, 아랫단으로 갈수록 폭이 점차 좁아지는 테이퍼드형(tapered type)으로 구분할 수 있다. 이러한 구분은 바지통의 형태에 따른 것이다.

클래식 슈트에서 팬츠는 실루엣과 단선도 중요하지만, 단의 길이 또한 스타일을 좌우하는 중요한 역할을 한다. 가장 이상적인 밑단의 길이는 구두 윗부분에 살짝 닿는 정도가 좋다.

나. 팬츠 플리츠(pleats)

팬츠 플리츠는 바지에 있는 주름을 의미하며, 보통은 한두 개 정도이다. 클래식 팬츠는 플리츠가 없는 것도 있는데, 스트레이트형 실루엣으로 날씬해 보이는 효과가 있지만 중후한 느낌은 나지 않는다.

(3) 조끼(vest)

조끼는 재킷, 팬츠에 추가로 구성되어 클래식 슈트를 완성하고, 더욱더 우아한 이미지를 만든다. 조끼는 등 뒤쪽에 사용된 안감을 제외하고는 재킷, 팬츠와 동일한 소재를 사용한다. 뒤쪽에는 허리 조절이 가능한 스트랩이 있어 각자의 체형에 맞게 핏을 조절할 수 있다. 앞쪽에는 2개 정도의 포켓이 있다. 슈트 스타일링을 할 때는 셔츠의 밑단이나 넥타이의 끝부분이 조끼 밑으로 보이지 않도록 한다.

(4) 슈트 색상과 문양

가. 슈트 색상

슈트를 처음 구매하는 사람에게는 차콜 그레이나 네이비 블루를 추천하는 경우가 많다. 두 가지 컬러는 활용 범위가 넓고, 셔츠와 타이를 다양하게 연출할 수 있다. 슈트를 추가로 더 마련한다면 무난한 중명도의 그레이를 생각해 볼 수 있다. 그레이 계열은 격식 있는 장소에 두루 잘 어울리며, 네이비 계열은 상대방에게 신뢰감을 주어 중요한 회의나 만남에 적합한 것으로 알려져 있다.

슈트는 흔히 어두운 계열이 많아서 블랙도 괜찮을 것으로 생각하는 사람들이 있다. 블랙은 특수 직업군의 유니폼이나 조문 시에 입을 수 있는 등 상당히 의식적이고 권위적이며 무게감 있는 색상이기 때문에 일반적인 클래식 슈트의 컬러로는 추천하지 않는다.

나. 슈트 문양

클래식 슈트에 가장 잘 어울리는 문양으로는 스트라이프를 꼽을 수 있다. 물론 문양이 없는 무지 또한 클래식 슈트로 적합하다. 스트라이프는 굵기에 따라 세 가지 종류로 나눌 수 있다.

- 핀 스트라이프(pin stripe): 가는 스트라이프라는 의미이며, 시각적 거리에 따라 무지에 가까운 효과를 나타낸다.
- 초크 스트라이프(chalk stripe): 초크 스트라이프는 분필로 그린 듯한 느낌의

스트라이프이며, 핀 스트라이프보다 굵은 것이 특징이다.

- 트랙 스트라이프(track stripe): 트랙을 연상시키는 트랙 스트라이프는 선과 선 사이의 폭이 넓은 것이 특징인데, 이때 선의 컬러, 굵기, 폭 등의 차이로 다양한 이미지를 연출할 수 있다.

보통 핀 스트라이프, 무지, 초크 스트라이프, 트랙 스트라이프 순으로 격식 있으면서도 고상한 이미지를 표현할 수 있다.

3) 클래식 슈트 스타일링 아이템

남성 클래식 슈트 스타일은 재킷과 팬츠, 조끼 외에 셔츠를 비롯하여 넥타이, 구두, 벨트, 시계, 지갑, 양말, 코트 등으로 완성된다.

(1) 셔츠

과거에는 사람들이 셔츠를 상반신 속옷으로 인식하였다. 이후 작업용, 스포츠용의 각종 셔츠가 등장하였고 겉옷으로도 착용하게 되었다. 격식이 필요한 장소에서 슈트와 함께 입는 셔츠는 흔히 드레스 셔츠라고도 한다.

셔츠를 구매할 때는 꼼꼼하게 따져 봐야 한다. 어깨너비와 목둘레, 그리고 소매길이가 자신의 체형에 맞는지 반드시 확인해야 한다. 핵심은 목둘레의 경우 가장 위의 단추를 채운 후 손가락 한두 개가 들어갈 정도로 여유가 있는 것이 적당하므로 꼭 착장해서 확인하도록 한다. 소매길이는 재킷을 함께 스타일링 한 후에 확인해야 하는데, 재킷의 바깥으로 1.5cm 정도 셔츠 소매가 드러나는 것이 좋다.

가. 셔츠의 칼라

남성 셔츠를 멋스럽게 입는 방법은 얼굴에 가장 인접한 칼라의 형태를 잘 선택하는 것이다. 대중적인 남성 셔츠 칼라로 레귤러 칼라를 꼽으나 버튼다운 칼라, 와이드스프레드 칼라, 탭 칼라와 같은 형태도 잘 활용한다면 슈트 스타일링에 변화를 줄 수 있다.

- 레귤러 칼라(regular collar): 칼라의 각도가 약 70°이며 가장 대중적이다.
- 버튼다운 칼라(button down collar): 스포티하고 캐주얼한 칼라이며, 칼라에 버튼홀이 있고 셔츠 몸판에 버튼이 있다.
- 와이드스프레드 칼라(widespread collar): 칼라의 각도가 아주 넓은 형태이며, 넥타이 매듭의 볼륨과 상관없이 디자인된 것이 특징이다.
- 탭 칼라(tab collar): 칼라에 탭이 달려 있다.

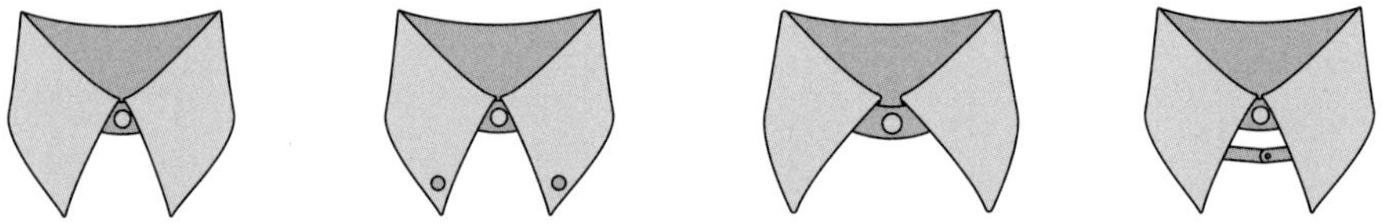

레귤러 칼라 버튼다운 칼라 와이드스프레드 칼라 탭 칼라

나. 셔츠의 색상

셔츠 컬러로는 화이트가 단연 최고다. 화이트 컬러는 세련미와 더불어 성실함과 신뢰성을 상징하기 때문에 남성 셔츠에 가장 많이 활용된다. 따라서 첫 만남이나 결단이 필요한 날에는 화이트 셔츠를 추천한다. 블루 셔츠도 화이트 셔츠 못지않게 슈트 스타일링에 좋으며, 젊고 지적이면서 능력 있는 이미지를 전달한다.

다. 셔츠의 문양

넥타이와 함께 셔츠의 문양 하면 스트라이프를 빼놓을 수 없다. 일반적으로 스트라이프는 활동적이고 경쾌한 느낌을 주지만, 가는 핀 스트라이프는 격식 있으면서도 세련된 느낌을 준다. 반면 굵기가 굵을수록 대담하고 화려한 느낌이 강해진다.

스트라이프 문양의 셔츠에 스타일링할 경우 동일한 스트라이프 넥타이를 매는 것은 피해야 한다. 스트라이프가 혼합되면 복잡함을 가중시켜 난해한 느낌을 줄 수 있다.

라. 셔츠의 소재

셔츠는 어떠한 소재를 선택하느냐에 따라 클래식하거나 캐주얼한 인상을 풍길 수 있다. 일반적으로 은은한 광택이 있는 100% 천연 면이 좋다. 소재를 선택할 때는 체형을 고려하는 것이 좋은데, 마른 사람은 부드럽고 광택이 풍부한 소재가 어울리며, 근육질의 역삼각형 체형은 특히 탄탄한 면 소재를 선택하면 효과적이다.

마. 칼라 바(collar bar)

칼라 바는 남성 슈트에 변화가 필요할 때 사용하는 액세서리이다. 주요 기능은 셔츠의 칼라를 눌러 주고 타이를 돋보이도록 하는 것이다. 소재는 보통 골드, 실버의 금속이 있는데, 선택할 때는 시계, 커프스 링크와 같이 남성 액세서리와 재질을 맞추면 세련되면서도 통일된 인상을 줄 수 있다.

바. 커프스 링크(cuffs link)

커프스 링크는 19세기 이후 격식 있는 의상에 주로 활용되어 온 액세서리이다. 화려한 장식 용도의 커프스 링크는 연회나 격식이 필요한 의상과 잘 어울린다. 금, 은 소재가 주요하며, 연출할 때는 시계, 칼라 바의 재질과 맞추면 좋다.

(2) 넥타이

넥타이의 기원은 17세기 중반 프랑스의 상류사회에 처음 등장한 크라바트에서 비롯된 것으로 보는 것이 일반적이다. 크라바트는 론, 모슬린, 실크 등의 얇은 소재를 사용하고, 화려한 레이스나 자수 장식이 덧대어진 것이 특징이었다. 남성용 장식 소품이었던 크라바트는 이후 넥타이로 그 형태가 변화하면서 다양한 상징적 의미가 더해졌다. 그 예로 군대나 클럽 등 특정 단체에서 소속감을 표시하는 용도로 넥타이가 사용되기도 하였다. 오늘날 넥타이는 그 자체로 개인의 정체성을 드러내는 패셔너블한 아이템이 되었다.

가. 타이의 세부 명칭

- 대검: 타이 폭이 넓은 부분을 부르는 명칭이다.
- 소검: 타이 폭이 좁은 부분을 부르는 명칭이다.
- 노트(knot): 매듭을 뜻하는 노트는 셔츠의 깃, 라펠 크기에 비례하도록 연출하는 것이 무난하다.
- 딤플(dimple): 매듭의 아랫부분을 움푹하도록 눌러 표현한 것이다.
- 바 택(bar tack): 소검이 대검과 따로 분리되지 않도록 하는 역할을 한다.

나. 타이의 소재

일반적으로 타이 소재는 부드럽고 광택이 있는 실크를 추천한다. 가을, 겨울 시즌에는 고급스러운 울 타이도 좋다.

다. 타이의 형태와 매듭

타이의 폭은 대검 부분이 7cm 정도인 것이 가장 대중적이면서도 클래식하다. 타이의 길이에 대해서는 여러 견해가 있으나 130~150cm 정도에, 타이 매듭을 했을 때 벨트의 버클을 살짝 덮는 정도가 좋다. 자신에게 맞는 타이 길이는 상체 길이 혹은 매듭의 유형에 따라 선택하면 된다. 매듭의 크기는 얼굴 크기에 비례하도록 연출하는 것이 좋으며, 딤플의 경우 중심선에 맞추는 섬세함이 필요하다.

라. 타이의 문양

타이의 문양은 클래식한 것부터 트렌디하며 화려한 것까지 광범위하다. 문양이 광범위한 만큼 넥타이를 고르는 것이 쉽지는 않다. 가장 무난하면서도 지속성이 있는 클래식 문양을 바탕으로 하되, 각 방송사의 주요 뉴스를 다루는 메인 아나운서의 스타일을 참고하여도 좋다.

- 솔리드(solid): 무늬가 없는 타이를 이르는 말이다. 조직감이 풍성한 타이는 우아한 느낌을 주며, 문양이 없는 만큼 매듭에 변화를 주면 다양한 스타일링이 가능하다.
- 레지멘탈 스트라이프(regimental stripe): 전술 부대인 '연대(聯隊)'를 뜻하는 레지멘탈은 영국군의 각 연대 스트라이프 문양과 관련이 있다. 현대 패션에서 사선의 다양한 문양은 세련된 이미지를 전달함으로써 남성 패션에서 중요한 역할을 하고 있으며, 클래식 슈트 스타일링에도 효과적이다.
- 도트(dots): 점 문양을 이르는 도트는 크기와 간격에서 디자인의 차이를 드러낸다. 눈에 띄지 않을 만큼 작은 도트는 우아하면서도 고급스러운 이미지를 나타내며 클래식 슈트 스타일링에 제격이다.
- 페이즐리(paisley): 스코틀랜드의 지방 이름이기도 한 페이즐리는 클래식한 타이 문양으로 알려져 있다. 곡선의 식물 모티브들로 표현된 페이즐리는 우아한 느낌을 준다.

마. 타이의 주요 컬러

클래식 슈트에 어울리는 타이 컬러는 크게 여섯 가지 계열로 분류하여 살펴볼 수 있다. 일반적으로 컬러는 각각의 컬러마다 고유한 이미지와 상징성을 가지고 있는데, 남성 넥타이의 경우 주요한 컬러 계열에서 전달되는 느낌은 다음과 같다.

- 레드 계열: 열정, 자신감을 나타낸다.
- 블루 계열: 신뢰감, 젊음, 당당함을 나타낸다.
- 핑크 계열: 부드러움, 차분함을 나타낸다.
- 옐로우 계열: 활발함, 즐거움을 나타낸다.
- 브라운 계열: 자연스러움, 편안함을 나타낸다.
- 그레이 계열: 차분함, 신중함, 고급스러움을 나타낸다.

바. 타이 바(tie bar)

타이 바는 넥타이 스타일링에서 클래식함과 차별화를 동시에 드러낼 수 있는 액세서리이다. 일반적인 타이 바는 셔츠와 타이를 고정하는 용도로 사용되지만, 이 외에도 미적인 측면에서 더욱 격식 있고 우아한 이미지를 나타내는 데 활용할 수 있다. 타이 바의 위치는 2버튼 재킷과 셔츠 구성일 경우에 V존의 중간 정도가 적절하다.

사. 타이의 관리

타이는 보관할 때 주의해야 하는데, 보통 말아서 보관하거나 걸어서 보관한다. 단, 니트 타이는 늘어지기 쉬우므로 말아서 보관하도록 한다. 만약 보관상 문제로 구김이 생겼다면 스팀 다리미로 펴는 것이 가장 좋다.

타이는 보관과 관리도 중요하지만 연출 과정에서 사용자가 주의를 기울이면 좀 더 오랫동안 착용할 수 있다. 그 방법은 타이를 묶을 때와는 반대로 푸는 것이며, 이렇게 하면 형태가 안정적으로 잘 보존된다.

(3) 구두

가죽 소재의 구두는 슈트와 같은 계열의 색상으로 맞추는 것이 기본이다. 특히 격식 있는 자리에서는 구두와 슈트 색상을 맞춰야 품위 있어 보인다. 클래식 구두는 브로그(brogue)가 없는 옥스퍼드 구두와 브로그 구두가 있으며, 두 종류 모두 클래식 스타일링에 어울린다. 이 외에도 클래식 정장에 매치해서 신을 수 있는 구두로는 발등에 금속 장식의 스트랩이 달린 몽크스트랩 슈즈가 있다.

가. 옥스퍼드 구두

옥스퍼드 구두는 영국 옥스퍼드 대학의 학생들이 착용하면서 유행하게 된 것으로 알려져 있다. 흔히 끈으로 묶는 클래식 구두를 옥스퍼드 구두로 분류하는 사람들이 많은데, 두산백과 사전에서는 옥스퍼드 구두의 특징을 보다 구체화하여 복사뼈 높이의, 끈으로 묶는 레이스 업(lace-up) 신발로 정의하고 있다. 옥스퍼드형 구두는 극도의 단순함을 추구하는 쪽으로 개량이 이어졌는데, 오픈 레이싱이 뱀프 위로 덮여 있는 더비 슈즈(Derby shoes)가 그러하다. 더비 슈즈는 끈 구멍이 뱀프 위에 있기 때문에 옥스퍼드 구두와는 다른 종류이다.

나. 브로그 구두

브로그 구두는 지그재그 톱니 모양과 홀 장식을 특징으로 한다. 패션 역사 속에서 브로그 구두는 윈저 공에 의해 유행하게 되었다. 패션 트렌드 세터이기도 했던 윈저 공의 패션은 스포츠 스타일로 유명한데, 날개 모양을 닮은 윙 팁의 브로그 구두는 스포티하면서도 엘리건트한 이미지를 전달하였다. 윙 팁 외에도 장식 모양이 단순한 스트레이트 팁도 있다.

브로그 구두는 장식의 모양에 따른 분류와 달리 적용 면적으로 세분화할 수 있다. 『패션의 클래식』(2001)의 저자 베아테 슈미트(Beate Schmid)와 잉그리드 로쉑(Ingrid Loschek)에 따르면, 브로그 구두는 앞코와 옆 날개를 모두 덧댄 풀 브로그(full brogues), 앞코만 일자로 덧댄 세미 브로그(semi-brogues), 세미 브로그와 마찬가지로 앞코를 덧댔지만, 덧댄 앞코에 퍼포레이션이 없는 쿼터 브로그(quarter brogues)로 분류된다. 얼핏 보면 비슷해 보이는 남성 구두도 세부적으로 살펴보면 차이가 있으므로 디자인을 선택할 때 참고하면 좋다.

(4) 양말

구두와 함께 양말의 선택도 중요하다. 양말은 슈즈 스타일링에 적합한 색상을 선택하는 것이 좋은데, 일반적으로는 슈트 및 슈즈보다 어두운 색이 적당하다. 예를 들어, 슈즈가 브라운 컬러일 경우 같은 색상의 짙은 양말이 잘 어울린다. 색상과 아울러 양말의 길이도 중요하다. 서 있을 때는 물론이고, 앉아 있을 때도 맨다리가 드러나지 않도록 길이를 살피는 것이 좋다.

(5) 벨트

남성의 벨트는 클래식한 벨트와 캐주얼한 벨트로 나뉜다. 일반적으로 캐주얼한 벨트보다 클래식한 벨트는 폭이 더 좁은데, 약 3.8cm이다. 길이는 허리에 벨트를 맨 뒤 첫 번째 벨트 고리를 지나는 정도면 적당하다. 색상은 슈트의 컬러보다 진한 색이 좋다. 또한 스타일링할 때 아이템이 가죽일 경우 소재를 맞추고, 벨트와 구두의 색상을 통일시키는 것이 좋다.

(6) 시계

인간 역사에서 중요한 발명품인 시계는 다양한 동력 요인에 따라 발전해 왔다. 그 가운데 클래식한 남성 액세서리로서 시계는 우아한 이미지의 드레스 워치와 정확도가 생명인 크로노그래프(chronograph)로 나눌 수 있다. 가죽 스트랩으로 구성된 드레스 워치는 클래식 슈트와 잘 어울리며, 스톱워치 기능이 있는 크로노그래프는 비즈니스 캐주얼이나 가벼운 옷차림에 잘 어울린다. 크로노그래프는 특히 협상, 단판과 같이 강력한 리더십을 보여 주고자 할 때 추천하는 시계이다.

시계는 작동 방식에 따라 건전지 타입의 쿼츠 방식과 태엽의 힘으로 움직이는 태엽 방식으로 분류할 수도 있다. 쿼츠 방식은 내구성, 유지비 측면에서 좋으며, 태엽 방식은 감성적인 측면에서 호감도가 높다.

(7) 가방

오래전부터 사용되어 온 비즈니스 용도의 브리프 케이스(brief case)는 남성의 클래식한 가방으로 손꼽힌다. 서류나 책을 넣을 수 있는 이 가방은 직사각형의 가죽으로 되어 있고 손잡이가 있는 것도 있고 없는 것도 있다. 손잡이가 없는 클러치 타입의 경우는 가볍게 들고 다니는 것으로서 포트폴리오(portfolio)라고도 불린다.

(8) 코트

코트는 몸을 따뜻하게 하는 실용성뿐만 아니라 슈트를 완성해 주는 역할을 한다. 남성 클래식 코트는 종아리 중간 정도 길이가 적당하며, 소매는 재킷 소매보다 1/2인치 더 긴 것을 선택하는 것이 좋다.

가. 밸머칸(balmacaan)

밸머칸은 미국 드라마인 〈형사 콜롬보〉에서 주인공이 착용한 것으로 유명하다. 레인코트의 일종인 이 코트는 둥근 어깨의 래글런 소매, 커프스 장식, 이중 여밈의 디테일이 주요하다. 스타일링은 격식 있는 슈트와 함께 캐주얼 차림에도 잘 어울리기 때문에, 두루 편하게 입을 수 있다.

나. 체스터필드(chesterfield)

이 코트의 명칭은 빅토리아 시대의 귀족이었던 체스터필드 백작의 이름에서 따왔다. 라펠과 다른 벨벳 소재의 칼라가 특징이며, 남성 코트 가운데 가장 우아한 이미지를 전달한다.

다. 트렌치코트(trench coat)

트렌치(trench)가 '참호'를 뜻하는 것에서도 알 수 있듯이, 트렌치코트는 제1차 세계대전 때 영국의 버버리사가 영국 육군을 위해 제작한 레인코트를 말한다. 버버리사가 개발한 만큼 '바바리코트'로 부르는 이도 있으나, 정식 명칭은 트렌치코트다.

트렌치코트는 방수가 되는 옷감인 개버딘으로 만든다. 면 개버딘의 방수 소재는 이중 여밈의 형태를 띠고 있으며, 오늘날 남성 클래식 패션의 필수 아이템이다. 코트의 세부 구성은 에폴렛(épaulette), 손목 스트랩, 헐렁한 벨트, D링, 건플랩과 같은 밀리터리 룩의 요소를 갖추고 있다.

라. 더플코트(duffle coat)

더플(duffle)은 거칠고 두껍게 짠 모직 소재를 가리키며, 군용으로 입었던 것에서 비롯되었다. 세부 구성은 싱글 여밈, 후드, 두껍고 큰 토글(toggle) 단추와 끈 장식, 큰 주머니로 되어 있다. 더플코트는 전쟁 이후에 대중화되어 방한 코트로 사랑받고 있는 클래식 코트이며, 다양한 T.P.O.에 활용도가 높은 것으로 알려져 있다.

마. 테일코트(tail coat)

테일코트는 승마복 용도로 고안되었기 때문에 앞길 길이가 짧고 뒤트임이 있는 것이 주요 특징이다. 오늘날에는 테일코트가 예식 혹은 연회 용도로 활용되면서 우아한 이미지로 인식되고 있다. 남성 팬츠 끝단 모양인 모닝 컷의 명칭처럼 테일코트의 끝단이 사선 모양으로 된 것을 모닝코트(morning coat)라고 부르기도 한다.

바. 피코트(pea coat)

해군의 군복이었던 피코트는 재킷보다 긴 길이감, 네이비 컬러, 모직 소재를 바탕으로 노치트 라펠, 이중 여밈, 슬릿 포켓 디테일을 가지고 있다. 19세기에 일반 대중에게 전파되었으며, 클래식 코트 중 하나로 손꼽힌다. 피코트는 V존이 좁아서 셔츠와 타이 차림뿐만 아니라 단순한 스웨터에도 무난하게 스타일링할 수 있다.

3. 여성 클래식 슈트 스타일링

1) 여성 클래식 슈트의 역사

여성의 클래식 슈트는 재킷과 스커트, 또는 재킷과 팬츠 한 벌이 동일한 원단으로 제작된 것을 말한다. 한 벌의 여성 클래식 슈트는 남성 슈트로부터 비롯되었다. 여성의 슈트 착용은 19세기 이후, 여성 해방 운동과 깊은 관련이 있다. 백영자·유효순은 『서양의 복식문화』(1998)에서, 남성의 테일러드 재킷(tailored jacket)과 롱스커트(long skirt)로 구성된 슈트가 여성의 활동 영역을 넓히는 데 일조하였다고 설명하고 있다. 즉 슈트의 착용이 여성의 권리와 지위를 향상시키고 남녀가 평등한 사회로 나아가는 하나의 방편이 되었음을 말해 준다.

여성 슈트가 본격적으로 일상에 침투하게 된 까닭으로 다양한 사회 변화의 흐름을 들 수 있다. 생산 기술의 변화를 가져온 산업의 발달, 제1차와 제2차 세계대전, 그리고 라이프 스타일의 변화 등이 그러하다. 기능적인 슈트는 이러한 시대적 요구에 부응하여 화려한 장식과 거추장스러운 의복을 대체하였으며 여성들의 삶을 바꾸는 데 일조하였다.

여성 슈트는 거의 변화가 없는 남성 슈트와 달리 차츰 디자인에 변화를 주면서 다양하게 분화하는 과정을 겪게 된다. 대표적인 사례는 샤넬에 의해 탄생한 슈트이다. 일명 샤넬 슈트라고 말하는 이 디자인은 노 칼라의 네크라인, 브레이드로 가장자리를 장식한 재킷과 스커트로 구성되어 있다. 초기에는 저지 소재로 만들어진 단순하고 편안한 스타일이었으나 이후 디자인 변화를 거치면서 클래식 형태의 샤넬 슈트가 되었다. 샤넬 특유의 시그니처인 트위드 소재, 블랙과 화이트의 배색은 다양한 블라우스, 셔츠를 아우르며 잘 조화를 이루었다.

기능복으로서 여성 슈트는 디자인 변화와 함께 인식의 변화로도 이어지게 되었다. 1960~1970년대 경제 발전에 힘입어 여성의 사회 진출이 보다 확대되는 가운데, 디자이너 이브 생 로랑(Yves Saint Laurent)과 랄프 로렌(Ralph Lauren)이 발표한 여성 슈트가 패션으로서 유행을 선도하게 된 것이다. 이에 더하여 남성 디자이너 슈트의 유행을 이끌어 가던 조르지오 아르마니(Giorgio Armani) 역시 여성 슈트를 출시하여 전문직 여성을 위한 패션을 제안하였다.

1980년대 여성의 슈트는 일명, '파워 드레싱(Power Dressing)'으로 일컬어졌으며, 사회적 성공의 이미지를 나타내며 유행하게 되었다. 1990년대는 여성 슈트가 앤드로지너스 룩(androgynous look)으로 인식되었으며 다양한 디자인의 변화를 불러왔다. 2000년대 이후에도 여성의 클래식 슈트는 사회 활동에 편리한 기능적 특성과 더불어 사회적 지위를 상징하는 의미를 드러내며 여전히 여성 패션에 영향력을 끼치고 있다.

2) 클래식 슈트의 구성과 디테일

(1) 재킷

재킷은 여성의 사회 활동에 주요한 아이템으로 인식되고 있다. 남성복과 달리 재킷 디자인은 파워풀한 빅 실루엣과, 여성의 신체를 드러내는 슬림 실루엣에 이르기까지 다양하며 유행에 종종 영향을 받는다. 트렌드에 민감한 여성 재킷이기는 하지만 차려입어야 하는 비즈니스 상황에서는 주로 어두운 컬러, 고급스러운 소재, 엉덩이를 덮는 길이, 너무 타이트하지 않은 핏이 정석으로 알려져 있다.

클래식 슈트를 구성하는 여성 재킷은 남성 테일러드 재킷과 형태가 같으나, 카디건 타입과 같이 노 칼라로 이루어진 샤넬풍의 재킷도 있다. 스타일링에 변화를 주고자 할 때는 재킷 위에 벨트를 착용하여 이미지에 변화를 줄 수 있다.

(2) 팬츠

남성의 전유물이었던 팬츠는 20세기에 벌어진 전쟁으로 인해 여성들도 사회활동 시 점차 팬츠를 착용하는 일이 증가하였다. 그러나 당시 여성들이 팬츠를 입는 것을 남성들이 달갑지 않게 보았기 때문에 사회적 합의에 이르지는 못하였다.

팬츠를 바라보는 시선이 달라진 것은 1960년대 후반 이브 생 로랑이 패션쇼에서 팬츠를 남성의 전유물이나 기능복이 아닌 하나의 패션 스타일로서 선보인 것이 계기가 되었다는 시각이 지배적이다. 팬츠 슈트 차림의 모델이 보여 준 스타일은 관능적인 이미지로 각인되었으며, 여성의 몸을 아름답게 표현할 수 있는 패션 아이템이 된 것이다.

클래식 재킷에 어울리는 팬츠는 타이트한 실루엣의 일자형에서부터 주름이 있는 통이 넓은 스타일까지 유행에 따라 다양하다. 그러나 약간의 여유가 있는 스트레이트형이 클래식 팬츠의 정석으로 손꼽힌다.

(3) 스커트

스커트는 몸의 라인에 꼭 맞거나 H라인을 이루는 타이트스커트와 폭이 넓은 풀스커트로 나눌 수 있다. 타이트스커트는 격식을 갖춘 느낌이 지배적이라면, 풀스커트는 우아함으로 주목받고 싶은 장소 및 상황에 어울린다. 두 유형 가운데 클래식 패션을 완성하기에 적합한 것은 타이트스커트이다. 이 타입은 무릎선이나 무릎 위 5cm 정도 올라오는 길이에 뒤트임이 있는 것으로서, 절제미와 기능미를 갖췄기 때문에 오피스 룩으로도 환영받고 있다.

3) 클래식 슈트 스타일링 아이템

(1) 셔츠와 블라우스

여성 셔츠는 과거, 남성의 부와 지위를 상징하는 남성 셔츠에서 유래하였다. 클래식 슈트 스타일링 아이템으로서 화이트 컬러의 셔츠는 너무 몸에 붙지 않는 디자인과 탄탄한 면 소재를 선택하여 품격 있고 우아한 이미지를 전달하도록 한다.

셔츠와 다르게 블라우스는 농민이나 노동자들이 입던 작업복에서 유래하였다. 블라우스는 크게 두 가지 유형으로 나누는데, 스커트나 팬츠 속에 넣어 착용하는 언더 블라우스형과 겉으로 노출하여 착용하는 오버 블라우스형이 있다. 비록 블라우스는 작업복에서 출발하였지만 프릴, 스모킹, 플리츠, 셔링 등 장식 디테일이 더해지면서 클래식 슈트를 돋보이게 하는 패션 아이템으로 정착하였다. 클래식 슈트 스타일링을 위한 블라우스는 T.P.O.에 맞는 디자인 선택이 중요한데, 엄중한 상황이나 격식을 갖추어야 하는 자리에서는 비교적 장식 디테일이 단순한 것을 입는 것이 좋다.

(2) 리틀 블랙 드레스

과거 서양 패션사를 살펴보면, 블랙 의상은 주로 상복으로 착용하여 일상에서는 선호하지 않았다. 그러나 전쟁으로 인해 패션계에도 큰 변화가 생기면서 블랙 옷차림이 도덕적 의미를 벗어나게 되었다. 무엇보다 여성 패션에서 블랙 원피스가 클래식 아이템이 된 데는 샤넬의 영향력이 크다. 1926년 샤넬은 심플한 라인의 슈미즈 스타일인 리틀 블랙 드레스를 발표하였다. 과시적 용도나 도덕적 용도가 아닌 기능적인 측면이 두드러진 리틀 블랙 드레스는 하나의 패션 스타일로 인정받게 되었다.

현재 리틀 블랙 드레스는 기능적 측면의 단순미뿐만 아니라 핏이나 길이감에 따라 다양한 이미지를 풍긴다. 이에 대해 김기례(2002)의 연구에서는 리틀 블랙 드레스를 인간의 성(性)적 특징을 부각시킨 이미지, 품위 있고 우아하며 여성스러운 분위기를 강조하는 이미지, 모더니즘적인 현대적 이미지, 금욕적 이미지로 평가하기도 하였다.

오늘날 리틀 블랙 드레스는 단 하나의 피스(piece), 블랙 컬러의 강렬한 상징성, 절제된 단순미를 가진 클래식 아이템으로 정착되어 있다. 기본 스타일은 어떠한 시대 유행에도 흔들리지 않으며, 다양한 아이템과 스타일링이 자유롭고 이미지 변신을 꾀하는 데도 활용도가 높다.

(3) 구두와 스타킹

포멀한 클래식 패션을 위한 여성 구두로는 굽이 너무 높지 않으며, 앞뒤가 막혀 있는 펌프스를 손꼽는다. 활용도가 높은 펌프스 외에 대안이 되는 구두도 있다. 앞이 막혀 있고 뒤가 트여 있는 오픈 백 구두이다. 펌프스나 오픈 백 구두와 달리 앞이 트여 있거나 화려한 샌들형은 클래식 스타일링에 적합하지 않으니 주의하도록 한다.

구두와 함께 적당한 스타킹 또한 필수이다. 스타킹의 컬러는 자신의 피부톤에 맞게 선택하는 것이 좋다. 간혹 블랙 의상과 통일감을 주기 위해 스타킹을 블랙으로 선택하는 경우가 있는데, 격식이 필요한 상황에서는 그리 좋은 선택이 아니다.

4. 클래식 캐주얼 스타일링

유행에 휘둘리지 않는 변함없는 클래식 캐주얼 아이템들은 여전히 패션에서 인기가 있다. 특히 직장인 패션에서 어느 정도 격식은 갖추면서도 자신의 개성을 드러내는 스타일들이 캐주얼 복장이라는 이름으로 자리를 잡아 가고 있으며 패션 시장에서도 인기를 끌고 있다. 한 벌의 클래식 슈트와 달리 유행에 흔들리지 않는 클래식 캐주얼 상의 아이템으로는 블레이저, 스웨터, 카디건, 피케셔츠, 티셔츠가 있으며, 하의 아이템으로는 치노 팬츠와 블루진을, 잡화로는 로퍼와 진주 목걸이, 스카프를 손꼽을 수 있다.

1) 상의

(1) 블레이저(blazer)

패션에서 블레이저는 팬츠와 콤비가 되는 재킷을 말한다. 블레이저는 대중화되기 이전에 유니폼으로 활용되었다. 켈리 블랙먼(Cally Blackman)의 『멘즈웨어 100년』(2014)에 따르면, 이 재킷은 해군 유니폼으로 착용되었으며, 전통적으로 문장이나 엠블럼이 박혀 있는 황동 장식과 검은색 단추를 달고 있다. 20세기 초에는 영국의 옥스퍼드, 케임브리지 대학의 조정 클럽이나 크리켓 클럽 학생들의 유니폼으로 확대되었다.

유니폼으로서의 블레이저는 현재, 남성의 클래식 캐주얼 스타일링에서 없어서는 안 될 중요한 아이템이 되었다. 일반적으로 블레이저는 싱글 여밈과 더블 여밈의 유형으로 구분할 수 있다. 셔츠와 타이를 함께 착용하거나 블루진, 고급스러운 티셔츠와 조합하면 일반적인 클래식 캐주얼 웨어를 완성할 수 있다. 특히 네이비 컬러는 활용도가 높으며, 단정하면서도 신뢰감 있는 이미지를 준다. 팬츠는 보통 블레이저보다 명도가 높은 화이트나 밝은 그레이 등이 좋다. 블레이저에 어울리는 구두는 격식을 요하는 자리일 경우 옥스퍼드 타입을 추천하지만, 클래식 캐주얼 아이템인 로퍼도 잘 어울린다.

(2) 스웨터(sweater)

편물을 이르는 말이기도 한 '스웨터(sweater)'는 땀을 뜻하는 '스웨트(sweat)'에서 유래된 것에서 알 수 있듯이, 땀을 흘리는 운동과 관련이 깊다. 스포츠와 연관된 스웨터가 패션화된 계기는 패션 리더이기도 했던 에드워드 8세 윈저 공의 골프 패션을 통해서이다.

스웨터는 셔츠와 타이를 함께 스타일링하면 격식 있는 느낌을 준다. 스웨터의 형태를 좌우하는 핵심적인 부분은 V존이며, 깊거나 얕은 경우 스타일링 방법을 달리할 수 있다. 고급스러운 클래식 스타일링을 위해서 스웨터의 소재는 캐시미어를 추천한다. 재킷과 함께 착용하면 세미 포멀한 부드러운 이미지를 풍길 수 있다.

남성 캐주얼웨어뿐만 아니라 여성 캐주얼웨어에서도 스웨터는 패셔너블한 아이템으로 알려져 있다. 이러한 이미지를 만든 인물이 샤넬이다. 여성의 클래식 캐주얼 스타일링에 중요한 아이템이 된 스웨터는 여러 문양이나 자수, 비즈 등으로 장식한 디자인들로 발전하였다. 오늘날 현대 패션에서 스웨터는 계절이나 남녀노소 구분 없이 폭넓게 활용되는 범국민적 아이템이 되었으며, 형태와 소재에 따라 편안한 스타일과 격식 있는 스타일을 연출하는 데 두루 유용하다.

(3) 카디건(cardigan)

단추를 이용하여 쉽게 여밀 수 있는 카디건은 19세기 카디건 백작 가문의 제임스 브루데넬(James Brudenell)이 고안한 것으로 알려져 있다. 오늘날 간절기 패션 아이템으로 인기가 있는 카디건은 V존이 얕은 것부터 깊은 것까지 다양하다. 특히 네크라인이 깊게 파인 경우는 이너웨어와 함께 스타일링이 가능하다. 캐미솔, 티셔츠, 셔츠, 블라우스 등과 같은 이너웨어들은 카디건과 조화를 잘 이루는 아이템이다.

카디건은 같은 소재와 색상의 풀오버를 함께 연출한 트윈 세트로도 활용된다. 트윈 세트는 격식 있는 정장 차림에 활용되기도 하는데, 정장 스커트와 함께 착용하면 비즈니스 캐주얼로도 적합하다.

(4) 피케 셔츠(pique shirt)

피케 셔츠는 평직에 변화를 주어 두툼하게 짠 피케 소재로 만든 셔츠이다. 디자인 특징은 중심 플래킷(placket)에 2~3개의 단추로 구성되어 있다. 블레이저나 치노 팬츠 혹은 브이넥 스웨터를 함께 스타일링하면 스포티하면서도 차려입은 느낌을 줄 수 있다.

(5) 티셔츠(T-shirt)

오늘날 티셔츠는 면 소재가 주류를 이루는 것과 달리, 그 원형은 미국 해군의 군수용품으로 사용되었던 얇은 울에서 비롯되었다. 이후 티셔츠가 일반인들에게 시판되기 시작한 것은 1930년대로 알려져 있으며, 전쟁 이후 판매가 더욱더 가속화되었다.

티셔츠가 패션 아이템으로 우뚝 서게 된 계기는 영화 산업과 관련이 깊다. 블루진과 함께 스타일링된 티셔츠는 전 세계적인 사랑을 받은 말런 브랜도와 제임스 딘 주연의 작품 속에 등장한다. 또한 현대 패션사에서 기억될 만한 티셔츠는 하위문화 그룹에 활용된 것이며, 사회적 메시지 전달의 도구로서 큰 의미를 두고 있다.

캐주얼의 대표 격인 티셔츠를 색다르게 입는 시도들이 많아지고 있다. 여성 패션에서 화이트 컬러의 탄탄한 고급 면 재질과 다양한 프린팅 문양 디자인의 티셔츠를 포멀한 팬츠와 스카프 혹은 진주 목걸이와 함께 매치하여 격식과 비격식을 오가는 느낌을 줄 수 있다. 남성 패션에서는 고급 면 소재를 바탕으로 블레이저, 카디건, 블루진 등과 두루 조합하여 세미 포멀한 이미지를 줄 수 있다.

2) 하의

(1) 치노 팬츠(chino pants)

치노는 스페인어로 '중국'을 뜻한다. 면바지로 알려진 치노 팬츠는 1898년 스페인 전쟁과 연관되어 있다고 알려져 있다. 치노 팬츠에 대해 보다 구체적인 역사를 언급한 남보람(2019)에 따르면, 당시 전쟁에서 승리한 미군이 스페인으로부터 필리핀을 할양받았으며, 고온 다습한 필리핀 날씨에 적응하기 위해 중국으로부터 면직물을 대량 매입하는 과정에서 등장한 것이 치노 팬츠라는 것이다.

오늘날까지 사랑받고 있는 치노 팬츠는 남성 비즈니스 캐주얼 아이템으로 인기가 높다. 블레이저 재킷, 셔츠, 카디건과도 두루 잘 어울리는 치노 팬츠는 화이트, 그레이, 베이지와 같은 밝은 색상의 활용도가 높다.

(2) 블루진(blue jeans)

캐주얼 아이템의 대명사이기도 한 블루진은 패션 브랜드 리바이스의 설립자인 리바이 스트라우스(Levi Strauss)가 선보인 작업복에서 비롯되었다. 흔히 블루진을 데님 바지라고 부르기도 하는데, 데님은 프랑스의 님(Nimes) 지방에서 생산되는 소재를 일컫는 말이다.

20세기 초까지 블루진은 고된 육체노동을 하는 사람들에게 유용한 의복이었으며, 이후 차츰 다양한 집단으로 확대되기 시작하였다. 그중에서 1960년대 하위 청년문화 집단의 의복에 수용된 블루진은 주류문화의 가치에 대한 저항의 의미도 갖게 되었다.

패션 역사에서 블루진이 범대중적 아이템이자 일상에 깊숙이 침투하게 된 주요한 계기는 디자이너 컬렉션과 할리우드 영화 배우들이 이를 수용했기 때문이다. 제임스 딘, 말런 브랜도 주연의 영화에서 블루진은 젊음을 상징하는 의상으로 대변되었으며, 성별, 연령, 세대를 불문하고 사랑받고 있다. 현대 패션에서 클래식 아이템이 된 블루진은 다양한 상의 블레이저와 함께 매치하여 캐주얼 스타일링을 완성하는 데 효과적인 아이템이다.

3) 잡화

(1) 로퍼(loafer)

패션에서 로퍼는 끈으로 신발을 묶는 옥스퍼드 슈즈와 대비되는 것으로, 미끄러지듯 발을 쉽게 넣어 신을 수 있는 캐주얼 아이템을 말한다. 디자인의 유래는 인디언의 '모카신(Moccasin)'으로 알려져 있다. 로퍼는 한 벌의 정장 슈트보다는 단품 블레이저 재킷, 셔츠와 카디건 상의 같은 캐주얼 아이템과 연출하기에 적당한 구두이다.

(2) 진주 목걸이

과거에 자연산 진주는 구하기 어려운 것이어서 왕, 귀족 등의 권력층을 중심으로 지위와 부를 과시하는 목적으로 이용되어 왔다. 그러나 20세기 이후 진주는 누구나 쉽게 접근할 수 있는 패션 아이템으로 대중화되었다.

진주 목걸이의 대중화라고 하면, 패션 역사에서 코코 샤넬을 떠올리는 사람들이 많을 것이다. 샤넬은 패션의 대중화를 위해 저가의 소재를 바탕으로 단순하고 기능적인 디자인을 추구한 디자이너였으며, 특히 진주 목걸이를 함께 스타일링하여 자신만의 시그니처 룩을 만든 것으로 유명하다.

패션 스타일링 아이템으로서 진주 목걸이는 고급스러운 정장뿐만 아니라 캐주얼 티셔츠와도 잘 어울릴 정도로 무한한 매력을 지니고 있다. 그리고 형태적 측면에서 진주와 체인을 결합한 하이브리드 형태, 연출적 측면에서 진주 목걸이와 체인 목걸이를 중첩하는 방법들이 호응을 얻고 있어 이미지 스타일링 시 활용도가 부쩍 높아졌다.

(3) 스카프

스카프는 일반적으로 네크라인이나 머리를 덮어 추위, 더위, 먼지, 바람 등으로부터 우리 몸을 보호하기 위한 실용적 기능과 함께 밋밋한 의상을 돋보이도록 하는 장식적 기능을 갖추고 있다. 일반적 용도와는 다르게, 스카프는 대학의 유니폼, 특정 팀을 응원하는 도구, 종교적·사회적 관습 등으로도 사용되었다.

스카프는 문양 디자인이 핵심이라고 해도 과언이 아니다. 유명 패션 브랜드의 시그니처가 반영된 스카프 문양은 클래식으로 이어져 오고 있다. 다양한 문양과 더불어 근래에는 정사각형, 직사각형이 주를 이루는 형태를 벗어나 삼각형, 마름모형, 부정형 등에 이르기까지 외형 디자인에도 변화가 나타나고 있다.

스카프는 외형뿐만 아니라 크기와 길이도 다양하여 스타일링 방법이 셀 수 없을 정도로 많다. 중요한 것은 간단한 루프와 매듭의 원리이며, 이를 잘 활용하면 스타일링이 더욱더 쉬워진다. 또한 브로치, 핀, 링(ring) 고리 등의 스카프용 액세서리로도 연출에 변화를 줄 수 있기 때문에 여러 방법으로 활용해 보도록 하자.

이미지 스타일링으로서 스카프 연출은 의상에 통일성을 주거나 강조 포인트로 작용한다. 또한 실크와 울(wool) 소재의 고급스러운 스카프는 셔츠와 같은 캐주얼 아이템마저 차려입은 느낌을 줄 수 있기 때문에 스카프 스타일링을 한번쯤 반드시 시도해 보기를 권한다.

Image Styling

Chapter 12

면접 스타일링

1. 면접 유형

신입사원 채용을 위한 면접이 날로 다양해지고 있다. 기업들이 새로운 면접 방식을 도입하고 있는 만큼 면접 지원자들은 기존의 면접 유형과 함께 기업마다의 독특한 면접 유형에 대비해야 한다. 면접은 무엇을 평가하고, 어떻게 진행하느냐에 따라 직무역량을 평가하는 직무역량 면접, PT 면접과 토론 면접, 시뮬레이션 면접, 인성을 평가하는 인성 면접 등으로 나뉜다. 특히 시뮬레이션 면접은 기업의 해당 업무에 최적화된 인재를 채용하기 위한 독자적인 평가 항목을 바탕으로 지원자의 과제 해결 능력을 알아보는 것이며, 최근 많은 기업들이 시행하고 있는 유형이다. 여러 면접 유형을 통합적 시각에서 살펴보면, 지원자의 과거 경험을 바탕으로 질문을 구성하여 평가하는 가장 기본적인 방식과, 가상의 업무 상황을 설정하여 지원자가 어떻게 행동할 것인지를 파악하는 직무 행동 예측 방식으로 대별할 수 있다.

최근에는 지원자의 정보를 배제하고 투명한 채용을 추구하는 사회적 분위기가 형성되면서 블라인드 면접 유형도 늘어나고 있다. 이러한 유형은 공기업이 주도적으로 실시하고 있으며, 지원자의 나이, 출신 학교와 같이 해당 직무와 직접적인 연관성이 없는 사항들을 배제하는 것이 주요하다. 또한 블라인드 면접의 공정성과 투명성을 강화하기 위해 기업 내부적으로는 지원자와 관련이 있는 내부 면접관들을 기피하는 제척·회피 제도가 있으며, 외부 면접관도 무작위로 편성하여 지원자를 보다 객관적 시각에서 파악하려는 움직임이 늘고 있다.

면접은 대체로 1차 면접과 2차 면접으로 진행되며, 기업마다 단계를 두어 더 심도 있게 면접을 치르는 기업도 있다. 보통 1차 면접으로 직무역량 면접, PT 면접, 토론 면접 등을 치르는데, 이를 통해 지원자의 역량을 실질적으로 검증한다. 대부분의 1차 면접은 기업별로 면접 형태와 구성이 상이하지만, 직무역량 면접과 PT 면접, 혹은 직무역량 면접과 토론 면접 형태로 구성된다. 2차 면접은 인성을 중심으로 지원자를 검증하는 것이다. 좀 더 매서운 질문이 등장할 수 있으므로 잘 대비해야 한다.

1) 직무역량 면접

기업에서는 갈수록 직무와 관련된 지식, 능력 등을 갖춘 인재를 요구하고 있다. 이력서에서도 일반적인 자격증보다 직무와 관련된 자격증을 소지하고 있는지, 직무에 대한 지식은 있는지, 다양한 경험보다는 직무 수행과 관련된 과제를 해결하고 경험한 이력이 있는지, 그리고 향후 직무 분야에서 지원자가 얼마나 성장할 수 있는지 등을 면밀히 살펴본다. 기업 가운데에는 해당 직무를 잘 이해한 지원자들을 채용하기 위해 채용 공고 시에 직무 내용을 미리 소개하기도 한다. 따라서 지원하고자 하는 직무를 잘 이해한 후에 이와 관련한 질문에 대처하는 것이 좋다. 기업의 입장에서는 이러한 면접 과정을 통해 입사 후에 지원자들을 대상으로 하는 직무 교육 비용을 줄일 수 있다는 장점이 있다.

신입의 경우 다양한 직무 경험이 있는 경력직보다 질문에 대한 답변에 어려움이 있을 수 있다. 그러나 직무역량과 관련한 경험은 인턴 혹은 회사에서 일해 봤던 경험뿐만 아니라 학교에서의 관련 경험이 될 수도 있다. 직무역량과 연관될 수 있는 팀 프로젝트 활동, 아르바이트 경험, 봉사활동 등이 그러하다.

이 외에도 직무역량 면접에서는 다음과 같은 질문에 대비해야 한다. 신길자·임영찬·주일돈은 『해커스 쉽게 합격하는 취업 면접』(2020)에서 직무에 대한 열의와 포부, 책임감, 팀워크, 글로벌 역량을 갖추고 있는지를, 그리고 설민준은 『채용담당자가 공개하는 취업면접 합격 기술』(2021)에서 기획력, 창의성, 논리력과 함께 정직, 소통 등과 같은 인성적 측면을 평가하는 질문을 받을 수 있다고 설명하였다. 다양한 면접 관련 책을 보더라도 알 수 있듯이 곧 사회에 첫발을 내딛게 될 구직자들은 대학 시절에 자신이 원하는 직무와 관련된 경험이 무엇이 있을지 적극적으로 탐색·실천하고, 그 과정에서 배우고 깨달은 것을 자신의 역량으로 축적할 필요가 있다.

2) PT 면접

PT 면접은 주로 직무와 관련된 주제를 토대로 정해진 시간 내에 지원자의 프레젠테이션 발표로 이루어진다. 이 과정은 지원자의 직무 적합도 및 커뮤니케이션 능력 등을 파악하기 위한 것이다.

(1) PT 면접 과정

지원자들은 모든 면접 과정에서 극도의 긴장감을 느낄 것이다. 그중에서도 PT 면접은 정해진 시간에 주어진 주제에 논리적으로 접근해 문제를 해결해야 하므로 지원자들이 더욱더 긴장할 수밖에 없다. 더군다나 PT 면접의 주제가 사전에 공개되기도 하지만 면접 당일에 주어지기도 하기 때문이다.

면접 과정은 자료 작성과 발표 그리고 질의응답으로 이루어진다. 발표 자료는 서론, 본론, 결론으로 작성하며, 서론에서 주장한 내용에 대해 본론에서 근거를 제시하는 논리적 전개 방식을 따른다. 발표 내용을 작성하는 시간은 기업마다 다른데 보통 20~40분 정도이고, 발표 시간은 보통 5~10분 정도로 생각하면 된다. 시간이 짧은 만큼 PT 화면의 디자인보다는 내용에 중점을 두는 것이 좋다. 백주아는 『백프로 합격 보장! NCS 자소서&면접』(2020)에서 주어진 시간의 60%는 제작에 사용하고, 나머지 40%는 말할 내용을 준비하라고 강조하였다. 그만큼 시각적인 표현보다는 논리적 설득을 위한 내용 전달에 집중하는 것이 좋다는 뜻이다.

기업마다 다소 차이는 있겠지만 PT 면접은 단시간에 이루어지는 만큼 철저한 시뮬레이션이 필요하다. PT 발표 이후에는 질의응답이 이루어지는데, 면접관들은 수많은 지원자들의 PT를 보고 듣기 때문에 별 차이를 느끼지 못할 수도 있다. 따라서 PT와 더불어 질의응답에서 자신의 생각을 잘 드러내는 것이 중요하다.

(2) PT 면접의 평가 내용

평가 내용의 핵심은 직무와 관련된 것을 얼마나 잘 파악하고 논리적으로 문제를 해결하느냐이다. 이 외에도 목소리, 태도와 같은 커뮤니케이션 전달력은 좋은지, 질의응답 시 지원자가 면접관의 의도를 잘 파악하고 성실하게 잘 답변했는지 등이 평가 내용에 해당한다.

3) 토론 면접

토론은 한 주제에 대해 찬반으로 입장을 달리하여 각자의 주장을 관철하기 위한 논의를 말한다. 토론을 중심으로 하는 면접에서는 상대의 주장을 무력화하고 논리적 근거에 따라 자신의 주장을 내세우는 것이 중요하다. 최근에는 찬반을 떠나 의견을 수렴하는 토의나 대안을 제시하는 방향으로 나아가고 있다.

토론 면접은 지원자의 논리적 의견 전달력을 파악하는 형태이다. 이때 지원자는 자신의 주장만을 내세우는 것이 아니라 함께 토론에 참가한 사람들을 배려하고 있는지도 중요하게 생각해야 한다. 면접관은 상대의 이야기를 잘 경청하는 것도 중요하게 생각하기 때문이다.

토론 면접은 지원자가 입사 후에 참여하게 될 회의 과정에서 자신의 의견을 잘 개진할 수 있는지, 회의 과정에서 나온 다양한 의견을 수렴하고 새로운 대안을 제시할 수 있는지를 알아보기 위한 것이기도 하다. 따라서 이러한 면접의 목적을 잘 이해하고 토론 면접을 미리 시뮬레이션하면서 준비해 보도록 한다.

(1) 토론 면접 과정과 역할

토론 면접의 과정은 주제 전달, 토론 준비, 토론으로 이루어진다. 주어진 주제에 따라 찬반으로 팀을 나눈 후 5~10분간 주요 키워드를 중심으로 4~5개 정도로 의견을 정리하는 준비 과정을 거친다. 이후 20~30분 동안 자신이 속한 팀에서 자유롭게 토론하면 된다. 집단 토론이기는 하지만 개인 평가도 함께 이루어지기 때문에, 자신의 주장을 논리적으로 개진하는 것이 어렵다면 논의 중재, 의견 수렴, 새로운 관점이나 대안 제시, 혹은 사회자와 같은 역할을 하는 것도 좋다.

(2) 토론 면접의 평가 내용

토론 면접에서는 자신의 주장에 대한 논리적 설득 능력, 목표를 달성하기 위한 솔루션을 제시하는 문제 해결 능력, 토론 상대와의 의사소통 능력 등을 평가한다. 상대방의 말을 경청하고 의사를 존중할 뿐 아니라, 자신이 속한 팀의 구성원들과 협동하는 자세 등 인성과 관련한 항목도 함께 평가한다.

4) 인성 면접

인성 면접은 주로 임원이 면접관이 되기 때문에 임원 면접이라 부르기도 한다. 인성 면접은 자기소개를 시작으로 하여, 지원자가 지닌 내외적 자질을 최종적으로 파악하는 것이다. 일반적인 평가 항목은 인성과 태도, 조직 융화력, 의사소통 역량 등이다.

구체적으로 살펴보면, 먼저 인성과 태도는 지원자의 기본 성향, 가치관, 인상, 마음가짐, 직업관, 윤리의식 등에 대한 평가가 주를 이룬다. 따라서 '일의 과정과 결과 가운데 어느 것이 더 중요하다고 생각하는가?', '자신의 가치관 또는 인생관에 영향을 끼친 인물은 누구인가?'처럼 구체적인 질문에 대한 답변을 준비하면 된다.

조직 융화력은 지원한 회사가 추구하는 비전과 정신, 기업의 가치와 문화 등에 대한 것으로서 융합적 창의성을 발휘한 경험이 있는가, 어려운 문제를 직접 해결한 경험이 있는가, 입사 후 포부와 계획은 어떠한가 등이다.

의사소통 역량은 협력을 필요로 하는 기업 직무의 특성상 의사 전달 및 소통 능력, 원만한 대인 관계 능력과 관련된 질문이 중심이 된다. 예를 들어 '직장 동료나 상사와의 의견 충돌 시 어떻게 대처할 것인가?'와 같은 유형의 질문이 이에 속한다.

5) AI 면접

인공지능이 사회 곳곳에서 새로운 혁신을 불러오고 있다. 이러한 가운데 면접·채용 과정에도 인공지능이 도입되어 그 절차와 내용에 대한 지침들이 등장하고 있다. 일반적으로 AI 면접은 빅데이터를 기반으로 지원자의 표정, 음성, 언어 등을 분석하여 개인적인 역량을 파악하는 방식을 취한다. 면접 문항은 우수 인재를 가려내기 위해 기업에서 좋은 성과를 내는 직원의 데이터를 바탕으로 구성된다.

AI 면접은 기존의 대면 면접 방식에 비해 경제적·시간적인 면이나 규모 면에서 월등히 뛰어나 점차 공공 기관과 민간 기업으로 확대되고 있다. 그러나 평가 방식이 공개되지 않거나 최종적으로 합격한 지원자들의 AI 면접 점수가 높지 않은 사례가 있어 신뢰성에 대한 우려가 있는 것도 사실이다. 앞으로 AI 면접이 정착되기 위해서는 다양한 평가 문항과 결과에 대한 검증이 선행되어야 할 것이다.

(1) AI 면접 전 점검 사항

AI 면접 전에 점검할 사항은 물리적 소통 시스템과 면접 복장이다. 물리적 소통 시스템은 현재, Window 7 이상의 운영 체제에 최적화된 컴퓨터, 웹캠, 이어폰과 마이크가 필요하다. 그리고 지원자는 크롬으로 접속해서 응시해야 하므로 크롬 브라우저를 사전에 준비하는 것이 좋다. 지원자의 면접 복장은 기존의 대면 면접 복장과 다르지 않다. 면접 복장 스타일링은 단정하면서도 무난한 것이 좋다. 더불어 면접 전에 주변 환경을 잘 정돈하는 것도 잊지 말아야 한다.

(2) AI 면접 과정

지원자는 제한된 시간 내에 제시된 질문에 답변해야 하는데, 이때 표정과 음성, 언어를 토대로 지원자를 평가하게 된다. 대체로 AI 면접은 기본 질문에서 시작하여 성향 파악 질문, 상황 해결 질문, 게임 토대 질문, 심화 질문, 답변 제출로 구성된다.

- 기본 질문: 일반적인 면접 시작 절차에서 하는 질문과 같이 자기소개, 직무

에 대한 지원 동기, 장단점 관련 질문 등으로 이루어진다. 특히 직무 지원 동기 및 장단점에 대한 답변에서는 직무와 관련된 단어를 사용하고, 직무에 관한 자신의 역량을 어필하는 것이 좋다.

- 성향 파악 질문: 제시된 질문을 읽고 진솔하게 답변해야 한다. 심화 질문 단계에서 이어서 답변해야 하기 때문이다.
- 상황 해결 질문: 특정 상황을 제시하여 문제를 해결하게 하는 과정이며, 대화하듯이 논리적으로 답변한다.
- 게임 토대 질문: 지원자의 적성을 확인하고 행동 패턴을 파악하기 위한 질문으로, 설명을 잘 이해하고 제한된 시간 내에 답변을 마치도록 한다.
- 심화 질문: 지원자가 앞서 선택한 항목들을 바탕으로 더 심화된 질문으로 이어지기 때문에 일관성 있게 답변하여야 한다.
- 답변 제출: 모든 답변을 완료한 후 최종적으로 답변을 제출한다.

2. 면접 스토리텔링

기업에서 필요로 하는 스펙을 두루 갖추고 있는 사람은 흔치 않다. 이런 이유로 인해 면접에서 자기소개서 스토리텔링의 중요성이 높아지고 있다. 면접관들은 수많은 지원자들을 대상으로 면접을 본다. 따라서 비슷비슷한 경험과 관련된 스토리로는 관심을 끌기 어렵기 때문에 자신만의 경험을 바탕으로 한 스토리텔링이 필요하다.

자신만의 경험이 담긴 스토리텔링은 면접관에게 기억에 남을 만한 인상을 준다. 더욱이 면접자가 지원한 회사에서 인턴으로 일한 적이 있거나 회사의 브랜드와 관련된 업무 경험이 있다면 스토리텔링의 효과는 더욱더 높아질 것이다.

자기소개서에서는 몇 개의 흥미로운 에피소드를 중심으로 말하면 좋다. 스토리텔링을 할 때는 육하원칙에 따라 이야기를 전개하고 배운 점을 중심으로 말하면 된다. 직무 지원 동기나 자신의 강점, 마지막 한마디 등 어떤 질문이라도 대답할 준비가 되어 있어야 하며, 다른 지원자와 에피소드가 겹치지 않도록 여러 개를 준비하는 것이 좋다.

면접관은 수많은 면접 지원자를 평가해야 하는 위치에 있다. 따라서 면접관이 미리 정해 놓은 질문이 있기 마련이다. 이러한 상황을 고려할 때 면접 지원자는 고정된 질문에 갇혀 있지 말고 자기소개서와 스펙을 바탕으로 자신을 돌아보고 능동적으로 스토리텔링 전략을 설계할 필요가 있다.

3. 면접 태도와 답변 요령

1) 면접 태도

(1) 자세

지원자가 면접장에 들어서는 순간 당락이 결정된다고 말하는 사람도 있다. 그 짧은 시간에도 면접관들은 지원자들의 이모저모를 살피면서 탐색하기 때문인데, 이때 대체로 첫인상이 결정된다. 따라서 면접장에 들어갈 때의 걸음걸이와 자세 연습은 필수이다.

면접장에 들어갈 때는 목을 당기고, 귀, 어깨 끝점, 골반뼈, 무릎 옆, 발목뼈가 일치되는지, 두 발이 5~7도 정도 벌어진 상태에서 주먹 하나 들어갈 너비로 걷고 있는지 자세와 걸음걸이를 미리 점검해 보도록 한다.

매너 있는 면접 자세로 빼놓을 수 없는 것이 인사이다. 통상적으로 가볍게 15도 정도로 목례를 하고 면접관 앞으로 걸어가서 선 후에 45도 정중례로 인사를 한다. 의자에 앉을 때는 면접관의 지시가 있고 난 후에 앉도록 한다. 남성은 다리 사이에 주먹이 하나 들어갈 정도로 살짝 벌린 후 다리를 11자로 놓고, 다리 위에 가볍게 주먹을 쥔 채로 손을 올려놓고 앉는다. 여성은 두 다리를 모아 살짝 사선 방향으로 놓으면 자연스럽고, 두 손은 모아 무릎 위에 올린 채 앉는다.

면접 지원자들은 다른 지원자들과 차별화되고 면접관의 주목을 끌기 위한 자신만의 제스처를 고려해 보는 것도 좋다. 이때 다른 지원자들과의 거리를 염두에 두고, 자신감 있으면서도 지나치게 과장되지 않게 제스처를 취해야 한다.

(2) 표정

얼굴이 예쁘고 잘생긴 지원자들이 면접에서 좋은 점수를 받는다고 생각할 수도 있다. 그러나 실제 면접관들이 선호하는 얼굴은 온화하고 여유 있는 미소를 지닌 사람이라고 한다.

면접에 임하는 지원자들은 미소를 짓다가도 긴장감으로 인해 금세 표정이 굳어지기 쉽다. 그렇다고 해서 긴장하지 말라는 것은 아니다. 적절한 긴장감을 가지되, 자신감 있는 표정과 미소 짓는 얼굴로 면접에 임하는 것이 중요하다.

표정과 함께 시선 처리도 중요하다. 질문을 받게 되면 질문자를 바라보며 대답하고, 다른 면접관들을 향해서도 여유로운 표정을 짓는 것이 좋다. 면접관을 바라볼 때는 눈을 직시하는 것이 아니라 이마에서부터 턱까지 자연스럽게 시선을 처리한다. 지나치게 자주 시선을 이동하게 되면 산만한 느낌을 줄 수 있다. 이때는 시선을 면접관의 턱에 고정하여 안정감 있는 모습을 보여 주는 것도 좋다.

면접관들은 밝고 명랑한 지원자를 선호하는 경우가 많다. 단순히 미소 짓는 표정을 넘어 밝은 에너지를 전달할 수 있도록 답변과 표정을 점검하는 모의 훈련을 해 보도록 한다.

(3) 음성

면접 시에는 자신감과 신뢰감 있는 목소리가 요구되지만, 실제로 많은 면접 지원자들이 긴장하여 떨거나 더듬거리고, 자신감 없이 말끝을 흐리기도 한다. 좋은 음성을 내기 위한 방법으로는 흔히 복식호흡을 추천한다. 호흡 방법은 코로 천천히 숨을 들이마시면서 아랫배가 살짝 불룩해지면 다시 입으로 천천히 숨을 내뱉는 것이다. 복식호흡이 좋은 것은 깊은 숨쉬기로 인해 뇌로 향하는 산소량을 늘려 뇌를 맑게 할 뿐만 아니라 심리적 안정감을 느끼게 하여 음성에도 도움을 주기 때문이다.

면접 지원자에게 요구되는 음성은 약간 중저음의 신뢰감 있는 목소리이다. TV 속 아나운서의 목소리가 대부분 중저음인 것도 중저음이 신뢰감을 주기 때문이다. 목소리와 함께 말하는 속도도 중요하다. 평상시에 상대방과 대화하는 느낌으로 발음을 정확히 하고 약간 느리게 말하는 것이 좋다. 그리고 목소리의 볼륨과 높낮이에 변화를 주면서 대화를 이어 간다면 면접관들이 지원자의 답변에 더욱더 집중할 것이다. 이것이 바로 목소리의 힘이다.

목소리에 자신이 없다면 면접관들이 싫어하는 언어 습관만 피해도 면접에 도움이 될 것이다. 면접관들은 격식 없는 말투, 불명확한 표현 등을 싫어하기 때문에 평소 자신의 언어 습관을 점검해 보도록 한다.

2) 답변 요령

면접 과정이 날로 치열해지고 있다. 면접 지원자들은 조그만 실수라도 하지 않기 위해 다른 면접자들의 실제 후기를 보며 답변 요령들을 습득하고 있다. 취업 전략이라는 제목의 여러 지침서들을 보면 면접관의 질문과 답변에 대한 예시가 꽤 구체적이다. 이를 통해 알 수 있는 것은 앞으로 면접 질문이 더 세밀해지고 구체화될 것이며, 면접 지원자들이 대처하기가 쉽지 않을 것이라는 점이다.

따라서 구체적인 면접 답변 예시들을 암기하는 데 시간을 허비하지 않도록 한다. 답변 요령의 핵심에 대한 몇 가지를 이해하고, 나머지 시간은 자신의 강점을 드러낼 수 있는 방법에 대해 고민할 필요가 있다.

다음으로 면접 답변에 대한 기본적인 요령 몇 가지를 소개한다.

- 결론부터 먼저 답변한다.
- 다른 지원자와 같거나 유사한 답변을 하지 않는다.
- 솔직하게 말하고 자신만의 비전을 보여 준다.
- 어려운 전문 용어는 사용하지 않는다.
- 난처한 질문에는 솔직하게 또는 창의적으로 답변하고, 자신의 강점에 대한 이야기로 전환한다.

4. 면접 복장의 스타일링

매년 취업 시즌이 되면, 취업 관련 기관들에서 각종 조사 결과를 발표한다. 그 가운데에는 면접 복장에 대한 지원자 및 면접관의 생각에 대한 내용도 있다. 지금은 많은 면접 지원자들이 면접 복장의 중요성에 대해 잘 알고 있어서 대부분 면접에 임하기 전에 미리 복장을 점검한다.

면접 복장의 중요성에도 불구하고 미처 신경 쓰지 못하는 부분도 있다. 여러 번의 면접으로 인해 더러워진 옷을 세탁하지 않고 그대로 입거나, 관리 소홀로 인해 구겨진 옷 또는 체형에 맞지 않는 옷을 입거나, 명품 정장 및 핸드백을 착용하는 경우 등이 그러하다. 면접을 치르는 과정에서 자칫 놓치고 있는 부분은 아닌지 미리 점검하도록 한다.

면접 복장의 스타일링은 면접이 이루어지는 과정에 따라 다르다. 1차 면접에서는 기본에 충실한 단정한 복장이 좋으며, 2차 혹은 3차 면접에서는 면접 지원자들 사이에서 좀 더 차별화되고 강인한 인상으로 시선을 사로잡을 수 있는 복장이 좋다.

1) 피부톤과 메이크업

메이크업이 아직 여성 고유의 영역이라고 생각하는 사람들이 있을지 모르겠다. 국내 남성 화장품 시장은 1990년대부터 성장하기 시작하여 현재는 피부를 관리하는 남성들이 늘면서 질적·양적으로 많이 확장되었다. 많은 남성들이 피부 관리를 위해 기꺼이 돈을 지불하고 있으며, 건강미와 함께 깔끔한 이미지를 주기 위한 남성 메이크업이 이제 자연스러운 현상으로 받아들여지고 있다.

일상에서뿐만 아니라 면접 상황에서 남성 메이크업의 핵심은 기초적인 피부톤 정리와 눈썹 정리이다. 평상시에도 꾸준히 피부톤을 정리하여 메이크업에 익숙해진 사람이 아니라면, 면접 당일에 BB 크림이나 파운데이션 등을 바르면 자칫 어색해 보일 수 있다. 내추럴한 메이크업이 대세인 요즘, 메이크업을 안 한 듯 티가 나지 않도록 하는 것이 중요하다. 따라서 남성 면접 지원자들은 평상시에 자신에게 맞는 화장품을 선택해 메이크업 기법을 꾸준히 연습해야 면접일에도 자연스러운 피부를 연출할 수 있다. 만약 처음으로 메이크업을 시도한다면 아주 적은 양의 BB 크림을 얼굴에 골고루 펴 바르는 것부터 시작해 보는 것이 좋다. 차츰 익숙해지면 자신만의 컬러를 찾아 자연스러운 피부 표현이 가능해질 것이다.

피부톤과 함께 눈썹 정리도 중요하다. 눈썹이 옅으면 차라리 다듬지 않는 것이 좋다고 생각하는 사람도 있다. 그러나 실제로 눈썹이 옅을수록 잘 정리하면 더욱 선명한 인상을 줄 수 있다. 혼자서 눈썹 정리하는 것이 힘들다면 헤어스타일을 바꿀 때 미용 전문가에게 도움을 요청해 보자.

여성의 경우 자신의 퍼스널 컬러에 맞게 자연스러운 피부톤을 연출하고 밝고 건강한 이미지를 위해 색조 화장을 옅게 하는 것이 좋다. 물광 메이크업, 스모키 메이크업과 같은 콘셉트가 강한 스타일은 신뢰감을 주기 어렵다. 물론 자신의 단점을 커버하면서 과장되지 않은 메이크업은 필요하다.

2) 헤어 연출

남녀 모두 밝은 표정과 함께 이마를 드러내는 헤어스타일을 권장한다. 앞머리를 내려야 하는 경우에도 어느 정도는 이마가 드러나도록 스타일링한다. 또한 면접 2~3일 전에 헤어 관리를 받아 자연스럽게 연출된 이미지를 보여 주도록 한다. 남성은 뒷머리가 셔츠 칼라에 닿지 않을 정도로 다듬고, 헤어 제품을 활용하여 정돈한다. 여성은 깔끔한 헤어스타일링을 기본으로 하며, 긴 머리일 경우 단정하게 묶어 귀를 드러나게 하여 선명한 인상을 남기는 것이 좋다. 앞머리가 있는 경우에는 살짝 옆으로 넘겨 이마가 어느 정도 보이도록 한다. 유행하는 헤어 컬러와 스타일은 피하고, 일할 자세가 갖추어졌음을 보여 주는 것이 중요하다.

3) 면접 정장

(1) 남성 정장

가. 슈트

남성의 면접용 슈트 컬러는 단연코 차콜 그레이나 다크 네이비가 핵심 컬러로 손꼽힌다. 간혹 블랙이 가장 무난하지 않을까 생각하는 면접 지원자들이 있는데, 실제 블랙은 권위적이고 무거운 느낌을 주기 때문에 피하는 것이 좋다. 또한 지나치게 슬림하거나 유행하는 라인은 피하고, 재킷은 V존이 깊은 2버튼에, 엉덩이 선까지 내려오는 길이가 가장 단정하고 무난하다. 재킷의 디테일 가운데 간혹 우아한 이미지를 표현하는 포켓 스퀘어가 장식된 디자인이 있는데 면접용으로는 추천하지 않는다.

나. 셔츠

면접 상황에서 셔츠는 신뢰감을 주는 컬러인 흰색이 1순위다. 연한 푸른색의 셔츠는 2차, 3차 면접과 같이 면접관을 사로잡고자 할 때 입으면 좋다.

피부톤에 따라서도 어울리는 셔츠 컬러가 있다. 피부톤이 밝을 경우, 아이보리나 크림색 셔츠, 어두울 경우에는 연한 하늘색 셔츠가 잘 어울린다. 그러나 무엇보다 1차 면접에서는 기본에 충실한 화이트 컬러가 좋다. 얼굴과 너무 대비되는 화이트가 싫다면 화이트 그레이 정도의 컬러도 괜찮다.

다. 넥타이

넥타이는 슈트 차림에 포인트를 주는 역할을 한다. 일반적으로 블루나 레드 계열을 추천한다. 슈트와 톤이 같은 타이를 선택하면 무난한 인상을, 대비되는 컬러의 경우 또렷한 인상을 줄 수 있다. 셔츠와 넥타이 색이 같은 계열이라면 톤에 변화를 주어 스타일링하면 무난하다.

넥타이 길이는 자신의 체형을 고려하여 선택하면 된다. 문양은 레지멘탈 문양과 같이 사선 스트라이프가 세련되면서도 신뢰감을 줄 수 있으며, 작은 물방울 문양도 괜찮다. 1차에 이어 2차, 3차 면접으로 이어지는 경우 넥타이의 컬러나 문양에 변화를 주어 자신만의 차별화된 인상을 전달하는 것도 좋은 방법이다.

라. 구두와 양말

정장용 구두는 단정한 느낌을 주는 옥스퍼드형이나 브로그형이 좋다. 소재와 컬러는 가죽 벨트와 동일한 것을 추천한다. 양말은 슈트의 컬러와 같거나 어두운 것이 좋고, 앉았을 때 맨다리가 드러나지 않도록 종아리까지 오는 목이 긴 양말을 선택하도록 한다.

마. 액세서리

남성의 면접 복장에서 액세서리는 추천하지 않는다. 간혹 면접 지원자 중에는 자신만의 개성을 드러내고 다른 면접자와의 차별화를 위해 눈에 띄는 시계, 타이 바 등의 액세서리 스타일링을 시도하는 경우가 있는데, 면접에서는 무엇보다 신입사원다운 단정한 모습을 보여 줄 필요가 있기 때문에 오히려 역효과가 날 수 있다.

(2) 여성 정장

가. 슈트

남성 슈트와 달리 여성 슈트는 스커트 정장 혹은 바지 정장으로 구분된다. 그래서 여성 면접 지원자들 가운데는 스커트를 입을지 바지를 입을지 고민하기도 한다. 스커트를 입었을 때는 여성성이 강조되는 효과가 있기 때문에 이러한 이미지가 필요한 직종일 경우 스커트를 입는 것이 유리할 수 있다. 바지는 활동성을 강조하므로 유통이나 영업직의 경우 효과적일 수 있다. 그러나 무엇보다 중요한 선택 포인트는 자신의 신체 조건을 고려하는 것이다. 만약, 하체가 약하거나 종아리를 드러내기가 부담스러운 경우 바지 정장을 선택해도 된다.

여성 슈트의 컬러를 난색과 한색 계열로 나누어 보면, 명도와 채도가 높은 붉은 난색 계열은 확장성이 있으며, 명도와 채도가 낮은 푸른 한색 계열은 몸을 다소 축소되어 보이게 한다. 면접 시에는 일반적으로 차분한 그레이, 베이지, 네이비, 블랙 등이 무난하다.

남성 슈트는 트렌드에 그다지 구애받지 않는 반면, 여성 슈트는 시즌마다 다양한 디자인이 등장한다. 따라서 취업을 앞둔 여성들은 어떤 디자인을 선택할지 고민이 될 것이다. 중요한 것은 복잡한 장식, 지나치게 몸매가 드러나거나 화려한 디자인은 피해야 한다는 점이다. 재킷 길이는 엉덩이 라인을 살짝 덮는 정도가 무난하며, 스커트 길이는 무릎 정도나 무릎 위 5cm 이내가 단정해 보인다. 스커트의 실루엣은 몸에 적당하게 핏 되는 H라인이 좋으며, 앞트임이나 옆트임은 피하고 뒤트임이 있는 것을 선택하도록 한다.

만약 1차 면접 때 재킷과 스커트 정장을 입었다면, 2차나 3차 면접 때는 재킷과 원피스, 재킷과 팬츠를 입는 것도 좋다. 원피스는 디테일이 복잡하지 않고 심플한 것이 좋으며, 팬츠는 일자 라인이 활동적이고 무난해 보이며, 가는 핀 스트라이프도 격식 있는 느낌을 준다.

나. 블라우스와 셔츠

재킷 안에는 단색의 화이트, 베이지, 블루 컬러의 블라우스나 셔츠를 입는 것이 좋으며, 장식이 과하지 않은 것을 선택하도록 한다. 지나치게 광택이 있는 소재, 화려한 디테일이 있는 아이템들은 자칫 미숙한 모습으로 비칠 수 있다.

다. 슈즈와 스타킹

슈즈는 앞과 뒤가 막혀 있으며, 슬립온(slip on) 타입으로 신을 수 있는 굽 높이 5~7cm 정도의 펌프스가 적당하다. 키가 작다고 해서 7cm가 넘는 하이힐을 신으면 직무 수행에 적합하지 않은 차림새란 인상을 줄 수 있기 때문에 주의해야 한다. 펌프스 외에 뒤쪽이 트인 오픈 백(open back) 슈즈도 무난하다. 다만 발가락이 드러나는 오픈 토(open toe)나 통굽 슈즈는 피하는 것이 좋다.

슈즈 컬러는 블랙이 가장 무난하다. 물론 슈트의 색상을 고려하여 컬러를 선택할 수도 있는데, 2·3차 면접의 경우 차별화를 위해 블랙이 아닌 다른 컬러를 시도해 보는 것도 좋은 전략이다.

슈즈와 함께 스타킹 컬러도 중요하다. 다양한 스타킹 컬러를 놓고 고민할 필요는 없다. 자신의 피부톤과 같은 계열로 선택하면 가장 단정하고 무난하다. 면접 당일 스타킹에 올이 나갈 경우를 대비하여 여분의 스타킹을 준비하도록 한다.

라. 액세서리

액세서리는 기본에 충실한 의상에 포인트를 주는 역할을 한다. 크기가 크지 않은 목걸이, 브로치, 귀걸이, 반지 등의 액세서리를 선택하는 것이 좋다. 안경을 쓰고 있다면 주얼리는 되도록 하지 않는 것을 추천한다. 안경 자체가 얼굴에서 차지하는 비중이 크고 두드러지는 액세서리 아이템이기 때문이다. 주얼리 컬러는 보통 골드, 실버 계열이 주를 이룬다. 자신의 퍼스널 컬러를 고려하여 봄, 가을 톤인 사람은 골드 계열을, 여름, 겨울 톤인 사람은 실버 계열을 추천한다.

Tip. 면접 의상 무료 대여 서비스

많은 지자체에서 취업 준비생들에게 면접 의상을 무료로 대여해 주는 서비스를 시행하고 있다. 거주지, 연령 등과 관련된 정보를 기입한 후 대여를 신청하면 조건 부합 여부에 따라 서비스를 받을 수 있으니 활용해 보도록 한다.

참고문헌

단행본

가토 다이조 저, 장은주 역(2018), 『비교하지 않는 연습』, 더퀘스트.

강승구(2015), 『성공적인 글로벌 기업 이미지 마케팅』, 커뮤니케이션북스.

김명혜(2020), 『스피치와 프레젠테이션』, 박영Story.

김영란·김지양·박길순·송유정·오선숙·주명희·홍성순(2012), 『프로패셔널 이미지메이킹』, 경춘사.

김진희·김경혜·박미주·박정아·이선미·조은진·추유선(2019), 『에니어그램 인생극장』, 책과나무.

나은영(2002), 『인간 커뮤니케이션과 미디어』, 한나래.

나이토 요시히토 저, 이정은 역(2021), 『끌리는 사람은 뭐가 다를까?』, 홍익출판미디어그룹.

남보람(2019), 『전쟁 그리고 패션』, 와이즈플랜.

남훈(2007), 『남자는 철학을 입는다』, 웅진씽크빅.

백영자·유효순(1998), 『서양의 복식문화』, 경춘사.

백주아(2020), 『백프로 합격 보장! NCS 자소서&면접』, 북스고.

베아테 슈미트·잉그리드 로쉑 저, 황현숙 역(2001), 『패션의 클래식』, 예경.

설민준(2021), 『채용담당자가 공개하는 취업면접 합격 기술』, 시대고시기획.

송지희·김윤주·심진섭(2021), 『심리전을 위한 설득의 심리학』, 학지사.

신길자·임영찬·주일돈(2020), 『해커스 쉽게 합격하는 취업 면접: 면접관을 사로잡는 면접 필승 전략서』, 해커스잡.

에드워드 홀 저, 최효선 역(2013), 『숨겨진 차원』, 한길사.

유재웅(2013), 『국가이미지』, 커뮤니케이션북스.

이재희(2021), 『소통 리더십 개발을 위한 비즈니스 커뮤니케이션』, 한올.

정기수·구인성(2021), 『리더십과 조직』, 서평연.

제니퍼 바움가르트너 저, 이현정 역(2013), 『옷장 심리학』, 명진출판.

지현주(2002), 『몸의 이미지메이킹』, 부산대학교출판부.

켈리 블랙먼 저, 박지호 역(2014), 『멘즈웨어 100년』, Seedpost.

한형서(2021), 『리더십의 이해』, 비앤엠북스.

Boulding, K. E.(1956), *The Image: Knowledge in Life and Society*, MI: University of Michigan Press.

Freedman, J. L., Sears, D. O., Carlsmith, J. M. 저, 홍대식 역(1982), 『사회 심리학』, 전영사.

Jung, C. G.(1923), *Psychological types*, New York: Harcourt Brace.

Lynch, K.(1960), *The Image of the City*, Cambridge: The M.I.T. Press.

Myers, I. B.(1962), *The Myers-Briggs type indicator*, Palo Alto, CA: Consulting Psychologists Press, Inc.

Sheldon, W. H.(1954), *Atlas of men: A Guide for somatotyping the adult male all ages*, New York: Harper & Row.
Webster Jr. Frederick E.(1971), *Marketing Communication: Modern Promotional Strategy*, New York: John Wiely & Sons, Inc.

논문

김경호(2005), 「이미지 메이킹의 개념 정립과 프로그램의 효과성 분석 연구」, 명지대학교 대학원 박사학위논문.
김기례(2002), 「현대 패션에 나타난 블랙드레스의 이미지 변화에 관한 연구」, 숙명여자대학교 대학원 석사학위논문.
김영희(2017), 「중장년층 핵심자기평가에 따른 퍼스널 이미지메이킹이 직무만족과 삶의 만족에 미치는 영향-직업군을 중심으로-」, 건국대학교 대학원 박사학위논문.
박민희(2017), 「방문자 이용만족도에 영향을 미치는 도시마케팅 영향요인 분석-동대문디자인 플라자를 중심으로-」, 한양대학교 대학원 석사학위논문.
유연재·최정화(2022), 「메타버스 플랫폼 제페토의 콜라보레이션에 관한 연구」, 『기초조형학연구』, 23(2), pp. 377-393.
이화형(2021), 「한류문화콘텐츠에 대한 지각된 가치가 한국 상품 구매의도에 미치는 영향-국가이미지의 매개효과와 자민족중심주의의 조절효과를 중심으로-」, 단국대학교 대학원 박사학위논문.
황효이(2020), 「공공외교정책과 국가 이미지 형성에 관한 연구-한국 사례를 중심으로-」, 신라대학교 대학원 석사학위논문.
Goodhart, D. E.(1985), "Some psychological effect associated with positive and negative about stressful event outcomes: Was pollyana right?", *Journal of Personality and Social Psychology*, 48(1), pp. 216~232.

인터넷 자료

'우울감'(2021), 「국가건강정보포털 의학정보」, https://terms.naver.com/entry.naver?docId=6507435&cid=51004&categoryId=51004국가건강정보포털 의학정보 http://health.kdca.go.kr.
성균관(n.d.), http://www.skk.or.kr/skin/
'classic'(n.d.), Oxford English Dictionary, https://www.oed.com/view/Entry/33880?rskey=gA54CI&result=1&isAdvanced=false#eid.
'inferiority complex'(n.d.), Britannica, https://www.britannica.com/science/inferiority-complex.
'Oxford shoes'(n.d.), doopedia, https://www.doopedia.co.kr/doopedia/master/master.do?_method=view&MAS_IDX=160721001533162.